水利水电施工

2020年第5辑

中国电力建设集团有限公司
中国水力发电工程学会施工专业委员会　主编
全国水利水电施工技术信息网

中国水利水电出版社
www.waterpub.com.cn
·北京·

图书在版编目（CIP）数据

水利水电施工. 2020年. 第5辑 / 中国电力建设集团有限公司，中国水力发电工程学会施工专业委员会，全国水利水电施工技术信息网主编. -- 北京 : 中国水利水电出版社，2021.5
ISBN 978-7-5170-9585-9

Ⅰ. ①水… Ⅱ. ①中… ②中… ③全… Ⅲ. ①水利水电工程－工程施工－文集 Ⅳ. ①TV5-53

中国版本图书馆CIP数据核字(2021)第086750号

书　　名	水利水电施工　2020年第5辑 SHUILI SHUIDIAN SHIGONG 2020 NIAN DI 5 JI
作　　者	中国电力建设集团有限公司 中国水力发电工程学会施工专业委员会　主编 全国水利水电施工技术信息网
出版发行	中国水利水电出版社 （北京市海淀区玉渊潭南路1号D座　100038） 网址：www.waterpub.com.cn E-mail：sales@waterpub.com.cn 电话：（010）68367658（营销中心）
经　　售	北京科水图书销售中心（零售） 电话：（010）88383994、63202643、68545874 全国各地新华书店和相关出版物销售网点
排　　版	中国水利水电出版社微机排版中心
印　　刷	清淞永业（天津）印刷有限公司
规　　格	210mm×285mm　16开本　10印张　402千字　4插页
版　　次	2021年5月第1版　2021年5月第1次印刷
印　　数	0001—2500册
定　　价	36.00元

凡购买我社图书，如有缺页、倒页、脱页的，本社营销中心负责调换

深圳市抽水蓄能电站上水库大坝工程，由中国水利水电第八工程局有限公司（以下简称水电八局）承建，该工程2020年获国家优质工程奖

广西大藤峡水利枢纽左、右岸主体工程，由水电八局承建

广东省梅州抽水蓄能电站上水库大坝工程，由水电八局承建

辽宁省清原市抽水蓄能电站下水库工程，由水电八局承建

湖北省武汉市后湖泵站工程，由水电八局承建

江西省南昌市梅湖水系截污工程，由水电八局承建

马来西亚沐若水电站工程，由水电八局承建，该工程获第三届碾压混凝土坝国际里程碑工程奖

柬埔寨桑河水电站厂房主体工程，由水电八局承建

科威特大学城工程，由水电八局承建

马来西亚康诺桥联合循环电站工程，由水电八局承建

印度尼西亚明古鲁火电站项目，由水电八局承建

印度尼西亚庞卡兰苏苏火电厂项目，由水电八局承建

印度尼西亚雅万高铁项目，由水电八局承建

深圳市地铁 7 号线 7303 标上沙站工程，由水电八局承建

深圳市地铁 12 号线场段一工区赤湾停车场工程，由水电八局承建

湖北省武汉市地铁 11 号线光谷车站站厅工程，由水电八局承建

石家庄至济南高速铁路辛集制梁场工程，由水电八局承建

福建省福州市绕城高速公路青口互通立交桥工程，由水电八局承建

贵州省龙里县贵龙纵线干道二期沙坡大桥工程，由水电八局承建

山东省青岛市至江苏省连云港市的青连铁路魏家湾跨同三高速公路特大桥工程，由水电八局承建

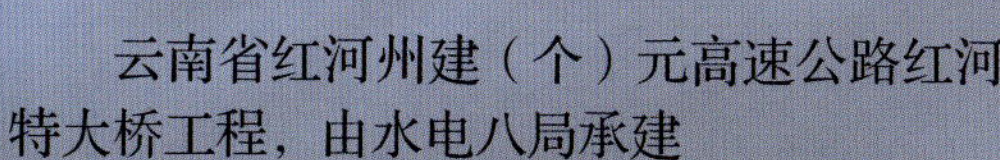

云南省红河州建（个）元高速公路红河特大桥工程，由水电八局承建

湖北省武汉市洺悦府项目，由水电八局承建

安徽省六安市叶集区广场东苑小区住宅项目，由水电八局承建

湖北省鄂州市恒大童世界住宅项目，由水电八局承建

湖南省长沙市湘熙水郡住宅小区项目，由水电八局承建

湖南省株洲市奥园住宅项目，由水电八局承建

湖南省湘西经济开发区文教卫吉大附小项目，由水电八局承建

江苏省南京市洺悦华府房建项目（装配式技术），由水电八局承建

本书封面、封底、插页照片均由中国水利水电第八工程局有限公司提供

《水利水电施工》编审委员会

前　言

《水利水电施工》是全国水利水电施工技术信息网的网刊，是全国水利水电施工行业内刊载水利水电工程施工前沿技术、创新科技成果、科技情报资讯和工程建设管理经验的综合性技术刊物。本刊以总结水利水电工程前沿施工技术、推广应用创新科技成果、促进科技情报交流、推动中国水电施工技术和品牌走向世界为宗旨。《水利水电施工》自2008年在北京公开出版发行以来，至2019年年底，已累计编撰发行72期（其中正刊48期，增刊和专辑24期）。刊载文章精彩纷呈，不乏上乘之作，深受行业内广大工程技术人员的欢迎和有关部门的认可。

为进一步提高《水利水电施工》刊物的质量，增强刊物的学术性、可读性、价值性，自2017年起，对刊物进行了版式调整，由杂志型调整为丛书型。调整后的刊物继承和保留了原刊物国际流行大16开本，每辑刊载精美彩页，内文黑白印刷的原貌。

本书为《水利水电施工》2020年第5辑，全书共分8个栏目，分别为：特约稿件、土石方与导截流工程、混凝土工程、地基与基础工程、机电与金属结构工程、试验与研究、路桥市政与火电工程、企业经营与项目管理，共刊载各类技术文章和管理文章38篇。

本书可供从事水利水电施工、设计以及有关建筑行业、金属结构制造行业的相关技术人员和企业管理人员学习、借鉴和参考。

编者

2020年10月

目　录

前言

特约稿件

从历史的脉络看“十四五”的水电发展 …… 张博庭（1）

土石方与导截流工程

淤积型覆盖层河床截流冲刷演示试验研究 …… 胡　斌　王永福　陆作海（6）
自密实混凝土堆石坝与混凝土面板堆石坝经济技术研究 …… 赵京燕　唐文红（9）
大江截流中物资、设备、资源配置分析 …… 徐慧斌　陈智辉　马辉文（12）
浅谈爆破与岩石臂挖机在石方明挖中的应用 …… 胡守海　马辉文　李　钊（15）
TOACHI 电站导流洞封堵技术 …… 吴振茂（19）

混凝土工程

中外塑性混凝土物理力学性能对比研究 …… 王碧峰（22）
干湿循环条件下的混凝土耐久性试验研究 …… 吕兴坤　曹希良（27）

地基与基础工程

悬挂式与落底式地连墙后地表沉降规律研究 …… 杜建峰　郭运华（31）
深层搅拌桩在新加坡滨海南地铁站中的应用 …… 张　阳（35）
应用于软土地区的沉井下沉施工技术 …… 翟忠保　张　奇　王　宇（39）

机电与金属结构工程

大跨度不对称连续刚构桥零号块空间应力仿真分析 …… 付亚伟　刘　强（44）

起重机械设计中吊耳连接结构设计验算方法分析 …………………… 谭　恺　李　靖（48）
大跨度超宽桥面斜拉桥关键施工技术 ……………………………………… 吴　昊（52）

试验与研究

基于 BIM 技术的水电站厂房可视化施工 …………………… 王佐奇　曾凡杜　李祚全（56）
GPS 高程拟合技术在陆地工程测量中的应用研究 …………………… 赵明江　王　印（60）
LDD 软件在孟加拉帕克西大桥河道治理项目的应用 ……………… 周世永　宁新龙（64）
安徽绩溪抽水蓄能电站强风化粗粒花岗岩制砂及垫层料工艺研究 ……… 曹希良　吕兴坤　黄小蕙（68）
光伏电站组件及逆变器选型研究 ……………………………………… 李京东　于竹芹（71）
4D 模拟软件在国际港口工程施工管理中的应用 ……………… 龚昭进　曹　颜　谢　豪（74）
浅谈中国测量技术在国外工程项目中的应用 ……………………………… 茅健生（79）
风力发电机组内置升压变压器技术方案分析 …………………… 李金韬　陈　冰　龙云峰（83）

路桥市政与火电工程

盾构隧道穿越靠船墩影响分析及控制措施 …………………………… 黄卫根　许原骑（87）
45m 高砖砌烟囱定向爆破拆除实践 ……………………………………… 李建强（91）
潇河大桥钢桥面铺装关键技术 ………………………………………… 陈希刚　杜岳丹（95）
津石高速公路钢混凝土梁制作及安装施工技术 ………………………… 付建国　赵　刚（99）
隧道下穿高架桥桩基托换施工关键技术 ……………………………………… 龚妇容（103）
潇河大桥钢结构线形及应力、索力监控技术 …………………… 王　永　陈希刚　杜岳丹（108）
非开挖水平定向钻地下电力管道施工 ……………………………………… 郑恩梅（113）

企业经营与项目管理

“一带一路”国际项目施工设备管理研究与探索 ……………………………… 许　超（117）
政府付费模式下 PPP 项目长期应收款资产证券化探析 ……………………… 时建厅（121）
浅析 PPP 投资决策和未来发展趋势 ………………………………………… 刘小华（124）
浅析黑臭水体综合治理措施及应用研究 …………………………… 梁　雨　沈文丰（127）
能源电力投资建设项目质量管理探析 ……………………………………… 王建伟（130）
创新驱动企业高质量发展探讨 ……………………………………………… 黄　诚（133）

浅议水利水电工程地质变更索赔的数字化管理 …………………………… 黄　佳　周　菲　黄献新（136）
浅谈水电工程项目施工成本管理 ……………………………………………………………… 边永明（139）
“沙漏型”EPC项目管理模式的探索与实践 ……………………………………………………… 闫宗锋（142）

Contents

Preface

Special Article

On development of hydro-power industry in 14th Five-Year Plan from history perspective ······ Zhang Boting (1)

Earth Rock Project and Diversion Closure Project

Study on demonstration test of river closure and scouring with sedimentation overburden bed ······ Hu Bin Wang Yongfu Lu Zuohai (6)

Economic and technological research on self-compacting concrete rock-fill dam and concrete face rock-fill dam ······ Zhao Jingyan Tang Wenhong (9)

Analysis of material and equipment resource allocation in river closure work ······ Xu Huibin Chen Zhihui Ma Huiwen (12)

Application of blasting and rock-excavator in rock open excavation ······ Hu Shouhai Ma Huiwen Li Zhao (15)

Technology of diversion tunnel closure construction in TOACHI Power Plant ······ Wu Zhenmao (19)

Concrete Engineering

Comparative study on physical and mechanical properties of plastic concrete at home and abroad ······ Wang Bifeng (22)

Test study on durability of concrete under conditions of dry-wet cycle ······ Lyu Xingkun Cao Xiliang (27)

Foundation and Ground Engineering

Study on settlement rules of surface ground behind suspension and falling diaphragm wall ······ Du Jianfeng Guo Yunhua (31)

Application of deep mixing pile in Singapore Binhai South Metro Station ······ Zhang Yang (35)

Technology of open caisson sinking construction in soft soil area
…………………………………………………………………… Zhai Zhongbao Zhang Qi Wang Yu (39)

Electromechanical and Metal Structure Engineering

Simulation analysis of spatial stress of zero block of Long-span asymmetric continuous
rigid-frame bridge …………………………………………………………………… Fu Yawei Liu Qiang (44)
Analysis of checking calculation method of lug-connection structure in crane design ……… Tan Kai Li Jing (48)
Key construction technology of cable-stayed bridge with longspan and super-wide deck ………… Wu Hao (52)

Test and Research

Visual construction of hydropower plant based on BIM technology
…………………………………………………………………… Wang Zuoqi Zeng Fandu Li Zuoquan (56)
Application of GPS elevation fitting technology in land survey engineering
…………………………………………………………………………………… Zhao Mingjiang Wang Yin (60)
Application of LDD software in PAKSI Bridge River Treatment Project in Bangladesh
………………………………………………………………………………… Zhou Shiyong Ning Xinlong (64)
Study on sand-making and bedding material processing of strongly weathered coarse grained granite
in Jixi Pumped Storage Power Station in Anhui province …… Cao Xiliang Lyu Xingkun Huang Xiaohui (68)
Research on component and inverter selection in solar PV power station …………… Li Jingdong Yu Zhuqin (71)
Application of 4D simulation software in construction management of international port
engineering …………………………………………………………… Gong Zhaojin Cao Yan Xie Hao (74)
Brief discussion of application of domestic survey technology in foreign engineering
project ………………………………………………………………………………………… Mao Jiansheng (79)
Technical proposal analysis of built-in step-up transformer of wind turbine
…………………………………………………………………… Li Jintao Chen Bing Long Yunfeng (83)

Road & Bridge Engineering, Municipal Engineering and Thermal Power Engineering

Influence analysis and control measures on shield tunnel passing through berthing pier in
tunnel ……………………………………………………………………………… Huang Weigen Xu Yuanqi (87)
Demolition practice of 45-metre-high brick chimney by directional blasting …………… Li Jianqiang (91)

Key technology of steel deck pavement of Xiaohe Bridge ………………… Chen Xigang Du Yuedan (95)
Technology of steel concrete beam fabrication and installation in Jin-Shi Expressway
……………………………………………………………………………………… Fu Jianguo Zhao Gang (99)
Key underpinning technology of tunnel crossing through overhead bridge pile foundation
……………………………………………………………………………………………… Gong Furong (103)
Technology of steel structure line shape, stress and cable force monitoring in Xiaohe Bridge
……………………………………………………………… Wang Yong Chen Xigang Du Yuedan (108)
Application of trenchless directional drills in construction underground power pipeline
……………………………………………………………………………………………… Zheng Enmei (113)

Enterprise Operation and Project Management

Research and exploration on equipment management of overseas construction project in
"the Belt and Road" …………………………………………………………………………… Xu Chao (117)
Analysis of securitization of long term receivables in PPP project under mode of government
payment ……………………………………………………………………………………… Shi Jianting (121)
Brief discussion of investment decision-making development trend of PPP project …… Liu Xiaohua (124)
Brief analysis on comprehensive treatment measures and application of Malodorous Black water
………………………………………………………………………………… Liang Yu Shen Wenfeng (127)
Analysis of quality management of energy and power investment and construction projects
……………………………………………………………………………………………… Wang Jianwei (130)
Discussion of innovation driven enterprise high quality development ……………… Huang Cheng (133)
Brief discussion of digital management of claim due to geological alteration in water
conservancy and hydropower engineering ………………… Huang Jia Zhou Fei Huang Xianxin (136)
Brief discussion of cost management of hydropower construction project ………… Bian Yongming (139)
Exploration and practiceof management mode in hourglass type EPC project ……… Yan Zongfeng (142)

本栏目审稿人：杜永昌

从历史的脉络看“十四五”的水电发展

张博庭/中国水力发电工程学会

【摘 要】 水电的发展可以说是我国能源革命电力转型的试金石。电力转型不启动，水电的发展受影响最大，而电力转型一旦启动，水电的快速发展则一定是先决条件。“十二五”“十三五”我国水电的两次五年规划都做了一定的准备，“十四五”期间我们还是要继续有所准备。

国务院召开研究部署国民经济和社会发展第十四个五年规划编制专题会议，我国“十四五”规划的编制工作已经提上议事日程。本文将通过回顾我国水电以往几次五年规划的经历，对“十四五”期间我国水电的发展机遇、挑战以及政策可能性进行必要的探讨。

【关键词】 “十四五”规划 水力发电 能源革命 电力转型

2019年年底，国务院召开了研究部署国民经济和社会发展第十四个五年规划编制专题会议。目前我国“十四五”规划的编制工作已经提上议事日程。能源电力行业的行业五年规划编制也已经开始酝酿、启动。然而，我国水电在“十四五”中，将会扮演什么角色、如何发展？无疑将是当前业内关注的焦点。为此，本文将通过回顾我国水电以往几次五年规划的经历，对“十四五”期间我国水电的发展机遇、挑战以及政策可能性进行必要的探讨。

一、“十四五”我国水电发展的机遇

（一）我国的水能资源仍将上升

我国的水能资源储量世界第一，但可开发的水能资源量还不足总量的一半。2006年我国正式公布水能资源量，包括经济可开发年发电量为1.75万亿kW·h/年，技术可开发量为2.47万亿kW·h/年。相应的还有经济可开发装机容量4亿多千瓦，技术可装机容量5亿多千瓦等。此后，在“十三五”水电规划中，我国的水能资源量的表述基本上已经同国际接轨，不再区分经济可开发和技术可开发，统一表述为水电可开发资源3万亿kW·h/年[1]。

不难发现，如按照2006年颁布的可装机容量计算，到2018年年底我国水电的装机已经超过了80%。但如果按照同期的技术可开发发电量计算，我国的水电资源大部分还没有开发。由此可见，用可装机容量来衡量开发程度非常容易引起矛盾，所以国际上各国基本上都不公布所谓的可装机容量。为避免不同的指标所造成的误解和混乱，我国水电“十三五”规划所表述的水电资源量，也采用了国际上常用的方式，只公布了可开发资源量为3万亿kW·h/年[2]。

不仅如此，实际上水电资源的可开发量，还会随着资源普查的深入而增加。据了解，仅根据2017年间新的水电勘测结果，我国的水电开发资源就已经上升到了3.02万亿～3.07万亿kW·h/年。这一最新的我国水电可开发资源量有可能会在“十四五”规划中披露。总之，我国的水电资源不仅十分丰富，而且，未来的可发展空间仍然非常巨大。

（二）水电建设、制造水平将不断提高

今天我国水电无论从建设的规模、效益、成就，还是从规划、设计、施工建设、装备制造水平上，都已经是世界领先。目前，世界上最大的水电站；最高的碾压混凝土坝；最高的混凝土面板堆石坝；最高的双曲拱坝等一系列世界水电之最都是由我国创造的[3]。

“十四五”期间，多项世界水电的纪录还将被我国创造和刷新。例如，即将在“十四五”期间全面建成的

乌东德水电站，将创造世界水电机组单机容量 85 万 kW 的新纪录。而随后将在“十四五”期间建成和投产的我国白鹤滩水电站，将再次把水电机组的世界纪录刷新到 100 万 kW。

此外，即将在“十四五”期间投产的双江口水电站大坝，高度将达到 312m。建成后将成为全世界第一高坝，刷新世界纪录。建设这些世界之最的水电站，需要一系列尖端的工程技术支撑，例如，高坝工程技术、高边坡稳定技术、地下工程施工技术、长隧洞施工技术、泄洪消能技术，以及高坝抗震技术等，可以说在所有这些工程技术方面，我国都已经走在了世界前列[4]。

总之，在“十四五”期间，已经站上了世界巅峰的中国水电还将不断地创新发展，再创辉煌。

（三）水电的国际化发展前景广阔

在技术领先的基础上，近年来我国的水电企业积极响应国家的“一带一路”倡议，积极促进国际合作，努力实现政策沟通、设施联通、贸易畅通、资金融通、民心相通，打造国际合作新平台，增添共同发展新动力。

经过多年的海外经营和发展，我国企业已经成功占领了水电工程国际工程承包、国际投资和国际贸易三大业务制高点，具备了先进的水电开发、运营管理能力，金融服务及资本运作能力以及包括设计、施工、重大装备制造在内的完整产业链整合能力。目前，我国水电企业与 100 多个国家和地区建立了水电开发多形式的合作关系，承接了 60 多个国家的电力和河流规划，业务覆盖全球 140 多个国家，累计带动数万亿美元国产装备和材料出口。

预计在“十四五”期间，海外将成为我国水电建设的主战场[5]。不仅很多水电企业的主要收入将来自海外，而且，更为重要的是，水电出海还能用最先进的技术带动全球的水利水电开发，推动整个人类社会的能源转型和可持续发展。

二、水电面临的挑战

（一）经济下行、产能过剩的压力依然存在

前几年，随着我国经济出现新常态，全国各地的电力需求增长普遍低于预期，加上水电以及各种电源建设项目相对集中的投产，国内的电力产能过剩严重，部分西南省份水电弃水损失巨大。为解决严重的弃水问题，2017 年国家发展改革委、能源局曾专门出台了文件。经过了几年的努力，情况虽有所好转，但各大水电企业对新建水电项目的前景仍然心有余悸。因此，最近几年我国的水电投资急剧下降，这一趋势恐将会延续到“十四五”期间。

未来新建的水电项目多处在西藏和高海拔地区，这些地区地理位置偏远、社会经济发展相对滞后、气候条件恶劣、生态环境脆弱、地质构造复杂、交通运输困难、工程勘测施工难度大、输电距离长、建设运营成本高，在现有体制和政策环境下水电电价及其消纳都存在问题，特别是跨区消纳更缺乏市场竞争力。因此，“十四五”期间，我国水电的投资和可持续发展将面临诸多挑战。

（二）水电“十三五”规划的目标恐难圆满

按照“十三五”水电规划的具体要求：常规水电和抽水蓄能各自新开工 6000 万 kW；新投产水电 6000 万 kW；2020 年年底水电总装机达到 3.8 亿 kW，其中抽水蓄能 4000 万 kW；年发电量 1.25 万亿 kW·h；在我国非化石能源消费中的比重维持在 50%以上。

然而，截至 2019 年年底，全国水电装机容仅达到 3.564 亿 kW（其中包括抽水蓄能 3000 多万 kW）。此前，中电联曾预计到 2019 年，水电装机可达 3.6 万 kW。很显然“十三五”的最后一年，我们新增 2000 多万 kW 水电装机的难度非常大。

此外，“十三五”水电规划新开工项目的完成情况，更是差距巨大。目前，时间已经过去了四年多，而水电“十三五”规划的开工目标，大约只完成了一半多一点。由此可见，我国水电“十三五”规划的主要目标将难以完成。

（三）“十四五”与水电中长期规划的衔接存在变数

根据我国 2020 年、2030 年非化石能源占一次能源消费比例分别占到 15%和 20%的减排承诺，预计 2030 年我国可再生能源发电量须占全社会用电量比例达 40%以上。根据这一减排目标的要求，我国所制定的水电中长期规划是：2025 年年底，常规水电规模达 3.9 亿 kW，年发电量 1.75 万亿 kW·h。2025 年年底，抽水蓄能投产规模达 7500 万 kW，水电开发利用程度 58%。2030 年常规水电装机达 4.5 亿 kW，抽水蓄能装机 1.2 亿 kW，年发电量 2.16 万亿 kW·h。

以往我国历次的水电五年规划，基本上都是依据中长期规划而制定的。但由于最近几年我国的水电投资骤减，不仅“十二五”规划的水电开工项目仅完成了一半左右，导致“十三五”的水电投产规划已经很难如期完成。而且，由于水电“十三五”规划中的开工目标，仍然远没有达到，因此，我国水电在“十四五”继续实现中长期规划的“2025 年年底常规水电达 3.9 亿 kW，抽水蓄能投产规模达 7500 万 kW”的目标，将会有相当的难度。

然而，我国水电的发展缘何会陷入怪圈？我们的水电五年规划为何难以实现？笔者认为：这是水电为我国的能源革命电力转型，不得不做出的准备和牺牲[6]。

三、水电的发展与我国的电力转型高度相关

（一）电力转型与电力结构优化的区别

众所周知，由化石能源向可再生能源的转型，是人类社会发展的历史必然。在电力领域，转型最突出的特点之一就是“煤电要退出历史舞台”。然而，现实当中，世界各国能源转型速度和进程还有很大的不同和变数。目前我国对这一问题的认识，还存在着较大的分歧[7]。

这主要是因为受到技术水平的局限，电力界的很多人至今思想上对风、光发电不够信任，觉得电能质量不够好，不能满足实际负荷变动的需要，无法保障供电的安全性。当然，即便如此，大家对未来的电力，必须要依靠自然界中蕴藏量巨大的风、光等可再生能源，还是认同的。因此，大家对于国家大力发展风光等可再生能源政策和做法，也还是支持的。目前我国电力界的这种群体意识，似乎可以归纳为：电力结构应该优化，但现在还不能转型。这里所讲的电力优化和转型的共同点，是都要大力发展可再生能源；不同点是以煤电为代表的化石能源，是否要开始逐步退出？

至今我国业内不少人还都认为：根据我国国情，能够满足的电力负荷实际需要的主要还是煤电。而各种非水可再生能源的发电，基本上都是为了未来的需要而发展（也可以说是为发展而发展）。所以，目前在很多地区，一说电力负荷有缺口，一般还是要发展煤电。同时我们各地所发展的各种非水可再生能源，一般都要面临着解决市场消纳和想办法减少弃电的难题。

（二）水电的发展受煤电政策的影响最大

水电是目前体量最大的可再生能源，因此，受到电力产能过剩的影响自然也最严重。此外，水电虽然也是可再生能源，但是，由于世界各国水电的发展，主要是取决于各国的资源条件。所以，在国际上基本上没有什么可比性。而目前各国风和光发电的发展力度，似乎能直接反映出一个国家能源转型的决心和速度。所以，即使现在消纳起来非常困难，但也必须要为了发展而发展风和光发电，否则就可能与国际社会的发展趋势脱节，不利于国际形象。这就造成了最近几年我国的燃煤和风、光发电产业都热火朝天，而水电的发展却一路下滑的现状。

与一般的非水可再生能源不同，我国水电发展与能源革命、电力转型的关系十分特殊。一方面，如前所述，电力不转型，水电受到的不利影响最大；另一方面，电力一旦需要转型，水电的作用又是最重要的[8]。目前，由于化学储能的技术尚未取得重大的突破，所以，世界上所有百分之百实现可再生能源供电的实践，都是由水电来保障的。

例如，挪威由于水电资源丰富，几乎常年的完全由水电供电。葡萄牙的水电比例高达50%，因此曾创造了全国连续一个月百分之百由可再生能源供电的世界纪录。我国青海省水电装机比例比较高，同时水风光互补做得好，也就创造了全省连续多日由清洁能源供电的国内纪录。就连已经宣布退出了巴黎协定的美国总统特朗普，在考察完挪威之后，也曾表示过，他有可能会通过挖掘美国小水电的潜力，考虑重返巴黎协定[9]。这就是水电对于各国电力转型的重要作用。

总之，我国的水电资源非常丰富，目前至少还有一倍以上发展空间，绝对是我国能源革命电力转型和兑现巴黎协定承诺的最大资本。但由于当前我国业内认识上的差距，政策上又必须兼顾现实的电力安全和未来的电力转型。因此，我国的水电，一方面随时要为开启我国电力转型做好准备，同时还要承受电力不能转型而造成的各种实际损失。

（三）为电力转型做准备，多次规划水电大发展

由于水电的发展受煤电是否开始退出的影响最大，我国水电的“十二五”和“十三五”规划的指标，似乎都定得偏高。特别是在我国经过了“十二五”的实践，已经发现现实的发展严重滞后于规划的目标之后，水电“十三五”的目标，依然定得比较高。

其原因在于：有观点认为，根据我国的国情，“十二五”期间就具备启动电力转型的条件。也正因为此，水电“十二五”规划，才会制定出要新开工1.2亿kW的宏伟目标。不妨设想一下，假设从“十二五”中期起，我国的煤电装机就不再增加（并开始逐步减少），而主要依靠发展水电和各种可再生能源发电来满足社会增长的电力需求（同时加速抽水蓄能的建设），那么不仅我国的水电规划完全有可能如期完成，而且恐怕也不会经历从2014年起，各地越来越严重的出现“三弃”现象，同时也不会让我国在役的煤电机组利用小时数骤降到4000多小时，造成全行业的困境。

“十三五”的水电规划，定得目标仍然比较高，要求常规水电和抽水蓄能各自新开工6000万kW[1]。然而至今，我国的电力转型还是没能正常起步。为此，国家能源局已经明确“十四五”我国将不再单独制定水电专项规划。因为，制定水电专项规划的风险实在太高，指标定低了满足不了电力转型的需要，定高了

又不知道我国的电力转型，何时才能正常起步。无论如何，我们的水电都必须还要为我国的能源革命电力转型做好准备。

四、“十四五”我国的水电仍然任重而道远

（一）“十四五”煤电如何发展的争论仍很激烈

最近的媒体上既有《“十四五”控制煤电应该激进还是缓和》的激辩，也有《“十四五”中国无需新增煤电装机》和《研究认为“十四五”煤电仍有超1亿千瓦增长》等观点完全对立的文章。这说明当前电力界业内对“十四五”煤电的认识和发展，仍然分歧巨大。在这种情况下，笔者认为，“十四五”的水电虽然没有专项规划，但一定还要沿用“十二五”和“十三五”的模式，即确定一个较高的目标，时刻为我国电力转型的起步做好准备。当然，也不能完全排除最后的结果，可能还是和“十二五”“十三五”一样，由于我们的电力转型没有启动，水电规划最终无法完全落实。

总之，水电的发展可以说是我国能源革命电力转型的试金石。电力转型不启动，水电的发展受影响最大，而电力转型一旦启动，水电的快速发展则一定是先决条件。即便“十二五”“十三五”我国水电的两次五年规划都做了一定的准备，但是都没有能如愿以偿，但是在“十四五”还是要继续有所准备。

因为，以煤电装机的减少并逐步退出历史舞台为标志的能源革命、电力转型是不可抗拒的历史规律。尽管我们曾经预计和希望它在“十二五”就出现，并为此做了准备，但最终却没能开启。同样，在“十三五”，现实又曾再次令我们失望了。然而，在“十四五”我们仍然要做好准备。因为，能源革命电力转型是人类社会发展的大趋势，我国的电力转型不仅一定是不可抗拒的规律，而且，一定是会随着时间的推移，越往后拖，启动的可能性就越大[6]。

（二）启动我国电力转型的预期

目前我国这种只优化不转型的局面决不会太长久。因为电力优化与电力转型对我国减排承诺的影响，虽然在初期不大明显，但是，到了后期，还是存在着本质上的不同。目前，我国对外的2020年达到15%和2030年达到20%的非化石能源的承诺，在我国当前的电力只优化，不转型的情况下，2020年的目标是完全可以实现的。但是，2030年的目标，就要有一定的难度了。而一旦到了更高比例的应用可再生能源阶段（如兑现巴黎协定的条件下），电力优化与电力转型之间的巨大差别，就将无法回避的摆在我们面前。

既然我们已经承诺了减排的“巴黎协定”，只要我们认真地问问自己，我们现在需要怎么做，才能落实巴黎协定？恐怕以煤电的退出和可再生能源大发展为标志的电力转型，随时都会启动。要想实现“巴黎协定”承诺的“21世纪下半叶就实现净零排放”的目标，未来我国电力供应和保障的主体，一定是太阳能、风能以及水能、核能等传统的非化石能源。也就是说，以煤电退出历史舞台为标志的电力的转型，不仅一定是不可抗拒的历史必然，而且，绝对是越早开启越好。特别应该强调的是：最近由国家发展和改革委能源研究所发布的《加快中国燃煤电厂退出》研究报告已经明确指出：中国如要兑现“巴黎协定”，必须要在2040—2050年前退役国内的所有煤电[10]。笔者相信，这个报告一旦得到高层领导的批示，我们的电力转型，肯定立刻就会启动。

五、结语

综上，我们的社会将逐渐认识到，开启电力转型，依靠可再生能源也能满足社会发展的能源安全需求。不仅我国的风、光发电的发展会更迅速，更迫切，而且我们水电的发展一定会被放在极其重要的位置。因为，水电的资源总量虽然有限，但是其在电力转型中的重要作用，却是无可替代的重要。为此，我们的水电，时刻要为能源革命电力转型的到来做好准备。尽管在“十二五”“十三五”我们已经准备了十年，都没能如愿，我们也为此付出了巨大的代价[11]，但我们还是要有所准备，因为全世界的现实已经告诉我们，在当前的技术水平下，保障能源转型，实现可持续发展，是水电事业必须承担的历史使命。

参考文献

[1] 张博庭. “十三五”规划与我国水电的发展 [J]. 中国电力企业管理，2017 (1)：20-24.

[2] 宁传新. 落实我国水电发展“十三五”规划的意义 [J]. 水利水电施工，2019 (3)：1-4.

[3] 张博庭. 中国水电从追赶到引领的嬗变 [J]. 中国电力企业管理，2018 (25)：72-79.

[4] 张博庭. 中国水电70年发展综述——庆祝中华人民共和国成立70周年 [J]. 水电与抽水蓄能，2019，5 (5)：1-6，11.

[5] 古玉，彭定志，赵珂珂，等. “一带一路”沿线国家水电发展状况与潜力 [J]. 水力发电学报 2020，3：20-31.

[6] 张博庭. 我国水电的发展与能源革命电力转型 [J]. 水力发电学报，2020 (8)：1-6.

[7] 张博庭. 水电在能源革命中的重要地位和作用 [J]. 水电与新能源，2019，33 (11)：15-21.

[8] 张博庭. 水电是能源革命的主力军 [N]. 中国能源报，2016-07-11 (11).

[9] 特朗普：我为水电开发呼吁！[EB/OL]. [2018-01-15]，http://www.hydropower.org.cn/showNewsDetail.asp?nsId=23111.

[10]《加快中国燃煤电厂退出：通过逐厂评估探索可行的退役路径》最新报告发布 [EB/OL]. [2019-01-07]. http://m.tanpaifang.com/article/67533.html.

[11] 张博庭. 我国水电的发展与能源革命电力转型 [J]. 水力发电学报，2020，39 (8)：69-78.

土石方与导截流工程

本栏目审稿人：常焕生

淤积型覆盖层河床截流冲刷演示试验研究

胡　斌　王永福　陆作海/中国水电基础局有限公司

【摘　要】碾盘山工程所处河段河床覆盖层为淤积型覆盖层，为保证大江截流时河床覆盖层稳定，防止产生不必要的冲刷，因此进行了演示试验。

【关键词】覆盖层　淤积型　冲刷　试验

1　项目简况

碾盘山水利水电枢纽是国家确定的172项节水供水重大水利工程之一，也是湖北省汉江五级枢纽项目的重要组成部分。工程由左岸土石坝、泄水闸、发电厂房、连接重力坝、鱼道、船闸和右岸连接重力坝等组成，坝顶总长1209m，最大坝高29.22m，左岸布置有副坝、供水取水口等建筑物。

依据施工导流程序，碾盘山工程截流分两期进行，其中一期为主河床截流，二期为导流明渠截流。导流明渠布置在河床左侧Ⅰ级阶地上。明渠右侧为土石纵向围堰，左侧为碾盘山左岸副坝，明渠轴线全长2338.1m。

2　覆盖层模拟冲刷演示试验目的

碾盘山工程所处河段河床覆盖层为淤积型覆盖层，覆盖层多由泥质粉细砂、泥质砂砾石、淤泥质黏土、淤泥以及中粗砂等组成，其抗冲能力极差。为揭示截流进占过程中口门覆盖层河床的冲刷情况，提前做好相应的截流准备，特进行本演示试验。

3　淤积型覆盖层河床截流冲刷演示试验

3.1　覆盖层模拟方法的风险

覆盖层的模拟方法有抗冲流速模拟法和级配法模拟两种。抗冲流速模拟法依据覆盖层抗冲流速计算模拟料中值粒径，按比尺换算选用相应的材料；级配法模拟依据级配曲线按比尺计算后进行配料，要求级配曲线的分布曲线一致，中值粒径d_{50}一致。

本次截流试验动床砂模拟依据甲方提供的覆盖层的允许不冲流速资料0.25～0.4m/s，模型按抗冲流速公式反算模型砂粒径为0.14～2.30mm，选用了最细的清砂（天然砂），经筛分后得到的模型砂D_{50}为0.18mm。

对淤积型覆盖层模拟，如按级配法模拟，则无法采用天然砂模拟，需改用轻质砂进行模拟。因此，本次截流试验的龙口冲刷情况，对于实际截流是偏于危险的，有必要对淤积型覆盖层河床截流的风险进行判别。

为直观地给出淤积型覆盖层河床截流进占过程中口门覆盖层河床的冲刷情况，本项目采取加大流量法进行了淤积型覆盖层河床截流进占过程口门覆盖层河床冲刷的演示试验。

3.2　截流进占过程覆盖层河床冲刷演示试验

3.2.1　试验设计

为反映出截流进占过程左右堤头及口门区河床覆盖层冲刷后带来的影响，试验采取加大流量法进行了演示试验。

试验条件设计：以口门宽度$B=270$m作为进占起点，在$B=270$m时，逐步加大流量，直至左右堤头石料（中石）不产生起动而河床覆盖层刚刚出现群体起动，作为试验初始条件。再按进占程序逐步进占，观察口门束窄过程各口门宽度时覆盖层的冲刷情况及抛投料用量。

3.2.2 不护底情况

3.2.2.1 流态及覆盖层冲刷情况

龙口宽度 $B=270$m 时口门区覆盖层刚刚出现群体起动为起始条件。在 $B=270$m 向 $B=200$m 进占过程中，口门区覆盖层已出现明显的沙波；因左右堤头的丁坝绕流作用，下挑脚处冲刷深度明显大于两堤头中间部位。

龙口宽度 $B=200$m 向 $B=0$m 进占为龙口段进占，由右堤头逐步向左进占。在逐步合龙过程中，随着龙口宽度缩小，口门区河床覆盖层冲刷深度逐渐加深。右堤头在进占至河道抽槽部位时，因龙口主流偏于右侧（主流一般沿着深泓线走），右堤头河床覆盖层冲刷明显加大，虽然不断地在进占，堤头位置出现了停滞不前现象，堤头下游角出现小范围坍塌现象，等到进占料逐步填满冲坑后，龙口宽度才能逐步缩小。

左堤头在龙口段进占虽未进占，但随着龙口缩小，堤头河床覆盖层冲刷深度逐步加大。在左堤头的绕流和挑流作用下，下挑脚处冲刷深度较深，而在左堤头下游左侧形成回流，形成淤积。

3.2.2.2 抛投料用量及流失情况

非龙口段进占抛投料用量见表1。

表1 非龙口段进占抛投料用量（不护底情况）

项　目	非龙口段进占石料用量					
龙口宽/m	626	526	430	350	270	200
左岸石料用量/m^3	11603	14319	5797	4335	3733	12300
右岸石料用量/m^3			7438	12583	4866	
小计/m^3	76974					

体积换算：模型石料质量/模型石料综合密度；中石综合密度为 1.66g/m^3

非龙口段进占抛投料合计 76974m^3，截流各工况均未发现抛投料流失。

龙口段进占抛投料用量见表2。

表2 龙口段进占抛投料用量（不护底情况）

项　目	龙口段进占石料用量						
龙口宽/m	160	120	90	60	30	15	0
左岸石料用量/m^3	—	—	—	—	—	—	—
右岸石料用量/m^3	4497	10254	11666	10766	15997	9606	4497
小计/m^3	62786						

体积换算：模型石料质量/模型石料综合密度；中石综合密度为 1.66g/m^3

龙口段进占抛投料合计 62786m^3，截流各工况均未发现抛投料流失。

两个阶段抛投料用量总和为 139760m^3。覆盖层冲刷后，抛投料用量大幅增加，较常规动床试验 $Q=1110m^3/s$ 时增加了约 42000m^3。

3.2.3 双层护底情况

对覆盖层采取大石（粒径 0.70～0.90m）双层护底，厚度为 1.40～1.80m。

护底范围：右侧戗堤轴线上游 90m、下游 90m，宽度 260m；左侧戗堤轴线上游 90m、下游 180m，宽度 260m。

3.2.3.1 流态及覆盖层冲刷情况

在双层护底情况下，进占各阶段河床覆盖层保护良好，未出现护底破坏现象。

龙口宽度在 $B=200$m 向 $B=0$m 龙口段进占过程，进占顺利，堤头未出现堤头坍塌。

3.2.3.2 抛投料用量及流失情况

非龙口段进占抛投料用量见表3。

表3 非龙口段进占抛投料用量（双层护底情况）

项　目	非龙口段进占石料用量					
龙口宽/m	626	526	430	350	270	200
左岸石料用量/m^3	11603	14319	5797	4335	3733	5491
右岸石料用量/m^3			7438	12583	4866	
小计/m^3	70166					

体积换算：模型石料质量/模型石料综合密度；中石综合密度为 1.66g/m^3

非龙口段进占抛投料合计 70166m^3，截流各工况均未发现抛投料流失。

龙口段进占抛投料用量见表4。

表4 龙口段进占抛投料用量（不护底情况）

项　目	龙口段进占石料用量						
龙口宽/m	160	120	90	60	30	15	0
左岸石料用量/m^3	—	—	—	—	—	—	—
右岸石料用量/m^3	2294	4497	5005	4497	2775	2258	2294
小计/m^3	21326						

体积换算：模型石料质量/模型石料综合密度；中石综合密度为 1.66g/m^3

龙口段进占抛投料合计 21326m^3，截流各工况均未发现抛投料流失。

两个阶段抛投料用量总和为 91492m^3。覆盖层双层护底保护后，抛投料用量大幅度减小，较常规动床试验 $Q=1110m^3/s$ 时减小了约 6300m^3。

3.2.4 单层护底情况

对覆盖层采取大石（粒径 0.40～0.70m）单层护底，厚度为 0.40～0.70m。

护底范围：戗堤轴线上游 50m（在防渗墙下游）、下游 50m，宽度 220m。

3.2.4.1 流态及覆盖层冲刷情况

龙口宽度当 $B=200$m 进占至 $B=120$m 时，单层护底尚未破坏；进占至 $B=90$m 时，右堤头单层护底已有少量破坏，左堤头护底未破坏；$B=90$m 进占至 $B=60$m 过程，右堤头下游单层护底已逐步全部破坏，左堤头开始出现破坏；$B=60$m 进占至 $B=15$m 过程，两堤头间下游护底逐步全部破坏；进占至 $B=15$m 后，形成三角形断面，进占顺利。

为减小覆盖层冲刷，确保护底体系有效发挥作用，建议对龙口 $B=100$m 范围采取双层护底，且下游护底长度应适当延长；龙口宽 $B=100$m 两侧至 $B=200$m 可采用单层护底。

3.2.4.2 抛投料用量及流失情况

单层护底试验采用了最新的龙口布置 $B=260$m 方案。原 $B=200$m 位置，左右堤头各退 30m。龙口段进占过程，右堤头进占 2/3，右堤头进占 1/3。为便于比较，依然按原 $B=200$m 龙口宽度进行非龙口段和龙口段的划分。非龙口段进占抛投料用量见表 5。

表 5 非龙口段进占抛投料用量（单层护底情况）

项　目	非龙口段进占石料用量					
龙口宽/m	626	526	430	350	260	200
左岸石料用量/m^3	11454	15966	7930	4472	9191	2160
右岸石料用量/m^3			5452	12554	1239	3108
小计/m^3	73526					

体积换算：模型石料质量/模型石料综合密度；中石综合密度为 1.66g/m^3

非龙口段进占抛投料合计 73526m^3，截流各工况均未发现抛投料流失。

龙口段进占抛投料用量见表 6。

表 6 龙口段进占抛投料用量（单层护底情况）

项　目	龙口段进占石料用量						
龙口宽/m	160	120	90	60	30	15	0
左岸石料用量/m^3	1784	1351	868	1123	1521	0	1369
右岸石料用量/m^3	2106	3403	4365	5474	7326	0	3721
小计/m^3	34411						

体积换算：模型石料质量/模型石料综合密度；中石综合密度为 1.66g/m^3

龙口段进占抛投料合计 34411m^3，截流各工况均未发现抛投料流失。

两个阶段抛投料用量总和为 107937m^3。覆盖层河床单层护底后，抛投料用量大幅度增加，较常规动床试验 $Q=1110m^3/s$ 时增加了约 10000m^3。

4 综合分析

鉴于覆盖层模拟方法存在的风险，采用加大流量法演示了覆盖层冲刷后存在的风险。可得出以下结论：

（1）不护底方案抛石总用量为 139760m^3；双层护底方案抛石总用量为 91492m^3，护底厚度按 1.4m 计，护底石料用量为 81900m^3，石料总用量为 173392m^3；单层护底方案抛石总用量为 107937m^3，护底厚度按 0.7m 计，护底石料用量为 13800m^3，石料总用量为 121797m^3，低于不护底方案。

（2）对于淤积型覆盖层河床截流，采取适当的护底措施，不仅可大幅度减小覆盖层河床冲刷，降低后期龙口段进占截流风险，而且可大幅度减小石料用量，是实现安全经济截流的有效措施。

（3）鉴于单层护底方案在 $B=90$m 后两堤头间护底体系已逐步发生破坏，为减小覆盖层冲刷，确保护底体系有效发挥作用，建议对龙口 $B=100$m 范围采取双层护底，且下游护底长度应适当延长；龙口宽 $B=100$m 两侧至 $B=200$m 可采用单层护底。

5 结语

淤积型覆盖层河床多由泥质粉细砂、泥质砂砾石、淤泥质黏土、淤泥以及中粗砂等组成，其抗冲能力极差。大江截流时应采取适当的护底措施，可大幅度减小覆盖层河床冲刷，降低后期龙口段进占截流风险，而且可大幅度减小石料用量，是实现安全经济截流的有效措施。

淤积型覆盖层河床大江截流时提前进行演示试验，取得相应试验数据，指导截流顺利进行，实现截流安全可控，并降低施工成本。

自密实混凝土堆石坝与混凝土面板堆石坝经济技术研究

赵京燕　唐文红/中国水利水电第九工程局有限公司

【摘　要】 自密实堆石混凝土是一种新型筑坝技术，自密实堆石混凝土坝与混凝土面板堆石坝技术特点、施工方法等特性存在较大差异。本文选定余庆打鼓台水库自密实堆石混凝土重力坝与桐梓槐子水库混凝土面板堆石坝对二者之间从技术特点、关键技术进行阐述，并从技术特点和经济性方面进行对比分析，且进行施工技术储备与积累，为国内同行提供同类工程施工可供借鉴的经验。

【关键词】 自密实混凝土堆石坝　混凝土面板堆石坝　技术特点　施工方法　经济性

1　引言

自密实堆石混凝土是一种新型筑坝技术，2003 年由清华大学金峰提出自密实堆石混凝土技术并于 2005 年正式在水利工程中成功应用；2015 年贵州余庆打鼓台水库大坝工程首次采用自密实堆石混凝土，水电九局四公司对自密实堆石混凝土重力坝进行了试验和研究。自密实堆石混凝土是指利用专用自密实混凝土完全填充大粒径块石或卵石堆积空隙所形成的完整密实的混凝土，其中堆石体积含量约占 55%，自密实混凝土体积含量约占 45%，具有低碳环保、低水化热、工艺简便、造价低廉、施工速度快等特点。

混凝土面板堆石坝是目前常见的一种筑坝技术，该坝体在应用的过程中不会受到堵塞，其排水能力很好，且质量较好，不会出现坝体坍塌等现象，具有施工周期较短、成本较低、经济适用性较好等优点。近年来，随着科学技术的飞速发展，混凝土面板的设计不断在设计过程中有所突破，而且其施工技术也越来越先进。随着薄层轧制技术和大型振动磨削的广泛应用，施工方法也越来越先进。与以往相比，填筑密度合格率提高，沉降减小，大坝稳定性提高，混凝土面板堆石坝得到了越来越多的人的认可，发展越来越快。

2　工程介绍

2.1　余庆打鼓台水库

余庆打鼓台水库位于余庆县西北面敖溪镇的胜利社区境内，坝址处于乌江支流敖溪河左岸一级支流后溪河上游的岩孔沟汇口以下约 400m 河段，水库坝址距敖溪镇 3.0km、距余庆县城 63.0km。打鼓台水库工程由大坝枢纽、引水工程和泵站工程组成，为小（1）型，工程等别为Ⅳ。水库拦河坝为 C_{90}15 自密实堆石混凝土重力坝结构，大坝坝顶轴线长 198.00m，坝顶高程 799.00m，坝顶宽 6.00m，坝底高程 758.00m，坝高 41.00m，坝底宽度 33.94m，坝底长度 62.00m。水库正常蓄水位为 796.00m，死水位为 779.50m，水库总库容为 619.00 万 m^3，正常蓄水位库容为 523.00 万 m^3，死库容为 61.70 万 m^3。

2.2　桐梓槐子水库

槐子水库位于遵义市桐梓县九坝镇桐梓河的二级支流九坝河上，枢纽工程包括面板堆石坝、左岸洞式溢洪道、导流兼取水、放空建筑物等组成，为小（1）型，工程等别为Ⅳ。混凝土面板堆石坝坝轴线为折线型，坝顶长 330m，坝顶高程 1213.50m。坝顶上游设倒 T 形防浪墙，防浪墙顶高程为 1214.50m，墙底高程 1210.61m，防浪墙高 3.892m，底宽 3.5m。水库正常蓄水位为 1209.00m，正常蓄水位以下库容 517 万 m^3，兴利库容 474 万 m^3，死库容 43.1 万 m^3，为多年调节水库，设计洪水位为 1210.82m，校核洪水位为 1212.35m，水库总库容 713 万 m^3。

3　筑坝技术特点

3.1　自密实混凝土堆石坝筑坝技术特点

自密实堆石混凝土指利用专用自密实混凝土完全填

充大粒径块石或卵石堆积空隙所形成的完整密实的混凝土，其中堆石体积含量55%，自密实混凝土含量45%。自密实堆石混凝土施工方法：首先将满足一定粒径要求的块石或卵石直接入仓，形成有缝隙的堆石体，然后在堆石体表面浇筑满足按比例配置好的专用自密实混凝土，混凝土依靠自重流入堆石缝隙，填充满堆石空隙，形成自密实堆石混凝土。具有低碳环保、低水化热、工艺简便、造价低廉、施工速度快等特点。

3.2 混凝土面板堆石坝筑坝技术特点

混凝土面板堆石坝用堆石或砂砾石分层碾压填筑成坝体，用钢筋混凝土面板作为防渗体。该坝型主要由堆石体和防渗体组成，其中堆石体从上游向下游依次主要由垫层区、过渡区、主堆区和次堆石区组成；防渗体由钢筋混凝土面板、趾板、趾板地基的防渗帷幕、周边缝和面板间的接缝止水组成。混凝土面板堆石坝具有可以充分利用当地材料筑坝，大量节省“三材”和投资，坝体结构简单，工序间干扰少，便于机械化施工作业，施工受气候条件的影响小，有效年工作日数增加，加快工期，运行安全，维修方便等特点，因此我国目前大坝工程较多采用混凝土面板堆石坝坝型。

4 关键施工技术

4.1 自密实混凝土堆石坝施工技术

4.1.1 堆石入仓技术

自密实堆石混凝土块石清洗后采用自卸汽车直接入仓，仓面设置集中卸料点卸石，采用挖机堆铺摆石，人工辅助堆石，确保大坝结构尺寸。堆石施工机械设备控制在距上游面板2/3距离、下游面板1/3距离，仓面中间作业，机械设备进入仓面必须待混凝土强度达到2.5MPa才能上坝（图1）。仓面铺石后未及时浇筑混凝土时必须进行覆盖，避免还未浇筑就被雨水冲刷，导致仓面沉积石渣。

图1 堆石入仓图

4.1.2 自密实混凝土浇筑技术

堆石间的空隙利用自密实混凝土高流动性、黏聚性的特点，自行流动填充密实，入仓时无须振捣，简化了入仓方式。大坝采用分层分块浇筑，设计分层厚度1500～2000mm，经现场生产试验确定每一升层高度取2000mm。混凝土采用泵送结合布料机从一端向另一端直接入仓，实现整个升层通仓连续浇筑。浇筑时控制从上游面向下游面进行，沿短边浇筑，上游面浇筑高度低于下游面浇筑高度，形成倒坡；自密实混凝土浇筑点间距最大控制3m，斜距流淌约4～5m。每仓浇筑数据统计分析，混凝土浇筑平均强度约28.6m^3/h，最高强度达到36.4m^3/h。

4.1.3 简化凿毛工艺技术

自密实混凝土浇筑表面大量的裸露石块高出浇筑面100～150mm，满足上下层间有效啮合；自密实堆石混凝土浇筑完后，待混凝土达到初凝后，采用高压水喷射处理得到较好的粗糙界面。对大坝上游面及冲毛不到位的地方采用电镐人工凿毛，再对仓面进行清洗，清除仓面渣石、乳皮、杂物，确保仓面清洁干净、无积水、渣石。

4.1.4 施工缝防渗处理技术

面板与坝体施工缝处理上创新了施工工艺，防渗面板与坝体堆石混凝土采用同时浇筑上升的无缝施工方法，同一升层的防渗面板一次性浇筑成型，有效解决层间结合与施工缝防渗问题，减少二次施工作业。

面板与坝体只设水平施工缝，水平缝按坝体每一升层高度2000mm设置，坝体水平施工缝采用简化凿毛工艺处理；为加强面板水平施工缝防渗与啮合作用，对面板混凝土的水平施工缝面进行二次电镐人工凿槽处理，凿毛方向平行坝轴线，凹槽距迎水面150mm，间距100mm，断面尺寸为20mm×30mm，形成粗糙加强处理，提高施工缝面的黏结强度，有效起到防渗作用。

4.2 混凝土面板堆石坝施工技术

混凝土面板堆石坝在我国已经有30多年的历史，其施工技术早已是成熟的技术，并为工程界所熟知，在此不需赘述。

5 技术特点与经济性对比分析

5.1 技术特点对比分析

两种坝体均为堆石坝，筑坝技术相类似，均能有效防止大坝产生温度裂缝；坝体堆石都采用自卸汽车直接入仓，大块石堆积构成稳定的骨架，具有优良的体积稳定性；汛期可持续施工，堆石坝体能直接挡水，简化了施工导流与度汛。

自密实混凝土堆石坝坝体块石粒径为300～

1000mm，堆层厚可达2000mm，需清洗后再入仓，块与块之间的搭接堆砌形成较大的空隙率，与自密实混凝土良好的流动性和自填充性结合，使施工过程得以简化，施工速度得到有效提升，降低了施工噪声污染。根据实践，水电九局四公司在余庆打鼓台水库创新了大坝面板与坝体施工缝处理施工工艺，防渗面板与坝体堆石混凝土采用同时浇筑上升的无缝施工方法，同一升层的防渗面板一次性浇筑成型，有效解决了层间结合与施工缝防渗问题，减少了二次施工作业，缩短了施工周期。

混凝土面板堆石坝坝体采用级配堆石料粒径0～800mm，堆层厚最大800mm，拓宽了堆石料源范围，减少了弃料。摊铺碾压充分发挥了大型机械施工优势，汽车在仓面直接行驶，仓面摊铺机动灵活，方式更简单快捷有效，筑坝速度显著加快。

5.2 经济性对比分析

余庆打鼓台水库自密实混凝土（C_{90}15W6F50）堆石建造的重力坝经济性主要优势体现在：每1m^3坝体成品的水泥用量为74kg，而纯混凝土则需要213kg，在同一成品体积下，同等级强度混凝土水泥单方用量节约139kg，水泥每吨按450元计算，则费用为450×(74210×0.45÷1000×139)＝2088826（元）；另堆石混凝土建造的重力坝，由于水泥用量减少，在同体积情况下产生的温度热效应就小，再加上块石的导热系数与热扩散系数均较混凝土小，在入仓前及浇筑后产生的热效应变化不大，故由自身产生的温度应力相对要小得多。所以堆石混凝土重力坝能够减少水泥用量，降低水化热温升，温控设施少，减少人力等，从而节省工程投资。

槐子水库混凝土面板堆石坝与余庆打鼓台水库自密实混凝土相比，能更好地利用当地材料筑坝，其经济性在于开挖料能物尽所用，如能做好坝料开挖规划，进行合理的施工调度，开挖料的利用率能更好地提高，显著降低施工成本。碾压堆石坝坝体填筑大型机械施工优势明显，筑坝工期更快，一升层（按800mm计算）工期2.5天，相比自密实混凝土堆石坝一升层折算工期4.8天可节约2.3天。

6 结语

针对两种类型堆石坝的施工重难点，论述了其筑坝技术特点，并对其施工关键技术、经济性进行了分析。成果显示两种堆石坝施工工艺均具有低碳环保、节省能源、减少裂缝、提高施工速度、降低成本、缩短工期等优点，得到了专业人社会的认可，可为类似工程提供借鉴。

大江截流中物资、设备、资源配置分析

徐慧斌　陈智辉　马辉文/中国水电基础局有限公司

【摘　要】大江截流是水利枢纽施工中极为关键的一步，能否如期截流直接影响到后续主体工程的推进。通常截流会选在汛后枯水期进行，若首次截流失败，将为整个枢纽工程带来巨大的时间成本和经济成本损失。本文旨在结合汉江碾盘山水利枢纽工程一期截流中资源配置进行分析总结，为后续类似工程建设提供参考。

【关键词】大江截流　资源配置　分析

1　引言

碾盘山水利枢纽位于汉江湖北钟祥段，该工程一期大江截流的重难点主要为需在保持通航的前提下于2019年汛前完成截流。碾盘山工程2019年3月14日导流明渠通水，2019年3月16日截流施工开始，最终于2019年3月19日下午成功截流。本次截流施工投入设备102台套，直接参与人员282人，抛投使用各类石料达70000m^3。截流施工中不管是人员设备的管理，还是截流物资的储备、调配和使用，都存在很多学问。本文结合碾盘山工程对截流施工中物资设备的资源配置进行分析总结。

2　截流中的物资配置

2.1　截流石料储备

碾盘山水利枢纽工程一期截流采用双向进占单戗立堵的截流方式，由自卸车运输抛投料，从两端进行戗堤进占，逐渐束窄龙口，直至全部截断。戗堤预进占阶段主要从左岸进占，右岸辅助。合龙阶段以右岸为主，左岸辅助。截流预进占时用料主要以当地产块石（粒径40～90cm）为主，辅以部分渣石对预进占堤面进行平整，保证设备正常通行。

2.1.1　截流石料储备的准备工作

截流石料储备首先需确定数量，而截流中的石料储备数量主要由设计图纸中的戗堤截流工程量、截流模型试验中的物资配置、施工期间的实测工程量、备料系数共同确定，同时还需综合考虑备料料场储料容量和装卸料效率。

根据设计单位给出的戗堤截流施工蓝图中的工程量，可得截流石料的粗略需求数量，但仅具有一般指导意义。在实际施工中，由于导流建筑物的分流、预进占后河道过流断面不断缩小、通航航道的影响等原因，主河床的水文地质条件和水力学指标等蓝图设计依据均发生了变化，导致蓝图工程量失真。为保证截流成功，需通过截流模型试验模拟截流时可能发生的情况，确定石料需求量、石料的规格尺寸和抛投强度，进而细化截流施工方案。以碾盘山工程一期截流为例，施工单位就委托了专业的第三方进行了截流模型试验，通过对不同流量下进占的水力特性进行分析，综合安全性和经济性选出了最优施工参数，最终确定截流设计流量为1110m^3/s（按坝址3月份5年一遇月平均流量标准设计），抛投强度680m^3/h。

碾盘山工程一期截流施工中，蓝图给出的龙口段抛投总量为3.86万m^3。但由于需满足汉江通航要求，在戗堤预进占暂停后、明渠通水前，由交通部门进行了航道改道疏浚施工，使河道水流流态变化，对左岸戗堤堤头附近河床覆盖层造成较大冲刷。根据2019年2月下旬实际测量数据计算，冲刷最深处已经比原始河床平均高程低了9.22m，左岸堤头下游附近河床已经形成了一个巨大的深坑。分析联测的河床地形实际数据后截流总抛投理论量修正为5.95万m^3，修正增幅达54%。由此可见，实测水下地形数据是截流施工中非常关键的施工依据。为稳定河床巨坑地形，防止过度冲刷导致巨坑扩大进而增加截流难度和投入，施工单位在请示业主单位同意后及时通过船抛块石进行了护底作业。后龙口段进占合拢施工开始前复测地形数据显示抛石护底效果良好，深坑扩大速度明显减缓。

考虑到实际的截流施工中，水流流量、实际地形变化和截流材料等各种因素的影响，在备料的时候必须要有足够的备料余量。根据国内外行业经验，截流备料的安全系数通常为 1.3～1.5，因汉江流域碾盘山段水域较为平缓，且工程所在地周边石料来源相对稳定可靠，经过专家反复计算论证，确定取 1.3，据此最终确定碾盘山一期截流块石备料总量为 7.735 万 m^3（含抛石护底工程量）。

结合施工现场场地及道路条件，考虑抛填强度需求，在距离戗堤龙口两侧堤头 500m 距离范围内开阔地带各布置备料场一处，分别为左岸备料场、右岸备料场，两处备料场均划分为中石（40～70cm）备料区、大石（70cm 以上）备料区、混凝土块备料区及渣石备料区，总储存容量可达 30 万 t。

2.1.2 截流石料储备执行

由于受前期土方施工和戗堤预进占影响，碾盘山工程截流备料进货被迫推迟到 2019 年 2 月中旬开始实施，且需在 3 月 6 日前全部完成。综合考虑近些年国家及地方层面的各类环保整治、超限治理、开采控制政策变化和恶劣天气、恶劣路况等不利因素，经推算，为保证按期截流单日石料的进货强度至少要达到 10000t/d，这样大的供应强度对整个项目管理层面都是一个相当严峻的考验。同时还受施工道路场地和收货流程耗时等客观条件制约，现场单日能接纳的运输车辆数量也有上限。

施工单位通过扩大料源、激励供应商、成立场内道路指挥维护小组、24h 双磅房收料等举措保证块石的高强度供应，最终交出了包含明渠防护施工用块石进货在内单日块石最高供应量超 2 万 t、13 天完成 20 万 t 块石进场的成绩单，提前完成了截流石料备料的计划任务。其中左岸备料场完成龙口备料中石 1.24 万 m^3、大石 0.5 万 m^3，右岸备料场完成备料中石 4.7 万 m^3、大石 0.49 万 m^3。

2.1.3 截流期间备料数量的动态监测

截流施工前计划备料数量虽然都经过严谨的计算论证，但终究还是理论数量。在实际截流施工中，有很多情况是靠模型和过往经验无法预知的，比如实际的抛投量是否与计划抛投量有很大出入、剩余备料存量是否充足能保证截流成功、某一阶段是否需要继续备料，这些都需要我们对施工用量和剩余备料量进行实时监测，才能有效地预防断料情况的出现。碾盘山工程一期截流过程中施工单位用以下统计方法对截流期间各石料数量的动态变化进行实时监测管理，效果较好。龙口进占抛投料日变化统计表见表 1。

表 1 龙口进占抛投料日变化统计表 单位：m^3

日期	进占用量（A）	龙口剩余工程量（B）	左岸备料场		右岸备料场		实际备料存量（G）	应备料量（H）	外来料缺口数量（I）
			中石（C）	大石（D）	中石（E）	大石（F）			
准备阶段累计已完成备料数量	a_0	b_0	c_0	d_0	e_0	f_0	g_0	h_0	i_0
截流施工第 1 日	a_1	b_1	c_1	d_1	e_1	f_1	g_1	h_1	i_1
…	…	…	…	…	…	…	…	…	…
第 n 日	a_n	b_n	c_n	d_n	e_n	f_n	g_n	h_n	i_n

注 1. 截流施工中实际进占抛投料用量 $A=a_0+a_1+a_2+\cdots+a_n$。

2. b_0 为龙口段截流施工准备阶段实际测量得出的工程量，从理论上来说，当 $n\geqslant1$ 时 $b_n=b_{n-1}-a_n$ 即当日龙口段剩余工程量应该是前一天的剩余工程量与当日进占用量的差值。但是在实际施工中，因为存在水力学指标的非常规变化、异常水流流态的改变、实际流失量偏差和统计的误差，导致剩余的实际工程量与计算工程量产生偏差。所以在施工过程中必须定时对剩余工程量进行复测，再和理论剩余工程量进行比对，及时修正，这样才能最大限度地减小后续数据的误差。

3. C、D、E、F 为截流施工过程中各备料场各规格抛投石料数量的实际变化量，每处料场均需要专人负责统计进货与使用数量，进货时按需做好调配，保证同时满足备料总量和各部位各规格数量的需求。

4. g_n 为当日结束后备料的实际总存量，g_0 为截流施工准备阶段各规格抛投料累计备料的总量，$g_0=c_0+d_0+e_0+f_0 g_n=g_{n-1}+c_n+d_n+e_n+f_n(n\geqslant1)$。

5. h 为各阶段取 1.3 的安全备料系数的理论备料总量，$h_n=b_n\times1.3$。

6. 外来缺口 I 为应备料量与实际备料量之差，也就是为了保证顺利截流还缺少的备料数量，即 $i_n=h_n-g_n$。i_n 直接反映了现场抛投石料对外购的需求量，i_n 的变化也能直观地反映出截流备料的储备数量是否符合实际施工需求，因此对 i_n 的数值进行观察十分必要。当截流完成时若 $i_n=0$，则表示抛投石料的备料刚好符合实际施工需求，截流完成时就正好没有剩余量，没有造成浪费；若在截流施工过程中 $i_n>0$，则说明抛投料准备不够充分，此时 i_n 的值越大，越有可能发生截流施工时断料，必须要有补充备料的措施；若在截流施工过程中 $i_n<0$ 则说明备料有富余，应立即停止外购石料进货，此时 i_n 的值越小则备料富余越多，造成的浪费也会越多。

2.2 其他物资的准备

为应对截流龙口合龙阶段出现超大流量难以进占甚至冲毁堤头的情况，施工单位提前制作准备了一批混凝土预制块，并用钢丝绳串制成串备用，每串由 6～8 块预制块组成，重量达 2t，截流开始前戗堤左右岸共预备 438 块。

由于截流施工为临水作业，加之戗堤路面路况较差、作业设备密集，施工作业人员、设备的安全需格外重点关注。根据截流前桌面演练布置的施工人员配置，现场配备足够数量的救生衣、反光背心、救生圈、救生口哨、手提照明灯、头灯、雨衣雨伞雨鞋等物资，配备夜光指挥棒、对讲机、扩音喇叭、反光锥桶和警戒线等物资，便于现场指挥，同时还需配备拖车绳、担架、医疗箱等物资应对紧急突发状况，并按照一定的富余系数在戗堤龙口两侧分别储备。

因截流开始后需连续作业，为方便管理，在龙口两侧戗堤旁分别使用集装箱设置了前线指挥室，兼作人员休息及临时仓库之用，保证截留期间24h通电通信和饮用水供应。同时根据施工场地实际情况布置照明设施，最大限度保障夜间施工安全。

明渠通水后导流明渠侧戗堤左岸成为一个被江水四面包围的孤岛，所有前往戗堤左岸的人员和轻量物资均通过船只运输。故在明渠通水前施工单位根据该部位设备使用计划提前在戗堤左岸储备了充足数量的柴油，并预留了加油车进行加油辅助作业。

3 截流中的设备配置

3.1 截流运输设备配置

根据标准截流设计流量1110m³/s，在戗堤左、右堤头实施双向进占时，平均抛投强度680m³/h。左右岸戗堤共布置4个卸料点同时卸料，20～25t中型自卸汽车每车按10m³计，一个卸料点每小时需完成卸料至少17车次。龙口戗堤截流料平均运距取500m（备料场到截流戗堤左、右岸堤头的平均运输距离），单车循环时间约10min，考虑自卸汽车卸料平均时间3.5min，加上装车时间约5min，一辆自卸汽车整个循环时间约18.5min，一辆车在一个卸车点上的强度为3.2趟/h。根据计算，每小时一个卸车点上需要6辆自卸汽车，考虑设备效率及其他因素，一个卸车点需要10辆自卸汽车则能满足抛投强度要求。另截流时主要以右岸为主，所以右岸布置42台，左岸布置20台，共需要20～25t自卸汽车62辆。

3.2 截流主要施工设备配置

为满足截流抛投强度的要求，必须配备足够的装、挖、吊、运设备及辅助设备，优先选用大容量、高效率、机动性好的设备。挖装设备主要选用pc300（1.4m³）挖掘机，抛投设备则以SD32推土机为主，结合前期施工现场既有设备情况。经推演截流设备配置情况见表2。

由表2可以看出，为确保截流强度需求，每个施工部位的主要机械设备都留有一定的富余量，特别是左岸戗堤由于对外道路全部切断，该部位各设备富余量均适当进行了放大。

表2　　截流施工主要机械设备配置表

设备分类	型号	规格	单位	数量			
				左岸	右岸	备用	合计
挖掘机	pc300	1.4m³	台	4	6	左4右2	16
装载机	ZL50	2m³	台	1	1	0	2
运输设备	自卸汽车	20～25t	台	20	42	左4右4	70
推土机	SD16	120kW	台	2	2	左1右1	6
	SD32	235kW	台	2	1	0	3
汽车吊	徐工	25t	台	1	1	0	2
交通运输船	—	乘坐11人	艘	1	1	0	2
柴油发电机	—	200kW	台	1	1	左1	3
加油车	东风福瑞卡	8t	台	1	1	左1	3
流动维修车	—	带空压机	台	1	0	0	1
GPS接收机	A12（RTK）	—	套	1	1	1	3

设备配置计划确定后，需要逐台设备进行落实，具体需落实设备状况和操作人员情况，落实后按部位按工作内容进行统一编号管理，并提前登记好各设备负责人联系方式并进行相关交底演练。

截流前，动员各设备负责人做好设备的检查、维修、保养和易损件储备工作。施工单位成立了专门的截流设备抢修组，在左岸戗堤安排了1台流动维修车并提前和右岸场地周边的设备维修点做好沟通，确保截流设备完好率。若遇设备在截流施工中出现故障，必须及时进行抢修或拖走，因此在截流戗堤现场配备了吊车、钢丝绳、卡环等设备、机具，以备设备出现故障后能够及时移开。

4 结语

碾盘山工程一期截流成功后，施工单位根据施工资料统计，截流施工中备料使用率达95%，设备使用率达93%，总的来说较好地平衡了截流成功率和成本投入的矛盾，截流期间整体资源配置工作成效显著。截流施工中物资设备资源配置工作是一项重要而复杂的系统性工作，需要具备高度责任感的决策执行者付出足够的细心才能较好完成。

浅谈爆破与岩石臂挖机在石方明挖中的应用

胡守海　马辉文　李　钊/中国水电基础局有限公司

【摘　要】石方明挖爆破是一种在工程领域普遍采用的石方开挖技术，需根据不同的岩性、岩石强度、风化情况等地质条件及开挖线等设计要求进行合适的爆破工艺设计。而近年来应用广泛的岩石臂挖掘机是风化石、页岩、红砂岩、石灰岩等挖掘破碎的利器，比传统的破碎锤及爆破作业，具有高效率、低成本的特点。本文以碾盘山水利水电枢纽工程右岸船闸石方预开挖施工为例，介绍了上述两种施工工艺并简要对比分析，可供类似地层石方明挖施工参考。

【关键词】碾盘山工程　石方明挖　爆破　岩石臂挖掘机

1　工程概况

碾盘山水利水电枢纽是国家确定的172项节水供水重大水利工程之一，也是湖北省汉江五级枢纽项目的重要组成部分。工程由左岸土石坝、泄水闸、发电厂房、连接重力坝、鱼道、右岸船闸和右岸连接重力坝等组成。

右岸船闸预开挖区域所处右岸沿山头一带为岗地，岗顶高程58.00～65.00m，高出汉江水面16～23m，在坝址区域内，沿山头临江形成近似直立的陡岸。右岸船闸基坑预开挖所处地层结构，根据设计图纸显示自上而下为：开挖范围内（桩号K0－403～K0＋335）已挖除的黏土层厚约1.0～11.5m，黏土底高程约41.65～54.09m。石方开挖范围（桩号K0－50～K0＋250）内，岩石开挖纵深约10～78.9m，石方开挖最大深度约12.8m，强（全）风化泥质粉砂岩及弱（强）风化泥质粉砂岩，底高程约50.27～52.9m，石方开挖层厚约3.82～3.9m。弱风化泥岩间断分布（桩号K0－50～K0＋14），底高程约50.8m，石方开挖层厚约2.1m。弱（微）风化泥质粉砂岩，底高程约38.78～41.76m，石方开挖层厚约6.27～6.8m。船闸预开挖底高程44.00m。工程量为174575m^3。岩石种类为泥质粉砂砂岩。

2　爆破工艺设计及施工

2.1　爆破设计

严格按照经专家论证并批复的专项施工方案施工。为减少对设计边线外保留岩体的破坏、扰动，取得较为平整的设计边坡，对基坑边坡岩体轮廓边线开挖采用预裂爆破，优先进行开挖线预裂爆破，致使主爆区与开挖线断开、隔离，减小主爆区爆破对开挖线以外的岩体的振动传递。爆破材料选用岩石乳化炸药，主爆孔起爆材料选用毫秒塑料非电雷管，预裂孔起爆材料选用导爆索，总网络采用非电雷管配起爆器引爆，最大一段起爆药量不大于50kg。

造孔设备以高风压潜孔钻为主，手风钻小梯段爆破为辅，装运设备选用1.2～1.6m^{2}反铲装车配20t自卸汽车，另配备一台长臂反铲进行局部水下开挖出渣，并辅以少量的推土机及装载机。梯段高度根据设计开挖线分为4.5～13m不等，梯段爆破以排间差为主，周边永久边坡（坡比陡于1∶1）采用预裂爆破法一次成型。主爆孔采用KG726HIII高风压潜孔钻等设备钻孔，预裂孔采用KG726HIII钻机辅以100型钻机施工；局部小梯段、保护层及沟槽开挖采用手风钻钻孔。

2.2　梯段深孔预裂爆破参数确定

根据设计要求及现场工程实际情况，基坑边坡开挖主要采用梯段预裂爆破的爆破方法，梯段高度4.5～13m，开挖坡度1∶0.3，KG726HIII高风压潜孔钻钻孔，钻孔直径90mm。根据右岸沿山头现场踏勘情况，本次爆破参数的设计根据岩体地质情况并参照相关经验，保证岩体成功爆破的情况下降低炸药单耗。主爆孔爆破参数确定见表1。

表 1　　主爆孔爆破参数计算表

步骤	计算式	符号意义	计算说明
1	D	D 为钻孔直径	根据目前常规钻孔规律，结合爆破危害效应控制，选择液压钻机，钻孔直径 D=90mm 为宜
2	$L=h+H$	H 为台阶高度；h 为超深；L 为炮孔深度	h 超深，矿山常取 0.5～3.5m。它与抵抗线和孔径的关系为：一般是抵抗线的 0.05～0.3 倍，是钻孔直径的 8～12 倍和台阶高度的 0.1～0.2 倍。超深 h 根据类似施工经验取 0.3m
3	$W=(20\sim50)D$	底盘抵抗线	过大的底盘抵抗线会造成根底多、大块率高、后冲作用大；过小则不仅浪费炸药、增大钻孔工作量而且岩块易抛散和产生飞石危害。根据实际爆破效果确定 W 值 2.0～2.5m
4	$a=mW$	a 为孔距；m 为深孔临近系数	m 通常为 0.8～1.4，a=2.5m
5	$b=(0.8\sim1.0)W$	b 为排距	采用微差逐排起爆时，排距取与底盘抵抗线相等，即 $b=W_{底}$；多排齐发爆破时，$b=(0.8\sim0.9)W_{底}$　b=2.0m
6	$Q=qaWH$	Q 为单孔装药量；q 为单位炸药消耗量	冶金矿山的单耗一般在 0.1～0.35kg/t 之间。也可根据岩石坚固性系数查表取值。本设计取 $q=0.3\text{kg/m}^3$
7	$L_2=(20\sim40)D$	L_2 为堵塞长度	一般堵塞长度不小于底盘抵抗线的 0.75 倍，或取 20～40 倍孔径，最好不小于 20 倍孔径。L_2=2.5m

为保证边坡满足设计要求，形成无超、欠挖的良好边坡及阻断爆破地震波的传播，减少爆破振动对周围环境的影响。预裂爆破要满足施工精度，爆破参数要与石方地质条件匹配，施工中根据爆破试验及爆破后的开挖质量及时调整。预裂爆破参数确定见表 2。

表 2　　预裂爆破参数计算表

步骤	计算式	符号意义	计算说明
1	D	D 为钻孔直径	炮孔直径是根据工程性质及其对质量的要求、设备条件等确定，钻孔直径 D=90mm
2	$L=h_0+H$	H 为台阶高度；a 为台阶坡面角；h_0 为超深值	因考虑钻孔完成后，孔底的钻渣不能全部吹出干净，为达到理想预裂爆破效果，预裂钻孔时超深 15～30cm
3	$a=(10\sim12)D$	a 为炮眼间距	孔间距与孔径有关，一般采用的孔距为孔径的 8～12 倍，最高为 17 倍，以 10～12 倍为宜。实取 0.7m
4	$b_{缓}$	$b_{缓}$ 为缓冲孔与主爆孔的排距	孔网参数与主爆孔排列，遵循递减的原则。实取 2.0m。缓冲孔间距取 1.5m
5	$b_{预}=(1/7\sim1/8)a$	$b_{预}$ 为预裂孔与缓冲孔的排距	预裂孔与缓冲孔的排距应避免裂缝朝缓冲孔贯通。所以 $b_{预}>a$。实取 1.3m
6	k	k 为不耦合系数	孔径与药径之比称为不耦合系数。预裂爆破不耦合系数以 2～5 为宜。预裂孔药径取 ϕ32mm。缓冲孔药径取 ϕ70mm。主爆孔药径 ϕ70mm
7	q_1	q_1 为线装药密度	试验初选参数，预裂爆破线装药密度一般为 0.11～1.1kg/m。 砂岩 q_1=200～400g/m，实取 350g/m
8	$L_2=(12\sim20)D$	L_2 为堵塞长度	L_2=1.5m

爆破方案选定后，需在现场进行爆破试验，验证爆破设计参数的合理性。2019 年 5 月 13—28 日，现场进行了四次生产性爆破施工试验，通过爆破试验优化调整钻爆孔布置、线装药密度（预裂爆破）、单位耗药量（梯段爆破）、堵塞长度等爆破参数，也检验了爆破器材的性能。同时进行爆破振动监测，测定爆破对周围建（构）筑物的振动影响。爆破试验取得的爆破参数见表 3。

表 3　　爆　破　参　数

钻孔设备	类别	孔径 /mm	孔深 /m	超钻 /m	底盘抵抗线 /m	孔距 /m	排距 /m	药径 /mm	单耗 /(kg/m³)	线装药密度 /(g/m)	堵塞长度 /m
KG726 露天潜孔钻	主爆孔	D90	4.5～13	0.3	2～2.5	2.5	2.0	ϕ70	0.35	—	2.5
	缓冲孔	D90	<15	0.3	—	1.5	—	ϕ70	—	—	2.0
100 型潜孔钻	预裂孔	D90	—	0.3	—	0.7	—	ϕ32	—	350	1.5

2.3　爆破施工

2.3.1　钻孔

永久边坡采用预裂爆破技术，在主爆孔与预裂孔之间布设 1～2 排缓冲孔，其孔距、排距及装药量较前排梯段爆破孔减少 1/3～1/2，缓冲孔与预裂孔平行，在与预裂孔相邻的梯段孔之后起爆，以爆开预裂孔和梯段孔之间的岩石，且不损坏预裂壁面。

在钻孔前由测量工程师利用精度高、速度快的全站仪根据爆破设计钻孔间距将每个孔开口点测出用喷漆标在孔口已清理干净的岩面上，孔深与边坡设计底高程相匹配，倾斜角度与边坡角度一致为 73°。开钻时采用低风压、低钻速，钻入岩 0.5m 后复核对钻杆倾角和方向，无误后继续正常压力钻进，防止钻压过大造成飘孔，若有偏差，用罗盘仪或量角器纠偏调整。打完孔后，将孔口用不透水的材料盖好，予以记录。

2.3.2　装药与堵塞

预裂爆破孔采用 ϕ32 药卷间隔装药；由于炮孔底部夹制性较大，不易产生要求的裂缝，孔底 0.8m 装药密度加大为 6ϕ32 药卷连续装药；按设计线装药密度连同导爆索一起用胶布或玻璃丝绳均匀地绑扎在竹片上。为了确保预留基岩的完整性，保证药卷放在预裂孔中间，竹片宽度应保证至少 3cm，且比较平顺。考虑孔口的岩石长期暴露于地表面，风化程度相对较高，为避免孔口飞石严重，在孔口 1m 范围进行削弱装药，装药量控制在 0.175kg/m。缓冲孔及主爆孔采用 ϕ70 药卷连续装药、同段双雷管入孔。

预裂孔和缓冲孔采用塑料纸封底、黏土堵塞，主爆孔采用黏土堵塞。封堵人员用黏土等封堵并分层捣实，保证填塞质量，预裂孔堵塞不需捣实。禁止使用无填塞爆破。禁止使用易燃材料填塞炮孔。填塞不得损坏起爆线路。禁止捣固直接接触药包的填塞材料或用填塞材料冲击起爆药包。

2.3.3　联网起爆

预裂爆破对相邻爆破起爆的同步性要求高，需使用导爆索起爆。为控制预裂爆破本身产生的振动影响，预裂孔孔距 0.7m，按最大深 15m，核算单孔最大药量小于 5g/孔，连线按 7 孔一响。因考虑最大单响药量和雷管段位受限，同时为了减小主爆区对开挖线外的振动传递影响，先进行开挖线预裂爆破，使主爆区与开挖边线隔离。

深孔爆破为严格控制最大单响药量不大于 50kg，结合现场实际爆破梯度高度，部分单孔药量已接近 50kg/孔，按照一孔一响，单孔药量不大于 25kg，按照两孔一响，孔内全部采用 MS－9 段非电毫秒雷管入孔，孔外全部采用 MS－3 段非电雷管接力延时。爆破梯段高度 4～13m，采用一次性爆破开挖至底板高程 44.00m，为保证爆破效果达到控制要求，采用串并连接网络实施起爆，对于爆破规模小的网络可采用全并联实施起爆。

3　岩石臂挖掘机施工

3.1　岩石臂简介

土石方开挖首选挖掘机，但当挖掘机工作的工况环境换成了风化岩和页岩等比较坚硬的地层条件时，普通挖掘机标准臂的松土器已经无法进行工作，破碎锤的工作效率又相对于松土器的工作效率低下，无法满足工程需要。于是挖掘机岩石臂应运而生，岩石臂的主要结构就是那个硕大的像鹰嘴一样的前臂，故又被称为鹰嘴臂、超级勾、穿山甲，是风化岩、页岩、红砂岩等挖掘破碎的利器，相比传统的破碎锤作业，具有高效率、低损耗的益处，相比传统的爆破作业而言作业效率高，破碎成本低，维护成本低。岩石臂相比于普通挖机，大臂进行了缩短和加粗加重，很大程度增加了挖掘机的挖掘力度以应对更强的冲击力。岩石臂的破碎原理就是在沉重的大小臂的重力作用下，利用前端的尖状勾对岩石进行暴力破碎，开挖效率高，通过增加自重来提升松土器的破坏力，简单来说就是重量越重才能压得住。

岩石臂常规大臂长度为 5～7m，小臂的长度为 3～5m，大小臂为实心臂，整体重量为 14～16t，配松土器和铲斗油缸，实心臂采用的是高强度锰钢材料进行加工制造，实心臂内除了有大量冲压板外另加灌铁砂与水泥混合物，充实臂内结构成为实心体，提高臂的质量以及耐用性和实用性。目前市场上岩石臂挖掘机有一体式岩石臂和传统岩石臂，相对于传统的岩石臂，一体式岩石臂的设计取消了铲斗油缸，将小臂和松土器连为一体，使前臂形成了一个整体的臂。岩石臂适用范围：硬土处理；碎石、次坚石，风化岩的粉碎；适用场合：石场、矿场、煤场及特殊场合。本工程根据现场地质条件选用 1 台 SANY 液压岩石臂挖掘机（SY535H）。

3.2 石方机械开挖

石方开挖采用自上而下、分层开挖、支护同步的方式进行施工。施工中首先将岩层采用岩石臂分层破碎开挖，另配常规挖掘机配合清除岩块，按照设计边坡坡度、台阶及标高进行破碎，破碎将至设计坡面时，停止破碎，采用挖机进行修坡面。

根据测量精确放样出的边坡开挖轮廓线，采用常规挖掘机进行清除表土，将所要开挖的石方露出，由于开挖破碎的方式为自上而下分层开挖，因此首先根据实际地形修出第一级施工平台，以方便挖机摆放。破碎岩体时必须严格按照坡比进行破碎，不允许出现亏坡或坡比过大的情况出现，第一级施工平台上的岩层破到位并采用挖机将坡面修正平整后，然后进行下一施工平台岩体的破碎施工。破碎时挖机配合，清除破碎岩体，并将已破碎的岩体装车，运输车辆采用自卸车，运至指定地点，直至该段坡面成型并且基坑底标高达到设计要求。在基坑开挖过程中以及基坑使用过程中，基坑周边严禁堆载，同时做好清坡排石，必要时应设置临时防护措施。

开挖施工前先开挖好永久边坡上部的截水沟，以防止雨水漫流冲刷边坡，施工过程中，在坡脚、施工现场周边和道路的坡脚，均开挖好排水沟槽和设排水设施及时排除积水，保护边坡稳定。

3.3 爆破与岩石臂石方开挖比较

2019 年 5 月 13 日—6 月 27 日，进行右岸船闸预开挖爆破施工，考虑到工期及爆破振动影响，于 2019 年 7 月 19 日—8 月 17 日，进行右岸船闸预开挖岩石臂挖掘机开挖。两种施工方法简要比较见表 4。

表 4　　爆破与岩石臂石方开挖对比

序号	施工方法	施工时段/(年-月-日)	开挖方量/m^3	单价/(元/m^3)	炸药费用/元	项目综合成本/(元/m^3)
1	爆破	2019-05-13—2019-06-27	54829.12	14.99	531330	24.68
2	岩石臂	2019-07-19—2019-08-17	124277.32	14.8	—	14.8

(1) 针对本工程地质、地层条件，根据上述对比表及实际施工测量记录，岩石臂日均开挖方量约 6000～7000m^3，大于爆破日均开挖方量 2000～3000m^3。岩石臂相比爆破开挖，在成本、进度上均具有显著优势。

(2) 一般在石方开挖中有两种方法，第一是炸药爆破，第二是用破碎锤，可是爆破污染环境，安装破碎锤成本又太高且进度慢。岩石臂开挖正好介于二者之间，既没有污染，投入成本还比破碎锤低很多，非常适用于本工程的地层地质。

(3) 相比岩石臂开挖，爆破具有危险性大、振动影响大、审批流程多、专业性强、炸药采购、运输、储存安全风险高、钻孔爆破工序多、影响临近区域的生产生活等特点。

4 结语

本文介绍了爆破工艺设计过程，并在工程实践中得到检验，继而说明了石方爆破开挖施工前爆破设计的重要性。根据工程地质、地层条件分析，岩石臂挖掘机石方开挖相比爆破开挖，具有开挖效率高、成本低、进度快等特点，为后续船闸主体工程大面积石方开挖提供了较好的借鉴，也保证了后续主体工程施工进度。对于风化岩、页岩、泥质粉砂岩、石灰岩等部分较坚硬岩、较软岩、软岩及极软岩，可采用岩石臂挖掘机进行石方明挖。

参考文献

[1] 杜云贵. 爆破工程设计与施工技术 [M]. 重庆：重庆大学出版社，2011.

[2] 郭进平，聂兴信. 新编爆破工程实用技术大全 [M]. 北京：光明日报出版社，2002.

[3] 刘殿中，杨仕春. 工程爆破实用手册 [M]. 北京：冶金工业出版社，2007.

TOACHI 电站导流洞封堵技术

吴振茂/中国水利水电第六工程局有限公司

【摘　要】 导流洞封堵是水电站施工中重要里程碑，TOACHI 电站导流洞封堵受现场条件制约，堵头设计与施工方案具有一定代表性，可为类似工程提供参考。

【关键词】 TOACHI　导流洞　封堵　技术

1　背景

厄瓜多尔 TOACHI 水电站大坝在施工时通过8#坝段预留的 950.00m 高程道路进行上游围堰施工，根据进度安排 8#坝段在 5 月中旬进行 950.00m 高程预留的坝体混凝土浇筑、11 月完成导流洞封堵。正常应在该坝体混凝土浇筑前拆除上游围堰和对导流洞进口临时下闸封堵。但由于前期种种原因，导流洞进口临时封堵闸门被取消，导流洞出口也无法形成运输道路，需要在导流洞进口明渠内修筑子围堰挡水，从导流洞进口进入进行导流洞的封堵体施工。

2　导流方案规划

按 11 月蓄水目标，导流洞计划在 8 月中旬至 10 月进行封堵施工，围堰拆除计划拆除高程 929.50m（原河床段，同导流明渠底板）以上部分，拆除渣料约 4.5 万 m^3，拆除时间需要 35～40 天，则围堰拆除安排在 7 月进行。

由于 8#坝段 950.00m 高程以上混凝土提前浇筑，届时通往围堰临时道路将被切断。导流方案实施主要是受控在围堰拆除道路布置和导流洞进口明渠修筑子围堰上。

通过对现场各种工况进行分析，确定本工程的导流方案是先从大坝右岸 973.00m 高程平台（坝顶高程），沿 970.00～973.00m 高程等高线通过导流洞进口洞脸上方，向上游继续延伸，以满足交通通行道路特征的需要，最后到达导流洞明渠顶部交通桥，道路长度约 300m。跨明渠交通桥净跨度 18.5m，采用贝雷片组装而成。利用该道路进行大坝的上游围堰拆除。

大坝的上游围堰拆除完成后拆除跨越导流洞明渠顶部的交通桥，然后在明渠前端部修筑子围堰，并在子围堰内侧修建斜坡道进入导流洞内进行导流洞封堵体施工。

工程导流方案程序为：导流洞进口明渠架设交通桥→上游围堰 929.50m 以上拆除→导流洞明渠子围堰填筑→导流洞跨进口明渠交通桥拆除→导流洞混凝土封堵→导流洞回填与固结灌浆→导流洞帷幕灌浆→廊道回填。

3　导流明渠子围堰设计

导流洞明渠子围堰将在 7 月大坝上游围堰拆除后进行填筑施工，根据水文资料和规范要求临时工程的洪水标准，25 年一遇的洪水流量在 7—10 月最大流量为 $131m^3/s$。

大坝上游围堰拆除到 929.50m 高程后，河水将从原河道进行导流，大坝上游围堰到大坝之间的河道长 250m，两侧岸坡陡峭、规则，河床接近渠道形，可按明渠进行水力计算。河道最窄处宽度为 7.6m，以此宽度作为渠道的计算宽度。拟定河床糙率系数为 0.03、河床纵坡率 $i=0.01$、岸坡坡度 0.5∶1，按明渠临界水深的基本方程式和公式，采用多次叠加计算，当流量 $Q=131m^3/s$ 时，计算河道水深为 2.94m。根据规范，最终选择导流洞进口明渠子围堰填筑到高程 933.00m（明渠顶高程 934.50m）。

导流洞进口明渠子围堰采用土石围堰，黏土斜墙防渗方式。围堰宽约 10m，高 3.5m，工程量约 $600m^3$。

4　封堵体设计

导流洞封堵段布置于距洞口 120m 处，位于大坝轴线位置上，便于与大坝防渗帷幕结合建立起良好的挡水、防渗屏障。

4.1 封堵体长度的设计思路

对于水工隧洞封堵体长度的设计发展过程来看，大致有按洞径的倍数、经验公式、套用混凝土重力坝的抗滑稳定核算修正法、圆柱面冲压剪切法及三维有限元计算等几种方法。目前常用的是采用抗滑稳定条件确定封堵体长度和采用圆柱面冲压剪切原则确定封堵体长度两种设计思路。

(1) 采用抗滑稳定条件确定封堵体长度需要将围岩开挖成齿槽状，以增加抗剪断摩擦系数，提高封堵体的承载力，同时导流洞断面为城门形，侧壁面积占总面积比重大，计算出的封堵体长度随侧壁黏结有效面积系统取值不同有较大差异，计算结果过于保守。

(2) 采用圆柱面冲压剪切原则确定封堵体长度是充分发挥了周界材料的抗剪能力，受力概念明确，计算简单，计算结果比抗滑稳定条件确定封堵体长度要短。

本工程导流洞封堵体所在位置的围岩地质条件差，开挖时使用密布的钢支撑强支护，不宜再对其进行扰动，故在封堵体设计时放弃考虑开挖楔形抗剪体的方案，选择了按等截面封堵体的计算方案。这样可以合理地确定封堵体的长度，缓解工期压力，还可以节省工程造价。

4.2 封堵体长度计算

《水工隧洞设计规范》(SL 279—2016) 中按等截面封堵体长度计算公式为

$$L \geqslant P/(\tau \times A)$$

式中：L 为封堵体长度，m；P 为封堵体迎水面承受的总水压，MN，导流洞封堵体的设计计算水头按照水库校核洪水位的 43m 水头计，$P=32.61$MN；τ 为容许剪应力，0.2～0.3MPa，取 0.2MPa；A 为封堵体剪切面周长，m，$A=14.1$。

$$L \geqslant P/(\tau \times A)=32.61/(0.2\times 14.1)=11.56(\text{m})$$

考虑围岩存在一定的缺陷，通常采用 1.1～1.3 的安全系数，故初步拟定封堵体长度 $L=11.56\times 1.3=15(\text{m})$。

导流洞封堵段沿导流洞开挖面布置系统锚杆 $\phi 25$，间距 2m，入岩长 3m，外露与结构钢筋连接，钢筋布置按放环状、放射形布置，以增加混凝土本身的抵抗水压力能力。

4.3 灌浆廊道

灌浆廊道布置在导流洞中心位置，长度为 10m，断面尺寸为 3m×3m，方形。

4.4 回填灌浆

为保证封堵体与岩面结合紧密，确保接触面上足够的抗剪力和粘接力，不产生渗水现象，封堵体顶部脱空范围必须进行回填灌浆，灌浆压力为 0.2～0.5MPa。回填灌浆的范围为圆心角 90°顶拱范围。

4.5 固结灌浆

由于导流洞开挖后围岩内形成一定范围的爆破松动圈，为防止形成渗流路径，还应对该部分岩体进行固结灌浆。固结灌浆深度取 0.5 倍洞径，压力取 1～2 倍水头压力 (为 43m)。

导流洞设计断面面积 77.385m^2，相当洞径为 10m，即固结灌浆深度为 $10\times 0.5=5(\text{m})$，压力为 0.6MPa。灌浆孔间排距 3m。

4.6 防渗帷幕灌浆

结合大坝防渗帷幕的布置情况，导流洞封堵体将布置一排防渗帷幕灌浆孔，孔深 12m，2 排，每排 11 孔。

5 导流洞封堵施工

导流洞封堵施工是工程施工工期最紧张的重点部位，具有施工项目多、干扰大、强度高等特点，施工前应详细策划，认真准备，精心组织。施工中要保证封堵体的稳定性和防渗性，尤其要注重堵头的浇筑、灌浆管安装的施工质量。

5.1 大坝上游围堰拆除

大坝上游围堰拆除采用 2 台反铲，5 台自卸车，分层拆除，拆除渣料约 4.5 万 m^3，拆除时间历时 30 天。

5.2 导流洞进口子围堰施工

导流洞进口子围堰布置在导流洞进口明渠端部。在大坝上游围堰拆除后，向明渠内投入大块石，然后在外侧倾倒石渣形成，最后填筑防渗黏土斜墙以及防冲设施。子围堰施工历时 3 天。

5.3 原锚喷混凝土处理

导流洞封堵段围岩地质条件差，开挖时使用密布的钢支撑强支护，钢支撑中间喷填混凝土充填密实。为保证封堵体的原喷锚混凝土及基础混凝土面结合质量，需对原喷锚混凝土进行凿除处理，凿除深度为不小于钢拱架高的 2/3。对底板混凝土全部进行凿除清理。

喷层混凝土和底板混凝土凿除采用风镐进行。顶拱和侧墙喷层混凝土利用架设作业平台，平台采用 $\phi 48$ 钢管脚手架搭设而成。混凝土凿除完成后，采用高压水枪进行清洗，要求清洗后的混凝土表面无粉尘、无松动块体。

5.4 导流洞封堵体混凝土浇筑

导流洞封堵体分两段施工，每段分三层进行混凝土浇筑，第三层混凝土采用自密实混凝土，确保混凝土密实、饱满。混凝土中埋设冷却水管，层间歇 2～3 天。冷却水管采用 $\phi 50$ 镀锌铁管，按照 1.5m×1.5m 进行布设。

正常封堵体施工先施工迎水侧混凝土，后施工廊道段混凝土。灌浆结束后进行廊道封堵混凝土施工。本工程导流洞出口侧由于水流冲刷，洞脸及其周边部分边坡发生垮塌，原施工道路无法再恢复，混凝土施工机械无法进入，这就要求混凝土施工程序将发生重大调整。

本工程混凝土运输通道是从导流洞上游进入，这样混凝土施工程序调整为先施工廊道段混凝土，后施工迎水侧混凝土，灌浆结束后通过预埋管道输送混凝土进行廊道封堵。

混凝土采用 $6m^3$ 搅拌运输车运输，运输过程中应保证不发生分离、漏浆、泌水。封堵体混凝土浇筑主要采用泵送入仓。混凝土入仓之前，先用水润湿基岩面，并均匀铺盖一层砂浆，再分层下料摊铺混凝土，保证混凝土与基岩施工缝面结合良好。混凝土采用平浇法，每次入仓铺筑的混凝土层厚度控制在 30～50cm。混凝土入仓后，以人工进行平仓与振捣。混凝土在浇筑开始通水冷却。混凝土施工历时 20 天时间。

5.5 灌浆

按回填、固结和帷幕的先后顺序进行灌浆施工。回填灌浆计划 5 天时间。固结灌浆 2 台手风钻钻孔，历时 15 天时间。帷幕灌浆 2 台潜孔钻钻孔，历时 20 天时间。

6 结语

《水工隧洞设计规范》（SL 279—2016）中按等截面计算封堵体长度，是用圆柱面冲压剪切原则确定堵头长度，与用抗滑稳定条件确定堵头长度方法相比具有减少对围岩二次扰动、缩短封堵体长度、节约工程成本等优点。采用微膨胀混凝土并进行回填灌浆能使堵头混凝土与导流洞围岩间结合更紧密，实践证明是可行的。

本工程导流洞由于下游不具备修筑车辆运输道路条件，导致封堵体灌浆廊道的混凝土回填通过预埋管道进行灌注，施工时为防止预埋管发生堵管事件的发生，预埋了 3 趟钢管，有力保障了施工顺利进行，为今后类似工程施工提供借鉴。

本栏目审稿人：常焕生

中外塑性混凝土物理力学性能对比研究

王碧峰/中国电建集团中国水电基础局有限公司

【摘　要】本论文旨在对比分析中外在塑性混凝土抗压强度和弹性模量的试验方法及取值上的异同，重点分析取值的理论依据以及计算方法。通过对比研究发现，国内防渗墙规范（条文说明）对塑性混凝土物理力学性能的规定有不合理之处，建议对防渗墙规范条文说明进行修正。

【关键词】塑性混凝土　抗压强度　弹性模量　邓肯张本构模型　土体硬化模型

1　引言

最近20年，中国电建集团在海外承建了大量水电站项目，这些项目大多是由西方咨询公司设计的，有些水电站项目需要采用塑性混凝土防渗墙作为坝基防渗手段，西方咨询公司在技术规范中提出的塑性混凝土物理力学性能指标与国内相比差异明显，让国内企业颇感不适应，甚至有点不知所措，无法设计出合适的配合比。笔者亲身经历的四个国外项目都遇到这一情况。

20世纪90年代初，清华大学等国内高校和企业开始对塑性混凝土进行了系统的试验研究，经过实际应用后，在防渗墙施工技术规范中对塑性混凝土抗压强度和弹性模量的取值范围进行了详细的规定。多年来，国内施工企业虽然按照规范进行施工，但实际上弹性模量的测试结果往往也满足不了规范的要求。

所以笔者认为有必要对国内外塑性混凝土的物理力学性能及其试验方法进行对比研究，找出差异原因，让国内企业更好地适应国际市场；同时，详细分析国内外塑性混凝土防渗墙在地基下面受力情况的理论计算模型的差异，以及由此导致塑性混凝土物理性能指标取值不同的理论根据，并给出建议。

2　国内外塑性混凝土物理力学性能试验方法的差异性分析

塑性混凝土的物理力学性能主要包括抗压强度和弹性模量，试验方法不一样，得出的试验结果也会有所不同。对比国内外塑性混凝土物理力学性能的试验方法，结果详见表1和表2。

表1　抗压强度试验方法对比分析表

项目	国　内	国　外
试验类型	混凝土试验	土工试验
试验规程	《水工塑性混凝土试验规程》（DL/T 5303—2013）	1. 无侧限抗压强度试验 ASTM D2166（黏性土）； 2. 三轴压缩试验 ASTM D4767（黏性土固结不排水三轴压缩试验）
试模尺寸	150mm×150mm×150mm（方模）	直径101mm×高200mm（圆模）
试验设备	压力机或万能试验机	无侧限压缩仪（恒应变）或三轴压缩仪
试验结果	立方体抗压强度	无侧限抗压强度 三轴抗压强度

表2　弹性模量试验方法对比分析表

项目	国　内	国　外
试验类型	混凝土试验	土工试验
试验规程	《水工塑性混凝土试验规程》（DL/T 5303—2013）	1. 无侧限抗压强度试验 ASTM D2166（黏性土）； 2. 三轴压缩试验 ASTM D4767（黏性土固结不排水三轴压缩试验）

续表

项目	国 内	国 外
试模尺寸	150mm×150mm×300mm（棱柱体）或150mm×300mm（圆柱体）	101mm×200mm（圆柱体）
试验设备	压力机或万能试验机（与抗压强度的试验设备相同）	无侧限压缩仪（恒应变）或三轴压缩仪
试验结果	$E_{20\text{-}40}$（割线弹模）	1. 无侧限条件下的初始切线模量（E_i）或者割线弹模（E_{50}）； 2. 三轴条件下的初始切线模量（E_i）或者割线弹模（E_{50}）

通过对比发现，国内习惯将塑性混凝土视为普通混凝土，按照普通混凝土抗压强度和弹性模量的试验方法进行试验，最后得出塑性混凝土的立方体抗压强度和割线弹模（$E_{20\text{-}40}$）。虽然2013年出版了专用的塑性混凝土试验规程，但本质上与普通混凝土的试验方法基本相同。

而国外则习惯于将塑性混凝土视为土，按照土工试验方法测量塑性混凝土分别在无侧限条件和三轴条件下的抗压强度和弹性模量，并建立它们之间的对应关系。之所以考虑无侧限和三轴两种条件，主要是因为三轴试验成本太高，现场试验以无侧限条件下的试验结果为主。同时，根据试验得出的应力应变关系曲线，可以求出初始切线模量（E_i）和割线弹模（E_{50}），用于不同本构模型条件下，塑性混凝土防渗墙的受力计算。

通过对比普通混凝土、塑性混凝土以及普通土体在无侧限及三轴条件下的应力应变关系曲线，可以发现塑性混凝土的破坏形式与土体更为接近，以剪切破坏为主，而不是类似普通混凝土以脆性破坏为主；都可以用摩尔-库仑定律来描述，所以，笔者认为国外采用的试验方法更为符合实际情况。

3 国内外塑性混凝土物理力学性能指标的差异分析

关于塑性混凝土的物理力学性能，国外最具代表性的著作为1985年第15届国际大坝会议51号公报出版的《防渗墙墙体材料》（*Filling materials for watertight cut off walls*），它深刻地影响了后来的西方咨询工程师对塑性混凝土的认识。作者是G. Y. Fenous等来自西方地基处理公司（如法国地基公司）及筑坝材料委员会的专家学者。

最近十几年来，笔者亲身经历过四个国外水利水电工程项目，这些项目的技术规范或者设计文件中都曾提到51号公报出版的《防渗墙墙体材料》。并据此公报精神确定了该项目塑性混凝土的物理力学性能指标，详见表3。

表3　塑性混凝土抗压强度和弹性模量

项 目	无侧限抗压强度/MPa	弹性模量/MPa	坝高/m	平均墙深/m	施工年份	咨询公司
苏丹某电站1	平均 $R_{28}\geqslant0.7$ 最小0.6	平均 $E_{50}\leqslant200$（$200\leqslant E_{50}\leqslant300$ 的数量占整个试验数量小于25%）	67	45	2008	拉美尔（LAHMEYER）（德国）
苏丹某电站2	抗压强度 $R_{28}\geqslant0.7$ 特征抗压强度 $R_{28}\geqslant0.6$	割线弹性模量 $E_{50}\leqslant200$ 特征割线弹性模量 $E_{50}\leqslant300$（围压200kPa）	55	30	2013	拉美尔（LAHMEYER）（德国）
文莱某水坝	$0.8\leqslant R_{28}\leqslant1.2$（尽可能取高值以提高抗溶蚀能力及耐久性）	取样试验按照 $E_{50}\leqslant220$ 控制	44	42	2015	美华（MWH）（美国）
毛里求斯某水坝	$1.0\leqslant R_{28}\leqslant1.5$	$100\leqslant E_{30\sim70}\leqslant150$	48	24	2014	阿特利亚（ARTELIA）（法国）

从表3可以看出，国外工程中塑性混凝土的抗压强度及弹性模量都比国内要低很多，特别是弹性模量，低的幅度更大。

国内则是20世纪90年代初期清华大学水利水电工程系的研究成果最为突出，出版过专业书籍和大量论文，该研究曾受到国家自然科学基金赞助，也是“八五”国家科技攻关项目之一；此外，北京市水利工程基础处理总队、北京勘测设计院、水电部地勘勘探基础处理公司（现中国水电基础局有限公司）等单位也对塑性混凝土进行了科技攻关，并先后在北京十三陵抽水蓄能电站进出口围堰防渗墙、永久性下池围堤防渗墙、福建水口水电站上下游围堰防渗墙、山西册田水库副坝防渗墙、隔河岩水电站围堰防渗墙、三峡二期围堰塑性混凝土防渗墙等工程进行了成功应用，取得了较好的效果。

在此基础上，总结了塑性混凝土的物理力学性能指标，并写入防渗墙施工技术规范的条文说明中。

3.1 抗压强度

国外51号公报建议，虽然为了获得足够的变形能力，塑性混凝土的抗压强度应尽可能低，甚至最大不要超过几个巴（bar）❶，但考虑到墙体材料要承受上部构筑物的重量，还要抵抗深层土压力以及抗溶蚀的需要，塑性混凝土又必须具有足够的强度。此外，防渗墙墙体一般较薄，所承受的水力坡降较高，而且国外有试验表明，抗溶蚀能力与抗压强度直接相关。所以该公报建议塑形混凝土的抗压强度（无侧限抗压强度）$R_{28}<1.5$MPa。

国内2004版《水电水利工程混凝土防渗墙施工规范》(DL/T 5199—2004）条文说明中建议：塑性混凝土的28天抗压强度（立方体抗压强度）为1.0～5.0MPa。

需要说明的是，塑性混凝土（防渗墙）在地基下面是受围压的，围压条件下的轴向破坏应力σ_1才是具有真正意义上的抗压强度。而上述国内和国外测试的抗压强度均为无侧限条件下的抗压强度（主要是考虑到三轴试验成本高，无侧限抗压强度试验简单方便，成本低)。

根据塑性混凝土在三轴条件下的剪切破坏形式，围压对塑性混凝土抗压强度的影响可以使用以下Mohr理论计算：

$$\sigma_1=\sigma_3\tan^2\left(45+\frac{\varphi}{2}\right)+UCS \tag{1}$$

式中：σ_3为水平围压；UCS为无侧限抗压强度；φ为塑性混凝土内摩擦角。

通过公式（1）可以得知，三轴条件下的破坏应力σ_1与围压σ_3呈线性关系，斜率的大小主要取决于塑性混凝土的内摩擦角。清华大学的研究表明：当$\sigma_3=1.0\sim2.0$MPa时，采用上述摩尔-库仑理论得出的轴向破坏应力σ_1比无侧限抗压强度要高出几倍至十几倍。由此可见，将塑性混凝土的无侧限抗压强度规定得过高并无必要。此外，无侧限抗压强度过高，也不利于降低塑性混凝土的弹性模量，刚度与强度本身就是一对矛盾的参数。所以建议尽量在国内规范条文说明中规定的1.0～5.0MPa的下限值附近取值。

3.2 弹性模量

国外51号公报认为，为确保墙体适应土体变形而不开裂，最理想的墙体材料，应具有与周围地基土体类似的变形特征。但如果周围是均质土体，或者土体的杨氏模量（弹性模量）随深度变化很小的情况下，墙体材料（塑性混凝土）的模量比周围土体大4～5倍是合适的。

国内《水电水利工程混凝土防渗墙施工规范》（DL/T 5199—2004）条文说明中建议，塑性混凝土的弹性模量为地基弹性模量的1～5倍，一般不大于2000MPa。

需要说明的是，虽然上述国内外重要文献中并未明确说明是何种状态下的弹性模量，但是经过逻辑推理，可以证明上述塑性混凝土的弹性模量为无侧限或三轴条件下的初始切线模量（E_i），而土体（地基）弹性模量则为无侧限条件下的初始切线模量（E_i）。只有这样，他们之间才存在一定的倍数关系。

3.2.1 围压对普通土体弹性模量的影响

对于普通土体，其初始切线模量随着四围压力σ_3的增加而明显增大，根据Janbu理论，可以采用如下幂函数描述两者之间的关系：

$$E_i=Kp_a\left(\frac{\sigma_3}{p_a}\right)^n \tag{2}$$

式中：σ_3为四围压力；K，n为试验常数，由一组常规三轴试验确定；p_a为大气压力。

为准确了解土体的弹性模量随围压的变化情况，根据公式（2），计算结果见表4。

3.2.2 围压对塑性混凝土弹性模量的影响

国内清华大学、北京市水利工程基础处理总队、水电部地勘勘探基础处理公司（现中国水电基础局有限公司）等单位20世纪90年代进行的塑性混凝土科研成果表明，四围压力σ_3对塑性混凝土的弹性模量（初始切线模量）的影响比较小（增加的幅度很小甚至减小)。

但美国陆军工程兵团1991年出版的土坝塑性混凝土研究报告中的试验结果显示塑性混凝土的三轴弹模（初始切线模量）随围压的增加而增加，但增加的幅度不大。

笔者在苏丹某水电站项目以及文莱某水坝项目发现，随着四围压力的增加，塑性混凝土的弹性模量都是有所增大，但增加的幅度比较小，与土料的弹性模量随围压呈幂函数关系增长完全不一样。

总而言之，围压对塑性混凝土弹性模量的影响相对较小，这一点是国内外公认的事实。也正是因为塑性混凝土弹性模量具有这样与普通土体完全不一样的性质，才使得塑性混凝土防渗墙在地基下面受到围压时，与周围土体相比，相对变软（在一定深度处二者弹性模量基本相当)，不产生应力集中，从而改善了墙体的受力条件，降低了墙体开裂的风险。

3.2.3 塑性混凝土弹性模量与周围地基土体弹性模量的关系

如3.2节所述，国内外都对塑性混凝土与周围地基土体的弹性模量给出了一定的倍数关系作为参考，国外是4～5倍；国内是1～5倍，且不大于2000MPa。

❶ 巴（bar）是废除的计量单位，1巴（bar）$=10^5$Pa，全书下同——编辑注。

表 4　　不同围压条件下土体的弹性模量（初始切线弹模）变化情况表

围压/MPa	软黏土			硬黏土			砂			砂卵石		
	K	n	E_i	K	n	E_i	K	n	E_i	K	n	E_i
0.1	50	0.5	5.00	200	0.3	20.00	300	0.3	30.00	500	0.4	50.00
	50	0.8	5.00	200	0.6	20.00	300	0.6	30.00	500	0.7	50.00
	200	0.5	20.00	500	0.3	50.00	1000	0.3	100.00	2000	0.4	200.00
	200	0.8	20.00	500	0.6	50.00	1000	0.6	100.00	2000	0.7	200.00
0.2	50	0.5	7.07	200	0.3	24.62	300	0.3	36.93	500	0.4	65.98
	50	0.8	8.71	200	0.6	30.31	300	0.6	45.47	500	0.7	81.23
	200	0.5	28.28	500	0.3	61.56	1000	0.3	123.11	2000	0.4	263.90
	200	0.8	34.82	500	0.6	75.79	1000	0.6	151.57	2000	0.7	324.90
0.3	50	0.5	8.66	200	0.3	27.81	300	0.3	41.71	500	0.4	77.59
	50	0.8	12.04	200	0.6	38.66	300	0.6	58.00	500	0.7	107.88
	200	0.5	34.64	500	0.3	69.52	1000	0.3	139.04	2000	0.4	310.37
	200	0.8	48.16	500	0.6	96.66	1000	0.6	193.32	2000	0.7	431.53
0.4	50	0.5	10.00	200	0.3	30.31	300	0.3	45.47	500	0.4	87.06
	50	0.8	15.16	200	0.6	45.95	300	0.6	68.92	500	0.7	131.95
	200	0.5	40.00	500	0.3	75.79	1000	0.3	151.57	2000	0.4	348.22
	200	0.8	60.63	500	0.6	114.87	1000	0.6	229.74	2000	0.7	527.80
0.5	50	0.5	11.18	200	0.3	32.41	300	0.3	48.62	500	0.4	95.18
	50	0.8	18.12	200	0.6	52.53	300	0.6	78.80	500	0.7	154.26
	200	0.5	44.72	500	0.3	81.03	1000	0.3	162.07	2000	0.4	380.73
	200	0.8	72.48	500	0.6	131.33	1000	0.6	262.65	2000	0.7	617.03
0.6	50	0.5	12.25	200	0.3	34.24	300	0.3	51.35	500	0.4	102.38
	50	0.8	20.96	200	0.6	58.60	300	0.6	87.90	500	0.7	175.26
	200	0.5	48.99	500	0.3	85.59	1000	0.3	171.18	2000	0.4	409.53
	200	0.8	83.86	500	0.6	146.51	1000	0.6	293.02	2000	0.7	701.03
0.7	50	0.5	13.23	200	0.3	35.86	300	0.3	53.78	500	0.4	108.90
	50	0.8	23.72	200	0.6	64.28	300	0.6	96.42	500	0.7	195.23
	200	0.5	52.92	500	0.3	89.64	1000	0.3	179.28	2000	0.4	435.58
	200	0.8	94.87	500	0.6	160.70	1000	0.6	321.41	2000	0.7	780.91

注　表中 K，n 取自《岩土塑性力学原理》。

首先要弄清楚地基土体的弹性模量是多少？国内学者的研究结果见表 5。

表 5　　土的弹性模量值

土的种类	E 值/MPa	土的种类	E 值/MPa
砾石、碎石、卵石	40～56	硬塑的亚黏土和轻亚黏土	32～40
粗砂	40～48	可塑的亚黏土和轻亚黏土	8～15
中砂	32～46	坚硬的黏土	80～160
干的细砂	24～32	硬塑的黏土	40～56
饱和的细砂	8～10	可塑的黏土	8～16

根据表 5，结合水利水电工程实际地质情况，以不超过 5 倍计算，可以看出塑性混凝土弹性模量的正常取值范围应该不超过 300MPa。但国内规范的条文说明却又说不大于 2000MPa，实际应用过程中，往往还大于 2000MPa，这说明国内规范规定的取值范围确实有不合理之处，虽然与试验方法有比较密切的关系，但条文说明自身存在不合理之处也是显而易见的。

那么为什么是这个倍数关系呢？一直以来，没有查阅到相关文献对此进行解释说明。笔者借此机会尝试解释其是否合理。

以主要地质条件为砂层，坝高 40m 的黏土心墙坝为例，假设坝基防渗墙深度 30m。根据土力学理论，防渗墙顶部及底部围压按公式（3）计算。

$$\sigma_3 = K_0 \gamma H \quad (3)$$

式中：σ_3 为围压；K_0 为静止土压力系数，一般取 0.5；γ 为土体容重，按 $18kN/m^3$ 计算；H 为深度，按 m 计算。

结算结果显示防渗墙墙顶处围压最小，其最小值为 $\sigma_3 = 0.5 \times 18 \times 40 = 0.36(MPa)$，墙底处围压最大，最大值为 $\sigma_3 = 0.5 \times 18 \times (40+30) = 0.63(MPa)$。查阅表 4 可知，墙顶处土体的弹性模量范围在 41.71～229.74MPa 之间；墙底处土体的弹性模量范围在 51.35～321.41MPa 之间。表 3 提供的国际工程案例中，塑性混凝土的弹性模量就在这个范围之内。

如前所述，要想塑性混凝土防渗墙在外力的作用下不发生应力集中从而导致墙体开裂，影响防渗性能，它的弹性模量就应该与相同深度处土体的弹性模量基本相当才行。国外 51 号公报也建议，为确保墙体适应土体变形而不开裂，最理想的墙体材料，应具有与周围地基土体类似的变形特征。通过上述计算可以得知，规定塑性混凝土弹性模量不大于周围地基土体弹性模量（无侧限条件下的初始切线模量）的 5 倍确实有一定的合理性。同时也证明了国内规范条文说明中所提到的小于 2000MPa 实在没有必要。

4 国内外塑性混凝土物理力学性能在防渗墙受力计算模型的差异分析

研究塑性混凝土抗压强度和弹性模量的主要目的就是用于防渗墙在地基下面的受力计算。一直以来，国内外都是采用非线性弹性模型——邓肯-张本构模型。但自 21 世纪以来，荷兰公司开发了 Plaxis 2D 软件，里面的弹塑性模型——土体硬化模型（hardening soil model）被认为更适合计算塑性混凝土防渗墙的受力情况，受到了国际岩土工程界的好评，也得到了国外咨询公司的大量使用。土体硬化模型建模时采用的是割线模量 E_{50}，E_{50} 在 Plaxis 2D 软件的各类模型中使用非常广泛，主要原因可能有两点：一是因为 E_{50} 是一个受力范围内的平均线性模量，岩土设计中，受力范围往往需控制在岩土极限强度的一半作为安全系数；二是相对于初始切线模量（E_i）而言，E_{50} 更容易在实验室测量，测量的准确度也更高。所以表 3 提供的国际工程案例中，大多是采用割线模量，而没有采用初始切线模量。

而国内还是采用邓肯张本构模型，邓肯-张本构模型建模时采用的是初始切线模量 E_i，所以截止到目前，国内几乎所有文献和资料中，用于防渗墙受力计算的弹性模量都是初始切线模量。这是目前国内外在防渗墙受力计算方面最大的区别。

5 结语

在塑性混凝土物理力学性能的测试方法上，国内外采取了完全不同的试验方法，国内是按照普通混凝土的试验方法；国外则是按照土工试验方法。但试验证明：土工试验方法更适用于塑性混凝土。与此同时，与国内相比，国外在塑性混凝土抗压强度和弹性模量的取值上普遍偏低，弹性模量的取值范围与 Janbu 理论计算的相应深度土体的弹性模量基本相当，理论与实践契合度很高，相关规范编写单位应考虑修编防渗墙施工规范之条文说明。此外，为尽快与国际接轨，让国内企业在境外从事水电站业务时更加自信和从容，国内高校及科研设计单位应加强对防渗墙受力分析及理论计算的研究，提出与防渗墙实际更加符合的计算模型。

参考文献

[1] 王清友，孙万功，熊欢. 塑性混凝土防渗墙［M］. 北京：中国水利水电出版社，2008.

[2] 于玉贞，濮家骝，刘凤德. 土石坝基础塑性混凝土防渗墙材料力学性能研究［J］. 水利学报，1995（8）.

[3] 丛霭森. 地下连续墙设计施工与应用［M］. 北京：中国水利水电出版社，2000.

[4] 高钟璞，等. 大坝基础防渗墙［M］. 北京：中国电力出版社，1999.

[5] 郑颖人，沈珠江，龚晓南. 岩土塑性力学原理［M］. 北京：中国建筑工业出版社，2002：182.

[6] 顾晓鲁，等. 地基与基础［M］. 北京：中国建筑工业出版社，2003.

干湿循环条件下的混凝土耐久性试验研究

吕兴坤　曹希良/中国水利水电第十二工程局有限公司

【摘　要】 为了探究改善混凝土在干湿循环条件下耐久性的方法，设计了海水干湿循环条件下混凝土室内加速劣化试验。试验研究了CSS外加剂对混凝土抗海水侵蚀性能的影响规律及其作用机理。结果表明，随着CSS外加剂掺量的增加，混凝土抗腐蚀性能越好。当CSS外加剂的掺量为5%时，混凝土的耐久性最优；CSS外加剂具有微集料效应、改善物料堆积效果以及疏水与锁水的性能，进而可提高混凝土综合耐久性。

【关键词】 混凝土耐久性　干湿循环　海水侵蚀　CSS外加剂

1　引言

水工建筑物混凝土处于水位及干湿条件不断变化环境下，其耐久性对工程正常使用和发挥效益有着重要影响。研究表明，处于干湿交替区域的混凝土结构腐蚀十分严重[1-2]。为了使建筑物能够继续正常运行，人们需要花费大量的人力物力对其进行维修改造或者重新建造。美国学者用“五倍定律”凸显了耐久性对保障生命财产安全与减少经济损失的重要性[3]。著名混凝土专家Mehta和Monteiro[4]指出：混凝土建筑物的耐久性问题对世界经济的发展有着不可忽视的影响，并且这种影响力日益增长，混凝土因腐蚀破坏而产生的财产损失已经上升为经济问题，假使不采取相应措施对其进行控制甚至会制约一个国家的经济发展。

虽然前人对提高混凝土抗耐久性做了大量的研究[5-8]，但是对于干湿循环破坏环境下的混凝土的耐久性的研究却较少。此外，从材料层面上看，许多新材料对混凝土抗干湿循环破坏的能力以及新材料对混凝土的作用机理仍需进一步研究。鉴于上述背景，本试验研究选择了更严酷的试验条件进行混凝土耐久性的研究。将混凝土置于海水环境中了解其性能变化。并探讨了新材料CSS外加剂对混凝土在海水侵蚀性能的影响及其作用机理。

2　试验原材料

试验过程需要用三种材料，分别为常规混凝土材料、CSS外加剂、海水侵蚀溶液。

2.1　常规混凝土材料

本试验采用的是普通硅酸盐水泥（P·O 42.5）、河砂、碎石、聚羧酸系减水剂、自来水。上述材料均符合相关标准的要求。其中砂的细度模数为2.80，砂规格为中砂。碎石的粒径为5～20mm，堆积密度1655kg/m^3，表观密度2785kg/m^3，含泥量为0.6%，压碎值为7%，针状颗粒含量为0。

2.2　CSS外加剂

本试验使用的CSS外加剂是一种以片状无机材料为基材，经粉碎、颗粒调控和化学修饰等处理而形成的超疏水粉体，使用时，按照混凝土中胶凝材料质量的适当比例加入混凝土中，正常拌和、浇筑。材料添加到混凝土中可用于锁定水，改善微观结构界面，阻挡毛细管间隙，阻止内部和外部水迁移。显著提高混凝土的抗冻性能、早期开裂性能、抗侵蚀性能，提高混凝土的耐水湿性，适用于对混凝土防冻、防裂、防水要求高的工程部位。CSS外加剂的技术指标为：外观为粉状，无杂质，无结块。细度（0.045mm方孔筛筛余）小于15%。水接触角大于150°。安定性合格。

2.3　海水侵蚀溶液

试验开始前应先配制模拟海水侵蚀环境的腐蚀溶液，而海水侵蚀溶液浓度是影响混凝土的耐久性的一个重要因素。崔建生等[9]研究了不同海水浓度（1倍、3倍、5倍海水浓度）对砂浆试件物理性能的影响规律，研究表明：同一龄期下，在较高浓度海水中浸泡的试件其强度较低。杨杰等[10]分析了差异化海水浓度对混凝土耐久性的影响规律，研究发现：不同浓度海水对混凝土腐蚀具有不同腐蚀作用，海水浓度越高，混凝土抗压腐蚀系数越低。为了加快混凝土试件的腐蚀速度进而达到混凝土室内快速劣化的目的，结合前人研究成果并根据

ASTM D1141—1998（2003）配制5倍浓度的人工海水腐蚀溶液。每次需配制10L以上侵蚀溶液，配制好的溶液应在试验室温度下静止8h。

3 试验方案

试验方案包括四部分内容：配合比设计、试件尺寸选择、腐蚀制度及试验设备参数选择。

3.1 配合比设计

本试验采用不同CSS外加剂掺量来研究在海水干湿循环条件下混凝土耐久性最佳的配合比参数。经过试拌比选，选择三个配合比Y0、Y2、Y5成型试件进行试验。水胶比均为0.45，不掺粉煤灰条件下CSS外加剂掺量为0、2%、5%。具体材料用量见表1。

表1　混凝土各配合比下具体材料用量

编号	水胶比	水泥/(kg/m³)	水/(kg/m³)	砂/(kg/m³)	石/(kg/m³)	减水剂/(kg/m³)	CSS外加剂/(kg/m³)
Y0	0.45	378	170	721	1128	3.78	0
Y2	0.45	378	170	717	1122	2.65	7.56
Y5	0.45	378	170	715	1118	1.13	18.89

选择0～5%的外加剂掺量是因为添加超过5%的外加剂时成本太高，在现实工程中的应用性很小。故并未考虑5%掺量以上的研究。

3.2 试件尺寸的确定

研究发现较大尺寸规格的混凝土试件的试验数据具有较好的稳定性和准确性以及代表性[11-12]，故合理选择尺寸显得十分重要。本试验采用尺寸为100mm×100mm×100mm（长×宽×高）的立方体试块与尺寸为100mm×100mm×400mm（长×宽×高）的长方体的试件。

3.3 腐蚀制度

本试验是将标养28d后的混凝土试件按一定的腐蚀方案进行处理后测试性能指标的变化。每种腐蚀方案是由若干个干湿循环组成，一个干湿循环由海水浸泡、放水、风干、加热、恒温干燥、冷却、浸水环节组成（表2）。

表2　干湿循环制度

海水浸泡	放水	风干	加热至60℃	恒温干燥	冷却至20℃	浸水	干湿比
16h	0.5h	0.5h	0.5h	6h	2h	0.5h	3∶8

3.4 试验设备

本试验采用全自动混凝土劣化仪来模拟室内海水干湿循环条件，劣化仪的主要技术参数为：浸泡温度20～25℃，烘干保温温度（60±5）℃，制冷功率1.6kW，加热功率11kW，电压380V，频率50Hz。

4 CSS外加剂对海水干湿循环条件下混凝土耐久性的影响规律

4.1 CSS外加剂掺量对抗压强度耐蚀系数的影响规律

抗压强度耐侵蚀系数是指：试件经过若干干湿循环周期后的抗压强度与同批次同龄期的标准养护室的试件的抗压强度之比。试验结果表明，抗压强度耐蚀系数在试验早期均有所增加。在30次干湿循环时不同CSS外加剂掺量的试验样品的抗压强度耐蚀系数达到最大。30次干湿循环后不同CSS外加剂掺量的试件抗压强度耐蚀系数均呈下降趋势，掺有CSS外加剂的混凝土试件比不掺CSS外加剂的试件的抗压强度耐蚀系数下降的要慢。CSS外加剂掺量越大，抗压强度耐蚀系数越高（表3）。

表3　不同CSS外加剂掺量的试件的抗压强度耐蚀系数　%

干湿循环次数	试件编号		
	Y0	Y2	Y5
0	100.00	100.00	100.00
30	103.28	102.88	101.96
60	98.72	99.81	99.55
90	93.56	95.93	96.84
120	87.33	89.86	92.79

在海水干湿循环试验的早期阶段，海水中盐类在混凝土孔隙中结晶并填充了混凝土的孔隙结构，使得混凝土的密实度有所增加，进而混凝土的抗压强度有所提

高。但是随着干湿循环次数的增加，混凝土内部孔结构的盐溶液过度饱和，导致混凝土孔结构盐类过度结晶，混凝土内部空间不再能容纳更多的膨胀性产物，混凝土内部逐渐出现裂缝致使混凝土的力学性能逐渐下降。

4.2 CSS外加剂掺量对混凝土动弹性模量劣化的影响规律

相对动弹性模量是表征混凝土内部微观结构变化的重要参数。相对动弹性模量为试件 n 次海水干湿循环后的自振频率与试件干湿循环前的自振频率的比值的平方。试件的动弹性模量在试验初期阶段均有所增加。在30次干湿循环时不同CSS外加剂掺量的混凝土试件的动弹性模量达到最大。30次干湿循环后不同CSS外加剂掺量的试件动弹性模量均呈下降趋势，掺有CSS外加剂的混凝土试件比不掺CSS外加剂的试件的动弹性模量下降的要慢。CSS外加剂的掺量越高，试件的相对动弹性模量越大。表4数据表明了这一规律。

表4　不同CSS外加剂掺量的试件的相对动弹性模量　%

干湿循环次数	试件编号		
	Y0	Y2	Y5
0	100.00	100.00	100.00
30	102.79	102.34	101.89
60	94.79	96.06	97.1
90	86.47	88.86	91.26
120	75.33	78.95	84.17

在海水干湿循环试验的早期阶段，海水中盐类在混凝土孔隙中结晶并填充了混凝土的孔隙结构，改善了孔隙结构特征，使得混凝土的密实度有所增加，进而混凝土的动弹性模量有所提高。但随着干湿循环次数的增加，混凝土内部孔结构的盐溶液过度饱和，导致混凝土孔结构盐类过度结晶，产生了结晶膨胀。同时由于氯离子侵蚀反应生成复盐，导致孔隙结构结晶膨胀，这些膨胀导致混凝土的孔隙结构遭受破坏致使混凝土动弹性模量降低。

4.3 CSS外加剂对氯离子侵蚀深度的影响规律

混凝土抗海水侵蚀能力可以用氯离子侵蚀深度来评价。氯离子侵蚀深度越小，说明混凝土抗侵蚀能力越强。氯离子侵蚀深度的测定采用的是显色法，其测量步骤为：①将处于海水干湿循环环境下的试件取出来晾干后劈成两半，置于100～105℃的烘箱内烘干；②在试件表面喷洒铬酸钾溶液（浓度为每升溶液含1/10分子量的溶剂）后置于烘箱内烘干，如此进行两次；③第三次在试件表面喷洒铬酸钾溶液（浓度与前两次相同），待表面微干后喷洒硝酸银溶液；④此时，试件表面白色区域为氯离子侵蚀范围，红色区域为未被氯离子侵蚀范围。

不同CSS外加剂掺量的混凝土试件在120个干湿循环后氯离子的侵蚀深度如图1所示。

图中白色区域为氯离子的侵蚀深度，颜色较深的区域则表示未被氯离子侵蚀的区域。图1中（a）、（b）、（c）分别表示CSS外加剂掺量为0%、2%、5%的混凝土试件。从图1中我们可以清楚地看出：不掺CSS外加剂的混凝土试件的氯离子侵蚀深度最大，掺有5%CSS外加剂的混凝土试件的氯离子侵蚀深度最小。且可以看出随着CSS外加剂掺量的增加混凝土抵抗氯离子侵蚀的能力越好。

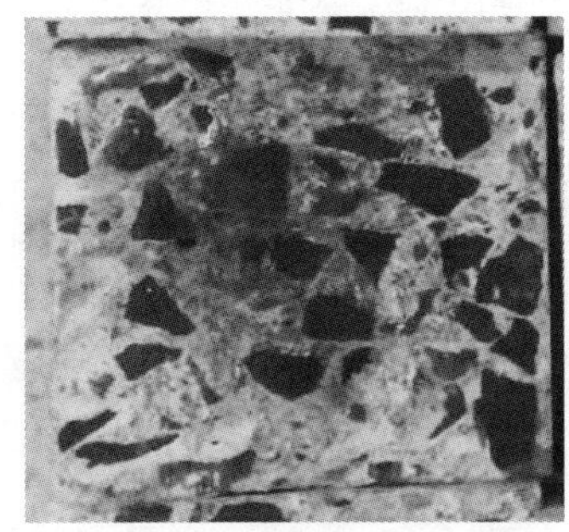

(a)掺量为0

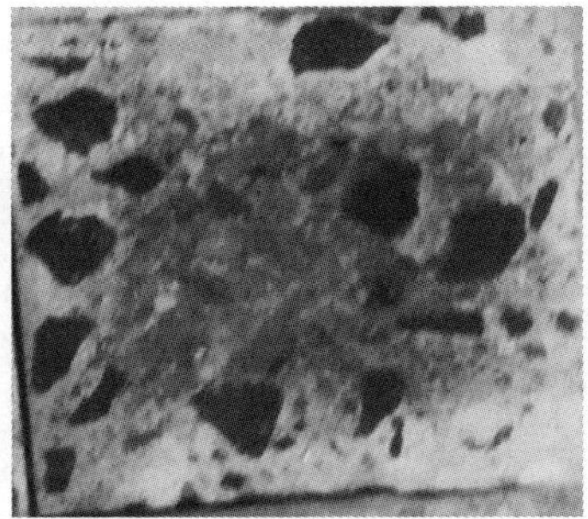
(b)掺量为2%

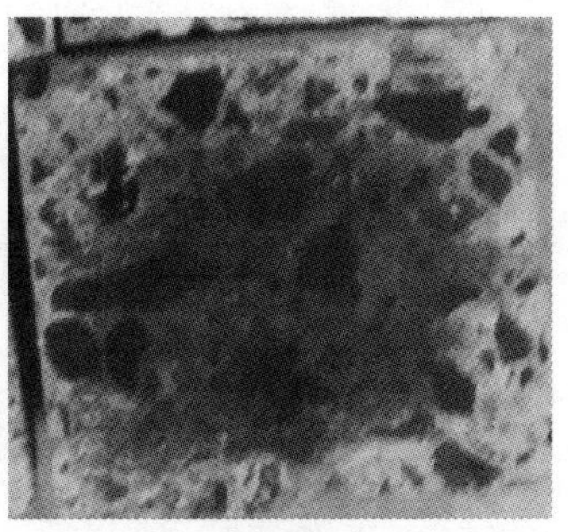
(c)掺量为5%

图1　CSS外加剂掺量对氯离子侵蚀深度的影响

4.4 CSS外加剂微观机理分析

CSS外加剂是一种以片状无机材料为基材，经粉碎、颗粒调控和化学修饰等处理而形成的超疏水粉体。所谓的超疏水材料是指水与材料表面的接触角大于150°，滚动角大于10°。通过对CSS外加剂进行激光粒度分析与扫描电镜分析，得到该产品粒度主要分布在100μm左右，样品中约10%的成分小于25μm，且含有少量的纳米级的颗粒。约90%的成分小于200μm。经过粒度分析可以看出，CSS外加剂的颗粒尺寸总体比较微小，具有微集料的效应。当混凝土中掺有CSS外加剂时，CSS外加剂均匀地分散于水泥浆中，填充混凝土内部的孔隙，从而降低了孔隙率，改善了孔隙结构特征，进而增强了混凝土的耐久性。此外，CSS外加剂的微尺寸效应可以改善混凝土的物料堆积效果，使混凝土密实度更好，进而增强了混凝土的综合性能。

材料的组成结构中80%的结构为层台结构，即在粗糙结构上有凸起的平台，凸台表面还有凸起。大小不一的凸台层层叠加使材料表面的粗糙度更大。此外，层台结构的尺寸在2～300μm之间，本身部分层台结构尺寸为纳米级，层台结构使材料表面具有微纳米双重结构。当水与材料表面相互接触时，水只能与材料的一小部分接触，增大了水与材料间的接触角，使接触角大于150°，从而达到了超疏水的目的。材料的结构中含有15%的平板结构。在混凝土中呈基本乱向排列，上下层重叠，对水和其他腐蚀物质的渗透方向形成强烈的阻隔，对增强构筑物的强度和抗渗透性有良好的效果。一方面利用平板结构对裂缝形成结构约束，对水分迁移形成阻挡屏障；另一方面利用疏水性改变水泥基材料的表面张力，减小了与水分的接触范围，延缓水分渗透。

通过对CSS外加剂的微观特性分析，可以得出：CSS外加剂具有微集料效应、改善物料堆积效果以及疏水与锁水的性能，进而可提高混凝土综合耐久性。

5 结语

本试验考虑了海水腐蚀与干湿循环破坏共同作用对混凝土耐久性的影响，设计了海水干湿循环条件下混凝土室内加速劣化试验。试验研究了不同CSS外加剂掺量对混凝土的物理力学性能的影响规律以及CSS外加剂的微观特性。本试验得出以下主要结论：

(1) 随着CSS外加剂掺量的增加，混凝土的劣化速度越慢，混凝土的耐久性越好。当CSS外加剂的掺量为5%时，混凝土的耐久性最优。

(2) 在海水干湿循环侵蚀破坏下，不同CSS外加剂掺量的混凝土耐久性表现在抗压强度耐蚀系数、相对动弹性模量方面均经历了稍有增加后缓慢下降的变化规律。

(3) CSS外加剂具有微集料效应、改善物料堆积效果以及疏水与锁水的性能，进而可提高混凝土综合耐久性。

参考文献

[1] 李永强. 海洋浪溅区混凝土内部湿度传输规律及其抗氯离子侵蚀性能 [D]. 宁波：宁波大学，2017.

[2] Ann K Y, Ahn J H, Ryou J S. The importance of chloride content at the concrete surface in assessing the time to corrosion of steel in concrete structures [J]. Construction and Building Materials, 2009, 23 (1): 239-245.

[3] 王晋宝，许盛龙，田美灵，等. 干湿-温度双循环作用下氯离子在混凝土中的传输性能研究 [J]. 混凝土与水泥制品，2019 (2): 6-9.

[4] Mehta P K, Monteiro P J M. Concrete: Microstructure, Properties and Materials [M]. New York: The McGraw-Hill Companies, 2006, 2-27.

[5] 张明春，陈爱芝. 海水环境混凝土耐久性探讨 [J]. 商品混凝土，2005 (4): 33-38.

[6] 宿晓萍，王清. 复合盐浸-冻融-干湿多因素作用下的混凝土腐蚀破坏 [J]. 吉林大学学报，2015, 45 (1): 112-120.

[7] 贺鸿珠，刘军，杨胜杰，等. 掺粉煤灰混凝土耐海水侵蚀性能的试验研究 [J]. 混凝土与水泥制品，2000 (3): 7-11.

[8] 沈骏，袁梦，闫敏，等. 海洋环境下干湿循环对结构混凝土性能影响的研究现状、存在问题及其发展趋势 [J]. 硅酸盐通报，2017, 36 (6): 1929-1938.

[9] 崔建生，陈成，翟小勇. 海水环境对水泥胶砂抗压强度与体积安定性影响的试验研究 [J]. 工程技术研究，2019, 4 (11): 1-2.

[10] 杨杰，贺文柏，肖敏，等. 浅析受浓度差异海水腐蚀混凝土性能 [J]. 中国建材科技，2017, 26 (1): 17-18.

[11] 何海杰，乔宏霞，何忠茂，等. 混凝土抗硫酸盐腐蚀性的试件尺寸选取 [J]. 粉煤灰综合利用，2012 (2): 3-5.

[12] 冷发光，丁威，张仁瑜，等. 尺寸效应对混凝土耐久性影响研究 [J]. 中国建材科技，2008 (2): 16-19.

地基与基础工程

本栏目审稿人：张志良

悬挂式与落底式地连墙后地表沉降规律研究

杜建峰/中国电力建设股份有限公司
郭运华/武汉理工大学

【摘　要】 以福州地铁5号线金环路车站深基坑悬挂式地连墙与落底式地连墙组合围护结构为工程背景，研究两种类型地连墙围护结构在控制基坑地表沉降方面的差异。研究结果表明：无论采用哪一种类型地连墙，基坑失稳的威胁都主要来自降水深度不足；落底式地连墙增设内支撑可有效缓解墙后沉降变形，但墙体与土层接触面含泥对悬挂式地连墙墙后地表沉降影响更加显著。在地质条件允许条件下，采取严格降水措施、减少墙体与土层接触面含泥量或提高泥皮强度，悬挂式地连墙可以达到与落底式地连墙相同的地表沉降控制效果。

【关键词】 地下连续墙　沉降　地铁

1　引言

地下连续墙是采用专用的成槽机械，沿深基坑或地下构筑物周边开挖具有一定宽度和深度的沟槽，并灌筑钢筋混凝土或插入钢筋混凝土预制构件形成具有防渗、挡土或承重功能连续的地下墙体。在地下连续墙设计中，针对其防渗功能，将完全截断透水层的型式称为落底式防渗墙，而将仅达到相对隔水层深度的防渗型式称为悬挂式防渗墙。地下连续墙除了防渗功能外，还具有围护功能，需要满足控制周边地层变形的要求。

本文利用福州地铁5号线金环路站深基坑实测数据，分析了同一基坑内悬挂式地连墙与落底式地连墙墙后沉降的分布规律；通过数值分析研究了这两种型式地连墙对周边地表沉降的控制效果及形成原因。

2　工程概况

福州地铁5号线金环路站为地下两层岛式站台车站，为单柱双跨框架结构，车站总长206.5m，标准段基坑宽度为19.7m，深度约为17.46m，顶板覆土约3.4m。共设2组风亭、4个出入口。车站主体采用明挖顺筑法施工，基坑采用地下连续墙＋内支撑体系。主体围护结构小里程一侧端头井及标准段采用厚1000mm地下连续墙（共37幅），大里程一侧端头井及标准段采用厚800mm地下连续墙（共43幅），合计80幅。地下连续墙两侧变截面处采用3根ϕ800mm@600mm旋喷桩止水，深度为36m。

金环路站基坑范围场区覆盖层主要为第四系人工填土层（包括杂填土和填石）、海积相淤泥、淤泥质土、淤泥夹砂、（含泥）中砂、粉质黏土层、燕山期花岗岩风化岩和基岩。由于以基坑长度方向中间为界，大里程边−27～−33m分布隔水的淤泥夹砂层，因此考虑基坑一半采用落底式地连墙，另一半采用悬挂式防渗墙型式。

3　墙后沉降分布规律

3.1　墙后沉降测点布置

墙后沉降在基坑外地表沿地连墙延伸方向约20m间距布置一组测点，沿基坑周边共22组，每组4个测点，测点距基坑距离分别为 1m、5m、10m、15m，测点组编号及沿基坑分布如图 1 所示。

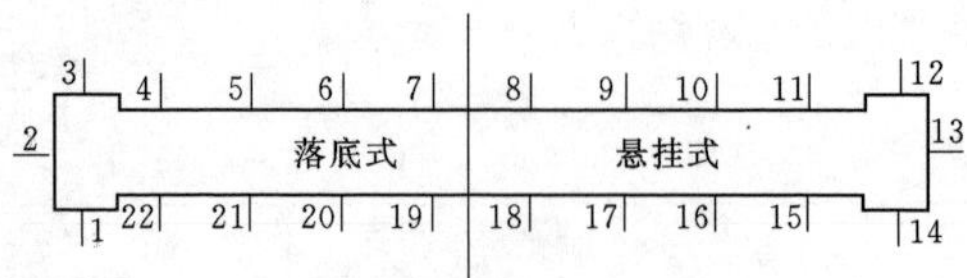

图 1　测点组编号及空间布置图

根据空间测点布置的对称性特点，以落底式与悬挂式地连墙的分界线为空间对称轴，测点组 3、1、12、14；4、22、11、15；5、21、10、16；6、20、9、17；7、19、8、18 为五组可比较测点组。

3.2　墙后沉降实测规律

沿地连墙延伸方向，墙后地表垂直位移的空间分布特征如图 2 所示。

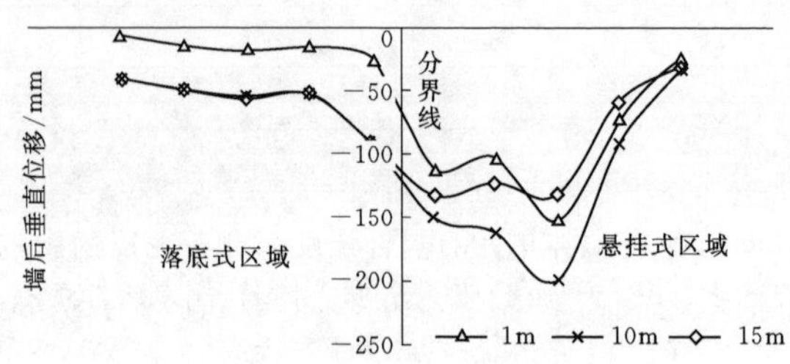

(a)东北侧沿地连墙空间位置

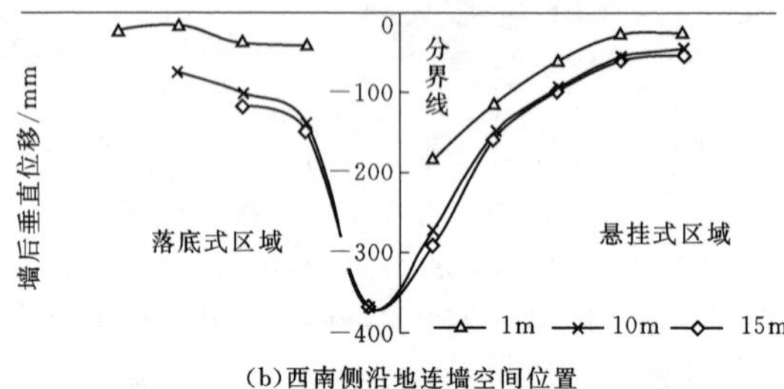

(b)西南侧沿地连墙空间位置

图 2　墙后沉降空间分布特征

实测数据显示：

(1) 落底式地连墙区域墙后 10～15m 沉降趋于一致，且显著大于墙后 1m 部位。

(2) 悬挂式地连墙段最大沉降显著大于落底地连墙段，且最大沉降部位在墙后 10m 位置，部分部位甚至墙后 1m 沉降大于墙后 15m 位置。

(3) 西南侧（即测点 3～测点 12）显著大于东北侧（即测点 15～测点 22），可能与西南侧中部曾发生小规模突涌有关。

4　墙后沉降数值分析

针对实测墙后沉降大，且出现坑底突涌，故建立数值模型，分析原因并总结基坑降水控制指标，以指导类似工程施工。

4.1　数值分析模型

取基坑横断面，建立基坑开挖 FLAC3D 模型。地连墙部分采用加密网格，并采用 liner 单元附着地连墙表面，以传递内支撑荷载。支撑设置位置分别为冠梁（0m）、第一道钢支撑（－3.3m）、第二道钢支撑（－6.3m）、第三道钢支撑（－9.3m）、第四道钢支撑（－12.3m）、第五道钢支撑（－15.3m）。开挖步骤：首先设置冠梁，降水至－22m；第一步开挖至－3.6m，设置第一道钢支撑；第二步开挖至－6.4m，设置第二道钢支撑；第三步开挖至－9.3m，设置第三道钢支撑；第四步开挖至－10.2m；第五步开挖至－12.8m，设置第四道钢支撑；第六步开挖至－15.3m，设置第五道钢支撑；第七步开挖至底板－19.7m。土体采用摩尔-库仑模型，采用流固耦合计算基坑变形。

4.2　计算参数取值

模型参数取值采用勘察资料各岩土层的参数（表 1）。

表 1　不同土层计算参数取值

土　层	饱和密度 /(kN/m³)	卸荷模量 /MPa	泊松比	内摩擦角 /(°)	内聚力 /kPa	渗透系数 /(cm/s)
填土填砂	12.7	21	0.33	12	5×10^3	1×10^{-2}
含泥中砂	13	21	0.35	25	3×10^3	1.6×10^{-2}
淤泥夹砂	13	9	0.31	19	5×10^3	9×10^{-2}
含泥中砂	13	21	0.35	25	3×10^3	1.6×10^{-2}
中砂	14	30	0.31	30	3×10^3	1.8×10^{-2}
淤泥夹砂	13.2	10.5	0.39	12	16×10^3	1×10^{-5}
粗中砂	14.2	39	0.31	30	3×10^3	1.3×10^{-2}
卵石	15.5	120	0.22	38	3×10^3	7×10^{-3}
强风化花岗岩	15.4	180	0.25	28	28×10^3	1×10^{-5}

4.3 二维模型计算结果分析

建立基坑断面对称准二维模型，分别分析有无设置第五道内支撑、降水深度为－28m、－29m、－30m时的基坑状态及墙后地表变形。

各工况的计算结果见表2。

表2　　不同工况计算结果

计算工况	墙深/m	降水深/m	支撑数量/道	地表沉降		地表水平位移		基坑状态
				最大值/mm	水平距离/m	最大值/mm	水平距离/m	
1	60	－30	5	15	15	39	40	安全
2	60	－30	4	160	10	120	15	安全
3	60	－29	5	15	15	40	40	安全
4	60	－29	4	173	10	128	15	安全
5	35	－30	5	15	15	39	40	安全
6	35	－30	4	36	15	58	40	安全
7	35	－29	5	15	15	61	40	安全
8	35	－29	4	24	40	43	40	安全
9	60	－28	5	174	15	125	40	安全
10	60	－28	4	—	—	—	—	破坏
11	35	－28	5	—	—	—	—	破坏

根据表2所列二维计算结果，可分析得出以下结论：①由于基坑底板为含泥中砂层，为保障底板隆起变形安全，若不采取抗浮措施，则安全的基坑地下水位需降低至至少－29m，否则基坑将因坑底隆起变形而失效；②无论是落底式还是悬挂式地连墙，在降水条件相同条件下，设置第五道支撑将显著降低墙后地表沉降及地表水平位移；③当基坑保证稳定变形时，墙后地表变形最大影响范围不超过100m；④墙后最大沉降发生区域普遍位于墙后10～15m范围，而地表最大水平位移出现位置则普遍位于墙后40m左右。

通过降水变形分析与极限分析，本文研究基坑失效的主要威胁来自基坑隆起变形，第五道支撑可以有效降低墙后变形，但决定基坑稳定性仍是降水控制条件。

4.4 地连墙-土体接触面夹泥对墙后变形的影响

由于槽段造孔过程中不可避免要采用大量泥浆护壁，因此地连墙与土体的接触面可能存在残留的泥皮。文献［11］等研究了混凝土桩-泥皮-砂土接触面的力学特性，认为随着泥皮厚度增加，光滑接触面峰值摩擦角呈指数衰减，而粗糙接触面峰值摩擦角呈线性衰减，且砂土自身强度为混凝土砂土含泥接触面强度的上限。文献［12］等通过试验分析，认为泥皮的存在会降低钢混组合桩的黏结强度约10％～20％。文献［13］等通过室内试验研究砂卵石地层摩擦桩摩阻力受泥皮浓度影响，并认为当泥浆浓度大于12％时，桩侧摩阻力会降低30％以上。

由于基坑开挖卸荷，地连墙受地层隆起影响，墙侧负摩阻力将显著影响地表沉降变形。下面通过修正模型中liner单元与墙体单元的耦合强度来分析泥皮的影响，并根据文献［11］中的研究结论，将界面耦合摩擦系数由土层平均摩擦角20°修改为15°，内聚力保持为3kPa以模拟泥皮影响。计算结果对比如图3所示。

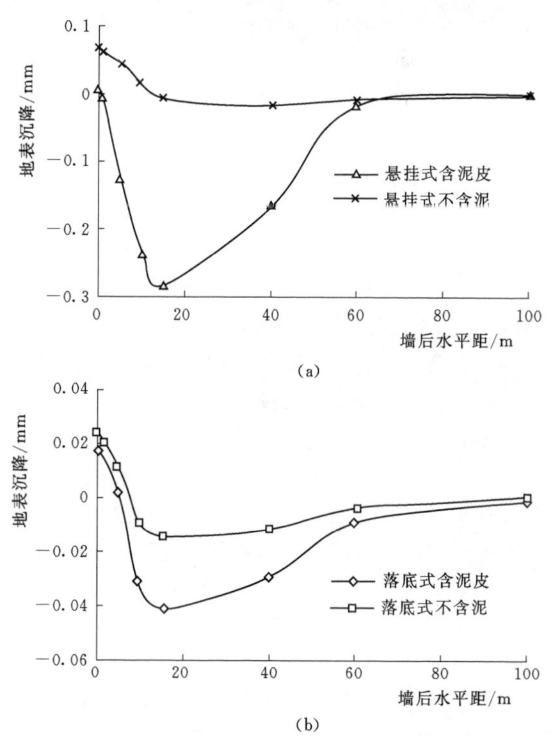

图3　考虑泥皮影响的地面沉降分布

分析结果表明，地连墙与土层接触面上的泥皮对地表沉降分布影响显著，表现在：①悬挂式地连墙受泥皮影响墙后沉降显著增大，且墙顶不再受开挖卸荷的回弹影响；②落底式地连墙后沉降相对悬挂式地连墙受泥皮影响较弱；③泥皮的存在与否不影响墙后沉降影响范围。

4.5 金环路站基坑三维模型分析

基于上述研究结论，建立金环路站基坑三维分析模型，研究落底式与悬挂式组合的地连墙结构的变形分布特征，考虑墙体-土层交界面残留泥皮影响，不考虑第五道内支撑，分析结果如图4所示。

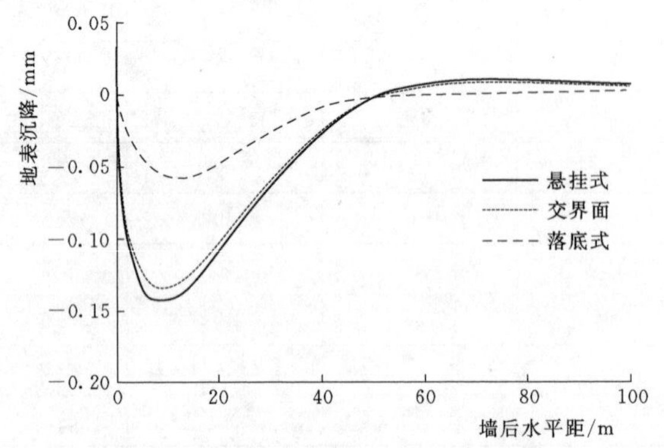

图4 基坑三维模拟地表沉降分布规律

5 结论

悬挂式地连墙因其卓越的经济性而具有较大的推广价值，但采用悬挂式地连墙需满足其适用条件。通过实测与数值分析研究了福州地铁5号线金环路站深基坑采用两种地连墙型式对墙后地表沉降的控制效果与分布规律。研究中发现：降水深度是控制基坑安全的最重要因素，具体到金环路站，若降水高于−29m，将出现强烈坑底隆起导致大变形，悬挂式地连墙区域将出现整体倾覆破坏，落底式地连墙区域将出现墙体折断破坏；在基坑底以上4～5m范围设置第五道支撑，可有效降低墙后沉降变形，落底式地连墙要比悬挂式地连墙的改善效果更加显著，但第五道支撑的设置不能抵消降水深度不足导致的不利影响；墙体与土层接触面上的泥皮也影响到墙后沉降变形，具体表现为泥皮的存在会较大幅度增加悬挂式地连墙后地表沉降，足以抵消开挖卸荷导致的回弹上抬而形成墙后沉降，而落底式地连墙后地表沉降所受影响相对较弱，地表沉降最大值仍能增加3倍以上，但并不增加沉降影响范围。

研究得出如下以下结论：①悬挂式地连墙与落底式地连墙对墙后沉降控制机制及沉降分布规律相似，仅在沉降大小方面存在差异；②无论是悬挂式还是落底式，坑内降水都是基坑安全控制的最重要因素，增设内支撑可缓解地表沉降变形，但不能改善坑底隆起导致的失稳威胁；③改善悬挂式地连墙墙体与土层接触面上的泥皮强度，可有效改善悬挂式地连墙后沉降控制效果；④金环路站实测东北侧悬挂式地连墙区域墙后地表沉降大于落底式地连墙区域应为墙体与土层接触面上含泥影响所致，西南侧悬挂式地连墙区域与落底式地连墙区域交界面附近地表沉降异常应为降水深度不够引起。

综上所述，在地质条件允许条件下，采取严格降水措施、减少墙体与土层接触面含泥量或提高泥皮强度，悬挂式地连墙可以达到落底式地连墙相同的地表沉降控制效果。

参考文献

[1] 张治民. 马家吉船闸悬挂式地下连续防渗墙工程[J]. 水运工程，1997（4）：47-49.

[2] 毛昶熙. 悬挂式防渗墙的优越性[J]. 中国水利，2010（8）：41-42.

[3] 张家发，范士凯，陶宏亮，等. 建筑基坑防渗墙渗流控制效果研究[J]. 长江科学院院报，2016，33（6）：58-64，69.

[4] 王正成，毛海涛，姜海波，等. 弱透水层深度对深厚覆盖层坝基渗控的影响研究[J]. 人民长江，2016，47（7）：54-58.

[5] 王正成，毛海涛，姜海波，等. 深厚覆盖层弱透水层对防渗墙防渗效果的影响[J]. 人民黄河，2017，39（2）：112-115，119.

[6] 汤黎，王翠英，邓超，等. 南京地铁基坑工程地下水控制与渗流分析[J]. 湖北工业大学学报，2017，32（5）：38-41.

[7] 晏炜. 地铁明挖车站悬挂与落底综合地连墙基坑降水开挖施工浅谈[J]. 四川水泥，2018（10）：234，159.

[8] 龙莉波. 悬挂式围护深基坑外地下水回灌技术的研究[J]. 建筑施工，2014，36（4）：327-329.

[9] 张兴胜，卢耀如，王建秀，等. 上海悬挂式地下连续墙基坑渗流侵蚀引起的沉降研究[Z]. 武汉：2014：36，284-290.

[10] 李方明，陈国兴，刘雪珠. 悬挂式帷幕地铁深基坑变形特性研究[J]. 岩土工程学报，2018，40（12）：2182-2190.

[11] 陈琛，冷伍明，杨奇，等. 混凝土桩-泥皮-砂土接触面力学特性试验研究[J]. 岩土力学，2018，39（7）：2461-2472.

[12] 冯升明，戴国亮，钮佳伟，等. 考虑泥皮及径厚比影响的钢混组合桩黏结性能试验研究[J]. 东南大学学报（自然科学版），2018，48（6）：987-995.

[13] 陈咏泉，雷金山，许凌，等. 泥皮对灌注桩摩阻性能影响的模型试验研究[J]. 铁道科学与工程学报，2019，16（7）：1660-1665.

深层搅拌桩在新加坡滨海南地铁站中的应用

张　阳/中国电建集团国际工程有限公司

【摘　要】 新加坡滨海南地铁站区域的地层中包含海相黏土。在施工中，采用深层搅拌桩对海相黏土进行处理，以满足工程要求。通过无侧限抗压强度试验、现场渗透试验获得试验桩的不排水抗剪强度、弹性模量、渗透系数，以验证所提出的配比能否满足设计要求。根据现场实践经验，提出了施工过程中应当注意的事项。

【关键词】 深层搅拌桩　无侧限抗压强度试验　现场渗透试验

1　工程概况

汤申东线是新加坡第 6 条地铁线，线路贯穿其国土的南北端，全长 43km，设有 31 个车站。滨海南地铁站（Marina South）是其中的一个站，它位于新加坡南部沿海地区，距离海岸线不足 300m，车站部分采用明挖法进行施工。该项目处在填海工程形成的陆域，所处地层中包含海相黏土，工程性能极差。在项目施工中，需要对工程区域内的海相黏土改良处理，以保证施工期间及未来主体结构的安全。

2　海相黏土的特性与处理方法

海相黏土呈暗灰色，具有恶臭味，其工程性能极差，表现为含水量高、压缩性高、孔隙比大、抗剪强度低、渗透性差[1-2]。根据现场经验，该类土具有很大的流动性及敏感性，容易受到扰动，即当地表压力不同时，海相黏土会很快向压力小的方向流动；或当地表有裂隙时，它会沿着缝隙渗出地面。两种情况都会造成地表拱起或沉降，危及周边建筑物的安全。

在新加坡较常见的两种处理海相黏土的施工工艺为：深层搅拌桩和高压旋喷桩[3]。

深层搅拌桩是指通过钻机钻杆将水泥浆与被处理地基土进行拌和，以提高地基的强度，钻头半径即为土的改良半径。深层搅拌桩基本不会造成地面隆起，对周边建筑物的影响较小，不污染环境，但是其施工机械较笨重，所用的深搅机，重达 100 多吨，占用施工场地面积大，对作业地面的承载力有一定要求。

高压旋喷桩是利用钻机通过一定的压力将水泥浆液喷射到土体中，使水泥浆与土体混合凝固，从而形成有一定强度的地基土。高喷工艺是通过喷射压力来控制处理半径。这种方法使用的机械如图 1 所示，机械尺寸相对较小、占地少、噪声小，钻机机动灵活，能够处理狭缝区域，但是在施工过程中也容易污染周边环境，且相比于深层搅拌桩成本更高。

图 1　高压旋喷桩机械

两种方法都能达到改善土质、提高地基承载力的目的，可以根据相应的施工条件进行选择。本文主要介绍深层搅拌桩在项目中的应用。

3 深层搅拌桩的设计

项目所涉及的滨海南地铁站埋深16m左右，通过明挖法，分层开挖、分层支护到达设计深度。车站主体结构所处的地层为海相黏土，均需进行改良处理。设计咨询单位提出了相关设计要求，处理后的土质需满足以下条件。

(1) 不排水抗剪强度不低于0.45MPa。

(2) 弹性模量不低于225MPa。

(3) 渗透系数不高于1×10^{-8}m/s。

(4) 处理范围为R.L.88～R.L.73m，处理深度15m。

深层搅拌桩采用双轴钻杆机械进行施工，一次成桩形状呈花生状（图2），直径为1.3m，圆心距1.1m，处理面积2.56m^2。整个车站区域编号排列布置。

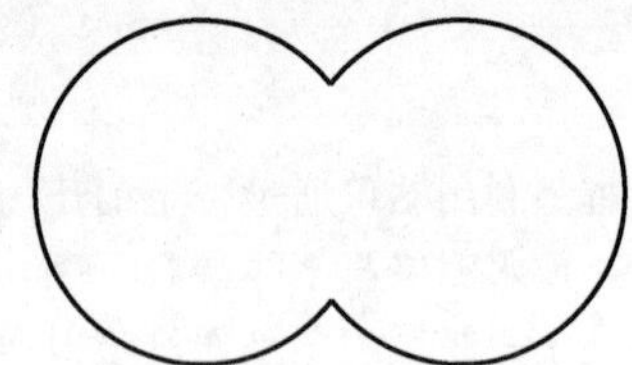

图2 深层搅拌桩成桩形状

本项目先期施工试验桩，以检验所假设水泥量及配合比是否能够满足设计要求。根据经验，初期暂定每处理1m^{3}土体使用水泥180kg，水灰比为1。因此，每处理1m^{3}土体使用水泥量$m_c=180$kg，使用水量$m_w=180$kg，则水泥浆总体积为

$V_0=(180/3.1)+(180/1.0)=238$(L)(每处理1m^{3}土体)

其中，水泥密度按照3.1kg/L计，水密度按照1.0kg/L计。

则使用该双轴机械每处理1m深土体，所需水泥浆量为

$V=2.56\times1\times238=609.4$(L)(每处理1m深度的水泥浆量)

现场机械通过钻杆提升速度、水泥浆供应速度控制此用量。

试验桩安排在项目所在区域附近进行，以保证地质情况与被处理区域相同。

4 深层搅拌桩试验

试验桩的不排水抗剪强度和弹性模量，通过试验室无侧限抗压强度试验得到，渗透系数通过现场渗透试验得到。

4.1 无侧限抗压强度试验

无侧限抗压强度试验是三轴试验的特例，即试样仅承受单轴压力，侧向不受限制，这样所得的小主应力为0，大主应力的极限值就是无侧限抗压强度Q_u。不排水抗剪强度C_u与无侧限抗压强度Q_u之间有关系$Q_u=2C_u$，从而可以得到不排水抗剪强度。

需要注意的是，在现场取芯过程中，要保证芯样连续完整，减少人为因素损毁，样本直径应不小于50mm，总采取率不低于85%。本次试验桩取芯情况见表1。

表1 试验桩芯样资料

序号	芯样位置/(R.L.～R.L.)	芯样长度/m	采取率/%
1	88.8～87.8	0.95	95
2	87.8～86.8	0.98	98
3	86.8～85.8	1.00	100
4	85.8～84.8	0.95	95
5	84.8～83.8	1.00	100
6	83.8～82.8	0.97	97
7	82.8～81.8	1.00	100
8	81.8～80.8	0.98	98
9	80.8～79.8	1.00	100
10	79.8～78.8	1.00	100
11	78.8～77.8	1.00	100
12	77.8～76.8	1.00	100
13	76.8～75.8	0.98	98
14	75.8～74.8	0.97	97
15	74.8～73.8	1.00	100
16	73.8～72.8	1.00	100
17	72.8～72.0	0.80	100

由表1可以看出，此次芯样提取质量较好，大部分采取率都达到了100%，总平均采取率98.7%，满足要求。同时也说明对海相黏土的处理效果较好，处理后土质较为密实、均匀。

从提取的芯样中，由监理方随机选择了3段不同深度的样本送往第三方试验室进行无侧限抗压强度试验，分别为：CR1（R.L.85.1m）、CR2（R.L.82.6m）、CR3(R.L.75.8m)。试验结果见表2。

由表2试验结果可以看出，三个随机试样的不排水抗剪强度、弹性模量都达到了设计要求。

表 2　试验桩无侧限抗压强度试验结果

样本	直径/mm	高度/mm	面积/cm^2	极限荷载/N	无侧限抗压强度/MPa	不排水抗剪强度/MPa	弹性模量/MPa
CR1	63.1	122.2	31.27	3620.68	1.16	0.58	371.13
CR2	63.2	124.5	31.37	3200.64	1.02	0.51	289.79
CR3	63.2	125.3	31.37	3683.89	1.17	0.59	448.31

4.2　现场渗透试验

渗透系数的测定方法可以分为试验室测定和现场测定两种。本项目通过现场测定方法来获取，并参考英标 BS 5930[4]。

现场渗透试验方法如图 3 所示，试验步骤如下：

(1) 将钻机移到试验桩位置并固定。

(2) 通过冲水钻孔法钻至试验区起始深度，并安装护筒。

(3) 灌注适量水泥浆，以保证护筒与孔壁之间不漏水。

(4) 第二天待水泥浆凝固后，继续向下钻，直至试验终止深度。

(5) 清理钻孔，并填满清水。

(6) 按照一定的时间间隔记录水头变化情况。

(7) 计算渗透系数。

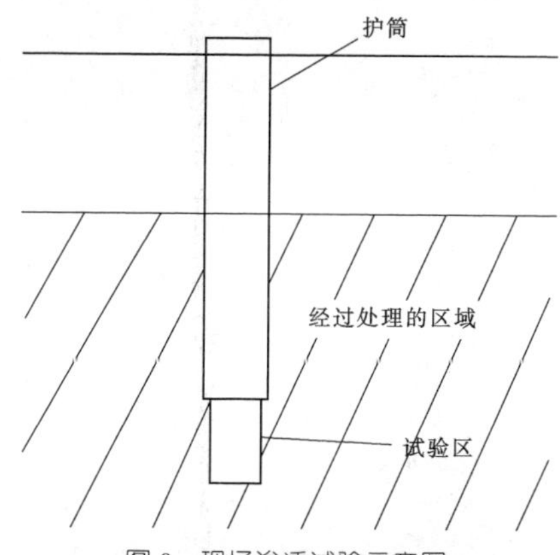

图 3　现场渗透试验示意图

现场渗透试验水头变化记录结果见表 3，可以计算出经过 90min 的时间，水头降低 3mm。

表 3　现场渗透试验水头变化

时长	水头/m	时长	水头/m	时长	水头/m
10s	0.100	7min	0.099	20min	0.098
30s	0.100	8min	0.099	25min	0.098
1min	0.100	9min	0.099	30min	0.098
2min	0.100	10min	0.099	35min	0.098
3min	0.099	12min	0.098	40min	0.098
4min	0.099	14min	0.098	50min	0.098
5min	0.099	16min	0.098	60min	0.098
6min	0.099	18min	0.098	90min	0.097

根据规范中的计算公式计算得渗透系数为 $K=6.51\times10^{-9}m/s<1\times10^{-8}m/s$，满足要求。

综上可以得出结论，每 $1m^3$ 处理土体使用 180kg 水泥、水灰比为 1 时，满足设计要求，可以在施工过程中使用这两个参数。

5　深层搅拌桩施工工艺注意事项

在深层搅拌桩施工过程中，施工工艺至关重要，不当的操作都会对质量、安全等方面产生影响。现场施工应当注意以下事项。

(1) 保证钻机工作平台的稳固。深层搅拌桩机较笨重，一般都在 100t 以上，如果没有稳固的施工工作平台，就会威胁机械的自身安全，增加倾覆风险。此外，在刚刚处理后的区域，土质软弱，水泥浆还未固结、强度不足，如果施工机械处在旁边，就更加要求其自身下边地基的稳固。为此，在施工前对钻机的工作平台进行了设计，需要铺设 300mm 的碎石垫层和 25mm 厚的钢板，并对处理区和地表之间的区域灌注 40kg 水泥浆液。

(2) 使用螺旋钻杆。由于在加固处理过程中，会不断向地下灌注水泥浆，这样就会挤压土体，将土体向四周、向上推挤，进而造成地表的隆起，甚至开裂。采用螺旋钻杆解决了该问题。当钻杆向下钻进的过程中，部分松动的土壤会被螺纹带到地表，这样为水泥浆腾出了空间，减少了对周边土壤的挤压。

(3) 钻机操作人员操作熟练。熟练的钻机操作人员能够根据土壤情况控制钻杆速度及水泥浆流量，保证整个处理区域均匀、强度相差不大。同时，根据车位的情况，操作人员能够及时调整位置，及时消除危险隐患，保证机械安全。

6　结论

在滨海南地铁站施工过程中所采用的深层搅拌桩配合比为每 $1m^3$ 处理区域使用 180kg 水泥，水灰比为 1，可以满足设计要求，也保证了之后的开挖、支护工程的正常进行。对于已经完成的处理区，根据要求定期定量进行随机取样检查，监控工程质量，对于有问题区域，及时进行补救。此外，在施工过程中，要严格控制施工工艺，遵守施工流程，保证施工安全。

参考文献

[1] 王新辉，钱锋，缪林昌. 海相软土及水泥土的强度特性试验研究 [C]. 中国土木工程学会土力学及岩土工程学术会议，2003.

[2] 杨诗骞. 厦门海泥地基处理及设计探讨 [J]. 中国市政工程，1995 (3)：33-36.

[3] 潘殿琦，陈勇. 深层搅拌桩强度的影响因素与改善措施 [J]. 岩石力学与工程学报，2004，23 (11)：1954-1958.

[4] Site Investigation Practice：Assessing BS 5930.

应用于软土地区的沉井下沉施工技术

翟忠保　张　奇　王　宇/中国水利水电第六工程局有限公司

【摘　要】 沉井施工技术从钱塘江大桥基础施工开始至今已有 80 多年的发展，沉井技术常应用于桥梁、管线工程等，技术非常成熟，应用很广泛。每个地区应用沉井技术的施工方法各有不同，本文针对嘉兴局部区域内的特定地质条件下，同时考虑井位结构尺寸、施工厂区大小等因素，选择沉井下沉施工方法。

【关键词】 沉井施工　软土地基　配水工程

1　工程概述

嘉兴市域外配水工程（杭州方向）取水口为闲林配水井，起点为杭州仁和节点，终点为嘉兴市各受水水厂。配水工程通过隧洞、管道、泵站输送千岛湖原水，杭州段通过重力自流方式，嘉兴段采用泵站加压供水方式。工程引水规模为 2.3 亿 m^3/a。

输水线路总长 171.6km，本标段为南湖泵站至大桥节点原水管线设 2 根 DN1400 管，自南湖泵站起，到大桥节点，总长 17.8km，顶管 10.1km，埋管 7.7km，沉井 30 个。

本工程沉井为井筒状结构物，它是以井内挖土，依靠自身重力克服井壁摩阻力下沉到设计标高，经过混凝土封底并填塞井孔，沉井一般为辅助结构物或结合辅助结构的永久建筑物。

沉井高度在 13～15m 范围内，综合考虑项目施工、场地环境以及混凝土浇筑等情况，在沉井制作时将井筒分三层浇筑，采用多次下沉的施工工艺。沉井下沉的工艺流程如下：准备工作→刃脚基础拆除→取土下沉→下沉速度控制→沉井纠偏。

沉井施工跨越范围广，地层变化较大，施工周围环境复杂，为了保证施工结构物安全，结合地层情况、沉井下沉的开挖方式和施工场地环境综合考虑沉井施工方式。沉井工程整体分为四个阶段：一是沉井制作阶段，二是沉井下沉阶段，三是沉井封底、底板施工阶段，四是沉井封闭阶段。

2　施工准备及施工方法

2.1　施工准备

(1) 预留洞口封堵。预留孔外侧采用 MU10 砖（厚 240mm）临时封堵，外抹 30mm 厚 1∶2 防水水泥砂浆，预留孔内侧采用钢筋背楞加固。

(2) 拆除脚手架。将辅助混凝土浇筑施工的脚手架全部拆除，拆除顺序为从上至下，从内至外。

(3) 地质状况研究。南湖泵站—大桥分水点总长为 17.575km。分为两个工程地质单元：第一单元为南湖泵站—平湖塘（桩号 ND0＋000～ND11＋900），长约 11.90km；第二地质单元为平湖塘—大桥分水点（桩号 ND11＋900～ND17＋757）长约 5.86km。根据勘探孔揭露，两个地质单元的地层分别为Ⅰ→Ⅱ1→Ⅲ1→ⅢS1→Ⅳ1→Ⅳ2→ⅣS1→Ⅴ2→Ⅵ1→ⅥS1→Ⅶ和Ⅱ1→Ⅲ1→ⅢS1→Ⅳ1→Ⅳ2→Ⅴ2→Ⅵ1→Ⅶ。

2.2　施工方法

(1) 沉井分层。本标段共 30 个沉井，沉井整体施工方案分三层浇筑，混凝土浇筑分层高度根据井位高度和使用功能进行划分。

(2) 沉井下沉分析。沉井的下沉方式依据沉井位置地质条件和沉井分层高度、工作环境选择沉井的开挖下沉方式，再通过沉井下沉验算（根据 CECS137：2015《给水排水工程钢筋混凝土沉井结构设计规程》）。沉井下沉方式分为两种：一次下沉和二次下沉。

(3) 沉井下沉方式验算。按下面公式计算并验算下沉系数。

$$K_{st}=\frac{G_{ik}-F_{fw,k}}{F_{fk}}\geqslant 1.05$$

式中：K_{st}为下沉系数；G_{ik}为沉井自重标准值（自重外加助沉重量的标准值），kN；$F_{fw,k}$为下沉过程中水的浮托力标准值，kN；F_{fk}为井壁总摩阻力标准值，kN。

(4) 沉井采用一次下沉的施工方法及其验算。本项目的 5 号、6 号、8 号、12 号、13 号均采用一次下沉施工方法。下面以8号井为例，说明沉井施工方法和下沉验算。

沉井三层浇筑一次下沉的施工步骤如下：基坑开挖→垫层、刃脚基础浇筑→脚手架搭设→第一层井壁钢筋绑扎→第一层模板安装→第一层混凝土浇筑→第二层井壁钢筋绑扎→第二层模板安装→第二层混凝土浇筑→第三层井壁钢筋绑扎→第三层模板安装→第三层混凝土浇筑→沉井下沉施工准备（刃脚基础、垫层凿除、砖墙凿除）→沉井下沉施工→封底混凝土浇筑→底板浇筑。

沉井下沉验算如下。

$$G_{ik}=\Big\{3.14\times(16.2-0.9)\times0.9\times7.2+(16.2-1.3)\times3.14\times1.3\times2.2+(16.2-1)\times3.14\times(0.6+1.3)\times\frac{1.2}{2}-3.14\times2\times(0.9+0.9)\times2+(16.2-1.3\times2)\left[1\times1.5+(1+0.6)\times\frac{0.8}{2}\right]\times2\Big\}\times10\times2.4=12843.12(\text{kN})$$

$$F_{fk}=f_k\times A=14.3\times3.14\times16.2\times10.6=7710.57(\text{kN})$$

（水位线高程按照：1m计算。）

式中：A 为井外壁面积，m^2；f_k 为摩擦阻力，取 $14.3kN/m^2$。

$$F_{fw,k}=V\rho_{水}=\Big\{3.14\times(16.2-0.9)\times0.9\times7.2+(16.2-1.3)\times3.14\times1.3\times2.2+(16.2-1)\times3.14\times(0.6+1.3)\times1.2/2-3.14\times2\times(0.9+0.9)\times2+(16.2-1.3\times2)\times\left[1\times1.5+(1+0.6)\times\frac{0.8}{2}\right]\times2\Big\}\times10=5351.30(\text{kN})$$

式中：V 为沉井排开水体积；$\rho_{水}$ 为水的容重，10kN/t。

当沉井处于下沉阶段，井内土体挖至刃脚以下，此时 $R_{反}=0$，下沉系数：

$$K_{st}=\frac{G_{ik}-F_{fw,k}}{F_{fk}}\geqslant1.05$$

$$K_{st}=\frac{12843.12-5351.30}{7710.57}=0.97<1.05$$

不满足下沉要求。

根据设计图和地下水位控制高程（1.00m），沉井下沉到设计高程状态（即全部浸入水中），经计算 $K_{st}=0.97<1.05$，不能下沉到位。

由于井内渗水小，故采取排除井内集水的措施，使水位降低至刃脚高程，此时不考虑浮力，则按照上式，重新计算 K_{st} 得

$$K_{st}=\frac{G_{ik}-F_{fw,k}}{F_{fk}}\geqslant1.05$$

$$K_{st}=\frac{12843.12-0}{7710.57}=1.67\geqslant1.05$$

$$R_b=[f]\times S=320\times3.14\times(16.2-0.6)\times0.6=9404.93(\text{kN})$$

式中：$[f]$ 为地基容许承载力，$320kN/m^2$；S 为刃脚底面积。

当沉井下沉到位时，由于停止挖土，刃脚地面土体稳定为状态，此时 $R_b=9404.93kN$，则下沉稳定系数 $K_{st,s}$：

$$K_{st,s}=\frac{G_{ik}-F'_{fw,k}}{F'_{fw}+R_b}$$

式中：$F'_{fw,k}$ 为验算状态下水的浮托力标准值，kN；R_b 为沉井刃脚、隔墙和底梁下地基土的极限承载力之和，kN。

采用上述公式进行稳定系数 $K_{st,s}$ 的计算，即 $K_{st,s}=\dfrac{12843.12-0}{7710.57+9404.93}=0.75<0.8\sim0.9$。

满足稳定要求。

当混凝土封底，井身抗浮稳定要求：

$$K_{fw}=\frac{G_{ik}}{F^b_{fw,k}}\geqslant1.0$$

沉井总重量 G_{ik} 为

$$G_{ik}=G+G_{封底混凝土}=12843.12+3.14\times(16.2-1)\times(16.2-1)/4\times2.2\times2.4\times10=22419.27(\text{kN})$$

按照地下水水位高程1m计算浮力：

$$F^b_{fw,k}=3.14\times8.1\times8.1\times10.6\times10=21837.63(\text{kN})$$

抗浮稳定系数 K_{fw}：

$$K_{fw}=\frac{G_{ik}}{F^b_{fw,k}}=\frac{22419.27}{21837.63}=1.03>1.0$$

封底后，常水位高程沉井结构满足抗浮稳定要求，再增加底板重量，结构将更加稳定。

经校验一次下沉的具体指标见表1。

（5）沉井采用二次下沉施工方法及其验算。沉井开挖下沉，根据不同的土质情况和沉井的结构尺寸选用合适的下沉机器。土质淤泥质土层、结构尺寸超过市场长臂挖机的开挖尺寸，可以选用抓斗进行下沉施工，在土层较硬的情况下可以采用长臂挖机进行下沉施工。

沉井二次下沉的施工步骤如下：基坑开挖→垫层、刃脚基础浇筑→脚手架搭设→第一层井壁钢筋绑扎→第一层模板安装→第一层混凝土浇筑→第二层井壁钢筋绑扎→第二层模板安装→第二层混凝土浇筑→沉井下沉准备（刃脚基础、垫层凿除、砖墙凿除）→沉井下沉第一次下沉→下沉距原地面50cm位置处时停止下沉→垫层浇筑和脚手架搭设→第三层井壁钢筋绑扎→第三层模板安装→第三层混凝土浇筑→沉井下沉施工准备（刃脚基础、垫层凿除、砖墙凿除）→沉井第二次下沉施工→封底混凝土浇筑→底板浇筑。

表 1　一次下沉指标统计表

工作井	平面尺寸/m	地质状况	地基容许承载力/(kN/m²)	混凝土自重/kN	地基反力/kN	摩擦力/kN	向上合力/kN	稳定系数 $K_{st,s}$	混凝土自重（加封底混凝土）/N	加封底混凝土后沉井所受浮力/kN	抗浮稳定系数 K
5号	ϕ10.1	ⅢS1 淤泥质粉质黏土夹粉土	180	6497	3222	5215	11144	0.45	10082	9209	1.09
6号	13.4×11.6	Ⅳ2 粉质黏土	320	14115	10573	8559	25013	0.43	19779	18606	1.06
8号	ϕ16.2	Ⅳ2 粉质黏土	320	12843	10972	7711	24034	0.40	22419	21838	1.65
12号	13×10.4	Ⅳ2 粉质黏土	320	12030	9856	7375	22243	0.41	16845	14899	1.13
13号	13×10.4	Ⅳ2 粉质黏土	320	13283	9856	8191	23582	0.43	18098	16548	1.09

沉井二次下沉的验算校核重点就是第一次下沉到设计高程，进行第三层混凝土浇筑后的稳定验算。验算内容如下：

1）根据沉井结构尺寸计算第三层混凝土浇筑后的井身自重 G_{ik}。

2）根据沉井结构尺寸计算出地基反力 R_b。

3）根据第一次下沉后的井壁与土体之间的接触面积计算出向上的摩阻力 F_{fk}。

4）根据第一次下沉后的井身在水位线以下的体积计算出浮力 $F_{fw,k}$。

当沉井下沉到位时，由于停止挖土，刃脚地面土体为稳定状态，并且浇筑完成第三层混凝土的加载状态，根据上述数据进行稳定系数 $K_{st,s}$ 的计算：

稳定系数：$K_{st,s}=(G_{ik}-R_b)/(F_{fk}+F_{fw,k})<0.8\sim0.9$，满足稳定要求。

后续校核验算与一次下沉相同。

5）经校验二次下沉的具体指标见表 2。

表 2　二次下沉指标统计表

工作井	平面尺寸/m	地质状况	地基容许承载力/(kN/m²)	混凝土自重/kN	地基反力/kN	摩擦力/kN	浮力/kN	向上合力/kN	稳定保证率
1号	15.9×11.76	Ⅲ1 淤泥质粉质黏土	180	22010	6618	6408	9171	22196	1.01
2号	13.4×11.8	Ⅲ1 淤泥质粉质黏土	180	16803	5998	5297	7001	18296	1.09
3号	15.9×11.76	Ⅲ1 淤泥质粉质黏土	180	16732	6618	4984	6972	18573	1.11
4号	13.4×11.8	ⅢS1 淤泥质粉质黏土夹粉土	180	13745	5998	4144	5727	15869	1.15
7号	ϕ16.2	Ⅳ2 粉质黏土	320	13452	10902	4510	5605	21017	1.56
9号	14.9×15.57	Ⅲ1 淤泥质粉质黏土	180	20899	7326	6100	8708	22133	1.06
10号	13.4×11.8	Ⅲ1 淤泥质粉质黏土	180	13550	5998	4360	5646	16004	1.18
11号	13.4×11.8	Ⅳ1 粉质黏土	320	14071	10662	4721	5863	21246	1.51
14号	13.4×11.8	Ⅲ1 淤泥质粉质黏土	180	15045	5998	5081	6269	17347	1.15
15号	ϕ10.1	ⅢS1 淤泥质粉质黏土夹粉土	180	6584	2713	3583	2743	9039	1.37
16号	13.8×13.2	ⅢS1 淤泥质粉质黏土夹粉土	180	16331	6451	3880	6805	17136	1.05
17号	ϕ10.1	Ⅳ2 粉质黏土	320	7114	5727	3356	2964	12047	1.69
18号	13.4×10.8	Ⅳ1 粉质黏土	320	14123	10214	4575	5885	20674	1.46
19号	ϕ16.2	Ⅳ2 粉质黏土	320	13815	10902	5092	5756	21750	1.57
20号	ϕ17.6	Ⅳ1 粉质黏土	320	19206	13505	5927	8003	27434	1.43
21号	13.8×13.2	Ⅴ2 黏土	320	19796	11469	7266	8248	26984	1.36
22号	ϕ15.8	Ⅴ2 粉砂	320	18105	9164	5534	7544	22241	1.23
23号	ϕ10.8	Ⅴ2 粉砂	320	7471	6149	3448	3113	12710	1.70
23-1号	ϕ15.2	Ⅳ2 粉质黏土	320	13334	10199	4300	5556	20054	1.50

续表

工作井	平面尺寸/m	地质状况	地基容许承载力/(kN/m²)	混凝土自重/kN	地基反力/kN	摩擦力/kN	浮力/kN	向上合力/kN	稳定保证率
24号	ϕ10.2	Ⅴ2粉砂	320	7214	5788	3266	3006	12059	1.67
25号	13.4×10.8	Ⅳ1粉质黏土	320	12822	10214	3495	5342	19052	1.49
26号	ϕ10.1	Ⅲ1淤泥质粉质黏土	180	5712	3222	3039	2380	8640	1.51
27号	13.4×10.8	Ⅳ1粉质黏土	320	13861	10214	4084	5775	20073	1.45
28号	ϕ10.1	Ⅳ1粉质黏土	320	6105	5727	3039	2544	11310	1.85
29号	13.4×10.8	Ⅳ1粉质黏土	320	11918	10214	3689	4966	18869	1.58

3 沉井下沉的控制要点

(1) 井内取土均应从中间开始，对称、均匀地逐步分层向刃脚推进。不得偏斜取土，以防沉井发生偏斜（纠偏、特殊状况除外）。

(2) 随时掌握土层变化情况，分析检验土阻力与沉井质量的关系，控制取土位置和取土量，确保沉井均匀平稳下沉。

(3) 下沉过程中经常对井底标高、下沉量、倾斜和位移进行测量，随时注意纠偏。认真观测沉井周围地面有无塌陷和开裂情况，以便采取有效措施。测量控制要求：沉井下沉中应加强位置、垂直度和沉降量的观测，每班至少测量两次，接近设计标高时应加强观测，每2h观测一次，以防止超沉。观测点布置如图1所示。

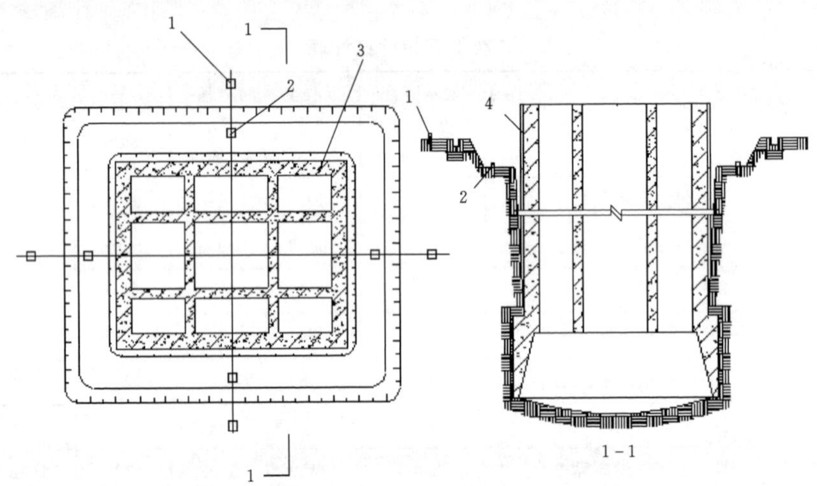

图1 测量控制示意图

1—中心线控制点；2—下沉控制点；3—沉井；4—外壁下沉标尺

(4) 实施远弃土策略，防止周边堆土，影响沉井周边土压力，使沉井产生偏斜。

(5) 沉井下沉接近设计标高前2m，开始控制井内取土量，加强土质监测，避免沉井发生大量下沉或大的偏斜，造成难以按标准下沉至设计标高。

(6) 若沉井周围出现观测数据异常或周围地面大量沉降，要停止沉井下沉，并分析原因，必要时进行井内注水和塌陷回填。

4 沉井下沉过程稳定监测

沉井下沉过程中对周边土体进行稳定监测，通过监测数据整理绘制测斜管累积位移折线图。沉井下沉测斜管累计位移折线图如图2所示。

为减小沉井下沉对周边建筑物的影响，时刻掌握沉井下沉过程中对周边土体影响程度，本工程采用测斜管技术监控沉井下沉对周边土体的影响，通过监测测斜管的位移大小和距离建筑物的距离判断沉井下沉对建筑物的影响程度。

以22号沉井为例，周边位置有高压电塔，在沉井制作完成后，安装测斜管，确定初始值。从2019年1月8日开始下沉到2019年1月24日封底完毕，全过程进行位移测定，保证高压电塔稳定。按照固定监测频率，将监测数据整理绘制测斜管累积位移折线图，用时间折线表示不同高程的位移值的变化状况。

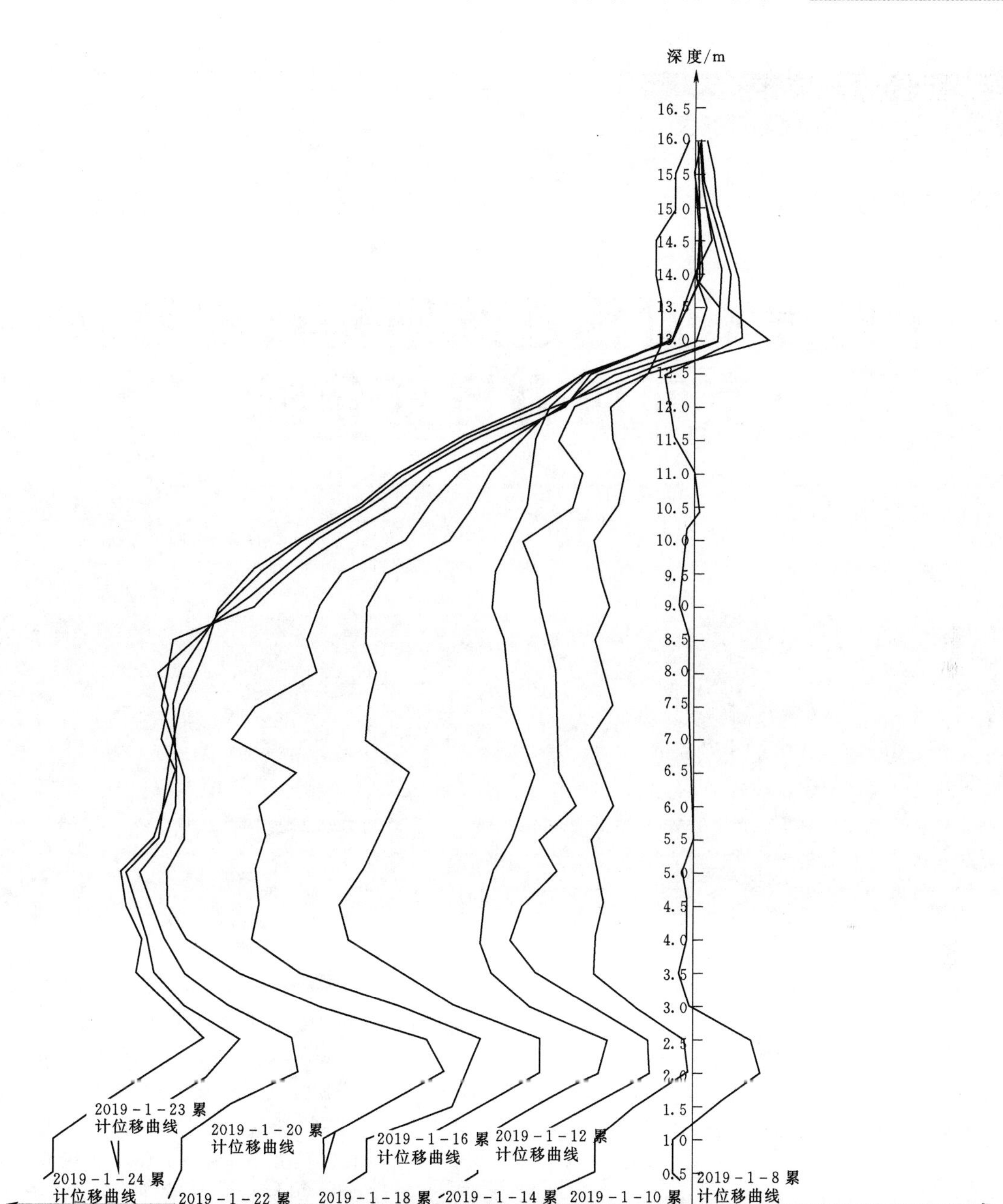

图2　沉井下沉测斜管累计位移折线图

5　结语

沉井施工技术在国内已经很成熟，尤其是长三角地区，但是嘉兴地区的沉井工程规模相对较小。在整个工程施工过程中，经过多次科学组织、精细施工尝试总结一套适合本地区地质条件的沉井下沉技术。

参考文献

[1]　韩睿，杜海涛. 连续沉井下沉施工技术 [J]. 中国水运，2011 (11)：250-254.

[2]　常大宝. 沉井下沉施工过程中的关键技术 [J]. 交通科技，2011 (4)：41-43.

[3]　苏波，段志东，伍明强. 小型沉井式车库施工与监测 [J]. 施工技术，2018，47 (13)：108-110，115.

[4]　陈泽川，陈明实，尹国平. 复杂地质大型沉井下沉监测技术探讨 [J]. 四川建筑，2018，38 (6)：80-82.

[5]　王林涛，万飞明. 大直径沉井施工技术的研究和应用 [J]. 中国水运（下半月），2018，18 (9)：254-256.

本栏目审稿人：李林

大跨度不对称连续刚构桥零号块空间应力仿真分析

付亚伟/广州第二代建项目部
刘　强/广州工程设计室

【摘　要】 以某工程不对称连续刚构桥为背景，运用 MIDAS/CIVIL 计算软件进行全桥整体分析，根据圣维南原理使用 ANSYS 建立零号块空间有限元实体精细化模型，并对零号块施工最大悬臂阶段与承载能力极限状态基本组合两个工况进行空间应力分析。结果表明：施工最大悬臂阶段预应力张拉锚固附近处存在局部应力集中现象且最大悬臂时顶板钢束张拉较多易引起底板开裂；零号块的主要受拉区域为横隔板过人孔上下附近区域、横隔板与底板和顶板的交界位置处、双肢薄壁墩与箱梁零号块交界处以及顶板预应力钢筋锚固位置的附近区域；承载能力极限状态基本组合下受力均匀合理，零号块的顶板、腹板、底板主要表现为受压，其中较大压应力分布在顶板和腹板上半部分，顶板处于三向压应力状态。

【关键词】 不对称连续刚构　零号块　三向预应力　空间应力分析

1　引言

零号块是刚构桥的关键部位，其构造复杂，且存在纵向、横向及竖向预应力的作用，使其成为全桥应力分布较为复杂及易开裂的部位，而且主桥结构施工过程中存在着体系转换，结构局部变形受力更加复杂[1-5]。而对于不对称连续刚构桥，两零号块受力差别较大，有必要对零号块进行精细化空间仿真分析，分析不对称零号块的受力特点，确保零号块受力合理。本文以某工程不对称连续刚构桥为背景，桥跨布置为（53＋128＋92）m，两边中跨比差别较大，基于大型通用有限元软件 ANSYS 建立不对称连续刚构桥的零号块空间有限元精细化模型，分析不对称零号块的受力特点。

2　工程概况与有限元模型

2.1　工程背景

本桥桥跨布置为（53＋128＋92）m，边、中跨比分别为 0.414、0.719，两边跨不对称比例差很大。零号块混凝土采用 C50；零号块纵向预应力筋采用 16ϕs15.2、17ϕs15.2、19ϕs15.2 三种型号钢绞线，张拉控制应力为 1395MPa；横向预应力筋采用 1ϕs15.2 钢绞线和 ϕ25 精轧螺纹钢筋两种规格，张拉控制力分别为 194kN 和 328kN；竖向预应力筋采用 4ϕs15.2 钢绞线和 ϕ25 精轧螺纹钢筋两种规格，张拉控制力分别为 750kN 和 328kN。零号块立面和断面如图 1 所示。

2.2　计算模型与计算参数

由圣维南原理[6-7]可知，零号块的应力分布只与其附近区域的应力状态有关，而远离零号块的区域中的应力状态，对零号块的应力分布影响很小，一般可以忽略不计。所以，取出零号块，并考虑零号块附近区域的作用，进行空间应力分析。根据圣维南原理，结构端部长度（宽度）范围外受力与端部荷载形式无关，本模型建到 3 号块。在对零号块分析时先用 MIDAS/CIVIL 软件对桥梁做整体计算，即计算出 3 号块结合面处各种工况荷载组合作用下的弯矩、轴力和剪力，将其转换为相应的边界力，再将其转化为 ANSYS 分析模型相应截面上的分布面力和节点集中力，然后再按空间有限元法分析零号块的应力状况。零号块边界力的施加通过3号块进行传递，3号块端部截面形心作为主节点，面内其他节点为从节点，将两者的自由度进行耦合，以方便边界集中力的施加。零号块计算模型及有限元边界处理如图2所示。

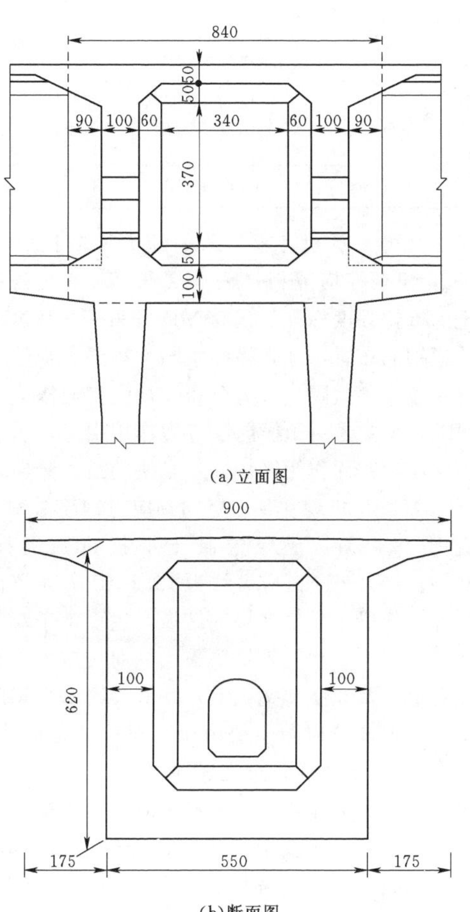

图1　零号块立面与断面图（单位：cm）

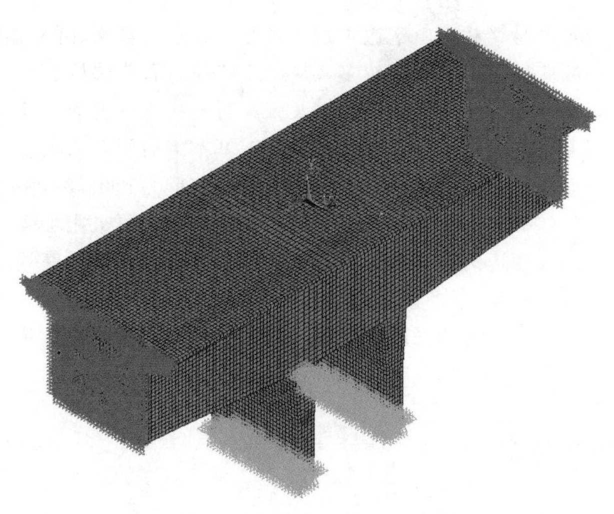

图2　零号块计算模型和有限元边界处理

本文主要关注零号块和横隔板的受力情况，箱梁混凝土采用SOLID65单元模拟，箱梁的三向预应力钢筋作用采用整体施加的方式，以LINK8单元模拟预应力钢筋并通过施加初应变的方法实现其作用。纵向、横向及竖向预应力筋有限元模型如图3所示。

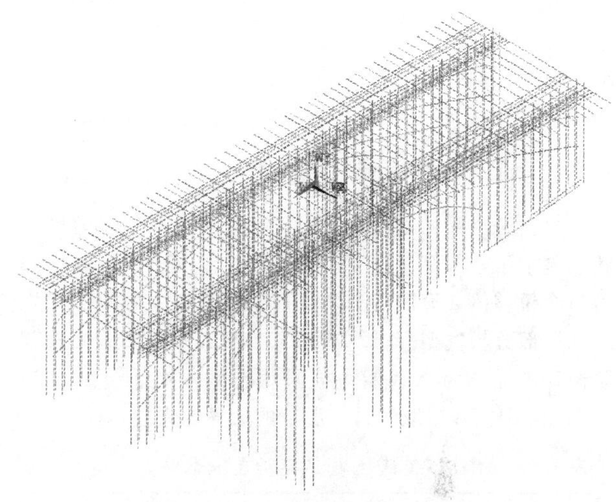

图3　纵向、横向及竖向预应力筋有限元模型图

本文模型建立及相关参数如下：

(1) 零号块混凝土采用SOLID65单元模拟，主要采用从下向上的方法，分别建立各箱梁节段、横隔板、倒角，再对其进行布尔运算形成。

(2) 桥墩混凝土采用SOLID65单元模拟，通过对零号块底面的相对应的面拉伸来形成墩身实体模型。

(3) 纵向、横向和竖向预应力筋采用LINK8单元模拟，预应力模拟方法采用初应变法[8-9]，LINK8单元预应力筋与其节点附近混凝土节点耦合。

(4) 约束条件：梁端截面形心处建立MASS21单元，并和梁端节点耦合形成刚性面，桥墩底部固结。

(5) 计算荷载：考虑施工最大悬臂阶段、承载能力极限状态基本组合两个工况进行计算。

3　有限元分析方法

利用有限元弹塑性理论[10]的几何方程、本构方程、虚功原理或位能变分方程求解单元节点力与节点位移关系的表达式，即单元刚度矩阵。根据几何方程可以建立单元内的应变矩阵表达式［式(1)］。

$$\{\varepsilon\}=[B]\{\delta\}^e \tag{1}$$

对于小变形线弹性问题，根据物理方程建立单元内的应力矩阵［式(2)］。

$$\{\sigma\}=[D]\{\varepsilon\}=[D][B]\{\delta\}^e \tag{2}$$

根据虚功原理可以求出单元中的节点力［式(3)］。

$$\{F\}^e=[K]\{\delta\}^e \tag{3}$$

对于结构是任意一点建立平衡方程可以得到结构整

体有限元平衡方程［式（4）］。

$$[K]\{\delta\}=\{R\} \tag{4}$$

式中：$[B]$ 为几何矩阵；$[D]$ 为弹性矩阵；$[K]$ 为整体劲度矩阵；$\{\delta\}$ 为整体节点位移矩阵；$\{R\}$ 为整体节点荷载矩阵。

4 计算分析及结果

4.1 工况与荷载施加

本文研究零号块施工最大悬臂阶段、承载能力极限状态基本组合两个工况下的局部受力分析。3 号块端部力由全桥整体计算而得到，并且以节点集中力的形式施加到局部分析模型 3 号块端部。工况 1 为施工最大悬臂阶段，工况 2 为承载能力极限状态基本组合。表 1 为 MIDAS/CIVIL 提取两种工况下的边界内力。

表 1　MIDAS/CIVIL 提取两种工况下内力

工况	截面位置	内力性质	最大内力
工况 1	左截面	轴力/kN	−87.8
		剪力/kN	1627.6
		弯矩/(kN·m)	−48411
	右截面	轴力/kN	−87.8
		剪力/kN	1627.6
		弯矩/(kN·m)	−48411
工况 2	左截面	轴力/kN	−529.2
		剪力/kN	10081.3
		弯矩/(kN·m)	114614.3
	右截面	轴力/kN	−2341.2
		剪力/kN	14585.3
		弯矩/(kN·m)	192897.8

4.2 分析结果

零号块在两种工况下应力计算结果见表 2。

表 2　零号块应力计算结果

位置	应力类型		应力/MPa	规范限值/MPa	是否满足
工况 1	横桥向	拉应力	1.99	2.65	是
		压应力	5.15	32.4	是
	竖桥向	拉应力	1.48	2.65	是
		压应力	8.18	32.4	是
	纵桥向	拉应力	3.49	2.65	否
		压应力	25.8	32.4	是
	VonMises 应力	Seqv	23.5	32.4	是
工况 2	横桥向	拉应力	3.7	2.65	否
		压应力	4.64	32.4	是
	竖桥向	拉应力	1.43	2.65	是
		压应力	19.2	32.4	是
	纵桥向	拉应力	1.27	2.65	是
		压应力	17.7	32.4	是
	VonMises 应力	Seqv	18.3	32.4	是

由表 2 可以看出，零号块的最大横向拉应力约为 3.7MPa，出现在横隔板过人洞底部，不满足规范 C50 混凝土的抗拉强度标准值 2.65MPa，采用加强过人孔周边的普通钢筋布置，加强横隔板与梁顶、底板的连接处理，可有效改善横隔板应力分布。最大横向压应力约为 4.64MPa，主要是由于横向预应力作用引起，出现在顶板横向预应力锚固作用区域。零号块的最大竖向拉应力约为 1.43MPa，出现在顶板竖向预应力钢筋锚固位置附近一定距离位置，满足混凝土的抗拉强度标准值 2.65MPa。最大竖向压应力约为 19.2MPa，主要出现在桥墩顶部与箱梁零号块连接的区域，主要由于双肢薄壁墩中竖向预应力引起。零号块最大纵向拉应力分布在整块横隔板上以及双肢薄壁墩上，其值大约 1.27MPa，双肢薄壁墩上出现拉应力主要由于不对称结构荷载引起。最大纵向压应力主要分布在整个顶板区域，其值大约 17.7MPa。零号块等效应力的较大值分布于横隔板过人孔上下一定范围，主要由于横隔板处竖向预应力引起，横隔板与顶板预应力筋锚固的交界处的等效应力最大，最大值约为 18.3MPa，符合 C50 混凝土强度的要求。

由表 2 可以看出，施工最大悬臂阶段下与承载能力极限状态基本组合下的应力分布规律明显不同，施工阶段最大悬臂状态由于边中跨比较小、未进行体系转换且顶板张拉预应力钢束较多，易出现张拉过程中锚固处附近局部应力集中导致开裂以及张拉过程中底板开裂，应引起足够重视。承载能力极限状态基本组合下，截面受力合理，除了横隔板过人孔处横桥向拉应力超出规范限制外，拉、压应力均满足规范规定的限值，可采用加强过人孔周边的普通钢筋布置，加强横隔板与梁顶、底板的连接处理，改善横隔板应力分布。承载能力极限状态基本组合下第四强度等效应力最大值为 18.3MPa，满足规范要求，结构空间应力具有较大安全储备。

5 结论

针对该主跨为 128m 的大跨不对称连续刚构桥的零号块，进行施工最大悬臂阶段和承载能力极限状态基本组合的应力分析，考虑零号块中各种最不利内力组合，得出以下结论：

（1）施工阶段最大悬臂状态由于边中跨比较小、未进行体系转换且顶板张拉预应力钢束较多，易出现张拉过程中锚固处附近局部应力集中导致开裂以及张拉过程中底板开裂，设计中应加强锚固处构造措施防止开裂。

（2）零号块的主要受拉区为横隔板过人孔上下附近区域、横隔板与底板和顶板的交界位置处、双肢薄壁墩与箱梁零号块交界处以及顶板预应力钢筋的锚固位置附近区域。

（3）承载能力极限状态基本组合下本桥零号块受力均匀合理，零号块的顶板、腹板、底板主要表现为受压，其中较大压应力分布在顶板和腹板上半部分，顶板处于三向压应力状态，最大拉应力和最大压应力值均满足规范要求。

（4）由于本模型没考虑普通钢筋的作用，实际结构中配有较多普通钢筋，有较好的应力传递作用，以及防止局部受拉开裂，这对结构应力分布是有利的。

参考文献

［1］ 文明. 连续刚构桥零号块空间应力仿真分析［J］. 铁道标准设计，2013（3）：77－79.

［2］ 原学明，黄泰鑫，韩卫娜. 超长联连续梁零号块实体分析［J］. 公路工程，2015，40（4）：185－188.

［3］ 周家新. 重庆鱼洞长江大桥零号块实体分析方法［J］. 铁道建筑技术，2008（S2）：97－99.

［4］ 宫玉明. 连续刚构桥0号块空间应力分析［J］. 公路交通科技，2016，33（6）：83－87.

［5］ 熊敏，胡峰强，邱衍坚，等. PC连续箱梁桥0号块受力性能的影响参数分析［J］. 世界桥梁，2016，44（2）：47－52.

［6］ 张德凤. 圣维南原理和轴向拉（压）正应力公式的研究［J］. 河北工业科技，1993（2）：53－61.

［7］ 谢肖礼，彭文立，秦荣. 圣维南原理在钢管混凝土拱桥分析中的应用［J］. 中国公路学报，2001，14（2）：33－35.

［8］ 王新敏. ANSYS工程结构数值分析［M］. 北京：人民交通出版社，2007.

［9］ 李立峰，王连华. ANSYS土木工程实例详解［M］. 北京：人民邮电出版社，2015.

［10］ 王勖成. 有限单元法［M］. 北京：清华大学出版社，2003.

起重机械设计中吊耳连接结构设计验算方法分析

谭　恺/山东电力建设第一工程有限公司
李　靖/山东丰汇设备技术有限公司

【摘　要】 通过对常用顶式吊耳受力分析，比较了多种应力强度计算公式的计算结果，提出了一套简单实用的吊耳设计校核方法，得出吊耳轴孔直径小于100mm时，进行设计验算时可忽略吊耳产生的曲梁效应，当$d_2 \geqslant 100$mm建议考虑吊耳产生的曲梁效应对吊耳整体受力产生的影响的结论。

【关键词】 吊耳　受力分析　曲梁效应　验算校核

1　引言

吊耳销轴连接方式是机械零部件间连接的常用方式之一，由于结构简单、安拆简便快捷，得到了越来越广泛的应用。但是由于吊耳销轴连接方式受力复杂，计算难度大，特别是吊耳部分，存在受拉、受压等多种工况，吊耳局部受到拉应力、压应力和剪切应力单独作用，以及多种应力叠加作用，给设计人员进行吊耳设计和强度校核带来了不小的难度。

2　吊耳的受力分析

连接吊耳根据受力方式可分为受拉吊耳、受压吊耳和受拉压力吊耳。根据设计计算要求，受拉吊耳需计算吊耳的抗剪计算、局部承压计算和抗拉计算；受压吊耳需进行吊耳局部承压计算和受压计算。根据应力计算公式和各许用应力的极限强度，吊耳拉、压工况中受力情况、变形趋势和破坏趋势可知，吊耳的抗剪切能力是各项力学指标中最弱的一环，吊耳在受拉工况中所受承载力小于受压工况。因此，本文主要对受拉形式吊耳的设计及强度校核的方法进行分析。

根据吊耳销轴连接方式的工作原理和受力方式，在重合于吊耳竖直轴向力F的作用下，受拉吊耳的有效受力区域为：A－A截面为主要受剪切力截面，B－B截面为主要受拉伸力截面，B－B截面轴孔上半部分面积为主要局部受压区域。根据《起重机设计规范》（GB 3811—2008）中对需用应力的取值要求$[\sigma_m]=1.4[\sigma]$、$[\tau]=[\sigma]/\sqrt{3}$，以及各受力截面和区域应力的大小［式（1）～式（3）推断］可知，吊耳销轴连接方式最容易以剪切破坏的方式产生破坏，最容易破坏的区域为A－A截面。如图1所示。

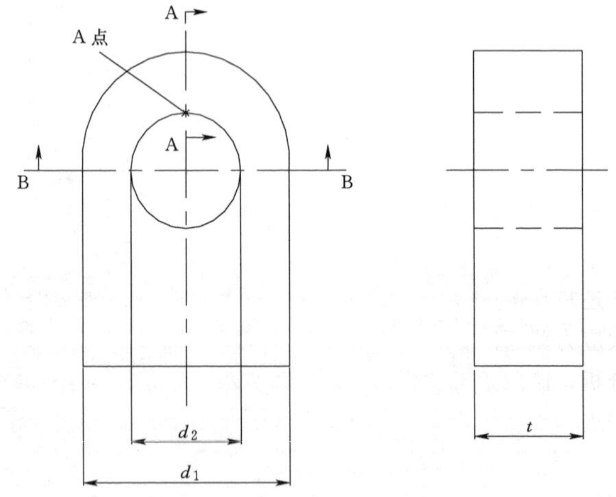

图1　吊耳基本尺寸

$$\sigma=\frac{\frac{1}{2}F}{\frac{1}{2}(d_1-d_2)\times t} \tag{1}$$

$$\sigma_m=\frac{F}{d_2\times t} \tag{2}$$

$$\tau=\frac{F}{\frac{1}{2}(d_1-d_2)\times t} \tag{3}$$

式中：F 为吊耳竖直方向受力，N；σ 为拉伸应力，MPa；σ_m 为局部挤压应力，MPa；τ 为剪切应力，MPa；d_1 为吊耳外圆弧直径，mm；d_2 为吊耳轴孔直径，mm；t 为吊耳厚度，mm；$[\tau]$ 为剪切许用应力，MPa。

3 主要的吊耳设计验算方法

处于拉升状态下的吊耳在 A－A 截面承受主要剪切力，B－B 截面主要承受拉伸力，B－B 截面轴孔上半部分面积主要承受局部挤压力。通过对式（1）和式（2）分析可知，吊耳 A－A 截面所受的剪切力始终为 B－B 截面所受拉伸力的两倍，A－A 截面为吊耳受拉工作状态下的最危险截面之一。由于 B－B 截面轴孔上半部分面积需要承受销轴给予吊耳的挤压应力，为了防止局部挤压应力过大产生的吊耳变形破坏，还需要进行局部挤压应力计算，确保局部挤压应力小于或等于需用应力。综上所述，在进行吊耳设计时，首先需要保证A－A截面抗剪强度满足要求，即 $\tau\leqslant[\tau]$，同时保证上半部分轴孔面积的局部挤压应力 $\sigma_m\leqslant[\sigma_m]$，可不进行B－B截面的拉应力计算。由于吊耳轴孔与 A－A 截面结合处即承受剪切应力，又承受局部挤压应力，属于复合应力承受区，所以在对吊耳设计计算时需要保证复合应力下小于或等于 $[\sigma]$［式（4）］。

$$\sigma_{复合}=\sqrt{\sigma_m^2+3\tau^2}\leqslant[\sigma] \tag{4}$$

当吊耳销轴孔径过大时（$d_2\geqslant100$mm），会造成销轴与吊耳孔壁的局压接触长度不足 d_2，根据研究此时可取 $0.75d$ 进行计算。与此同时，随着销轴孔径的增加，在拉力作用下吊耳上部受力区域的曲梁效应越发显现，即吊耳上部受力区域除受剪切力和局部挤压力外，拉力 F 还将在吊耳受力区域产生一个弯矩，且弯矩产生的最大应力截面同为 A－A 截面。根据曲梁受力和约束形式分析，该曲梁可简化为两段固定形式梁，为了便于计算可进一步简化为简支梁进行曲梁弯矩计算（该受力状态下 A－A 截面以简支梁模型计算所得弯矩要大于两端固定梁），曲梁的有效弯矩计算长度可取吊耳内圆与外圆间中心线直径。

由于弯矩作用在 A－A 截面所产生的应力 $\sigma_{A\text{-}A_{max}}$［计算方法详见式（7），计算 $\sigma_{A\text{-}A_{max}}$ 所需的弯矩 M_{max} 和销轴所产生的均布载荷 q 的计算公式见式（5）、式（6）］要小于该截面的剪切应力，且 σ_1 的许用应力 $[\sigma]>[\tau]$，所以在计算时可不用单独验算 $\sigma_{A\text{-}A_{max}}$，只需代入复合应力中进行综合验算［计算式（8）］。

$$M_{max}=\frac{0.75qd_2d_3}{8}\left(2-\frac{0.75d_2}{d_3}\right) \tag{5}$$

$$q=\frac{F}{0.75d_2} \tag{6}$$

$$\sigma_{A\text{-}A_{max}}=\frac{M_{max}y}{I_Z} \tag{7}$$

$$\sigma_{复合}=\sqrt{\sigma_m^2+\sigma_{A\text{-}A_{max}}^2+3\tau^2}\leqslant[\sigma] \tag{8}$$

式中：$[\sigma]$ 为正许用应力，MPa；σ_m 为挤压许用应力，MPa；M_{max} 为 A－A 截面承受最大弯矩，N·m；q 为吊耳轴孔承受的单位长度平均载荷，N/m；$\sigma_{A\text{-}A_{max}}$ 为弯矩 M_{max} 在 A－A 截面产生的最大正应力，MPa；I_Z 为惯性矩，mm^4；y 为应力至惯性矩中心的距离，mm。

现阶段计算机有限元分析计算技术已经非常普及，在吊耳的设计计算过程中也可以用到有限元分析计算技术。该技术只需要建立好模型，设定好边界条件，完成载荷加载就可由计算机自行进行运算分析。分析计算结果可全面展现吊耳各个位置的受力、应力和变形情况，预判破坏形式。特别是有限元分析计算技术还可根据材料的力学性能进行非线性分析计算，这样能够更加准确地得到吊耳的应力和变形结果。

4 吊耳强度验算分析

以图 1 所示形式吊耳为例，吊耳 d_1 为 180mm，d_2 为 60mm，t 为 40mm，吊耳采用 Q345B 钢制作，在吊耳销轴孔处受到竖直向上拉力 F 为 350kN，模拟进行吊耳受拉强度验算。

4.1 验算方法 1

该方法中，仅考虑吊耳 A－A 截面受剪切力，B－B 截面轴孔上半部分受挤压力，吊耳 A 点位吊耳最大应力点。

$$\sigma_m=\frac{F}{d_2\times t}=\frac{300000\text{N}}{60\text{mm}\times40\text{mm}}=125\text{MPa}<[\sigma_m]$$

$$\tau=\frac{F}{\frac{1}{2}(d_1-d_2)\times t}=\frac{300000\text{N}}{\frac{1}{2}(180\text{mm}-60\text{mm})\times40\text{mm}}$$

$$=125\text{MPa}<[\tau]$$

$$\sigma_{复合}=\sqrt{\sigma_m^2+3\tau^2}=\sqrt{125\text{MPa}^2+3\times125\text{MPa}^2}$$

$$=250\text{MPa}\leqslant[\sigma]$$

Q345B 钢力学性能为：$[\sigma_m]=360$MPa、$[\tau]=149$MPa、$[\sigma]=257$MPa。

按照该方法验算可知，该吊耳能够承受 300kN 竖直向上拉力。

4.2 验算方法2

该方法中，认为吊耳A-A截面受剪切力，B-B截面轴孔上半部分受挤压力，同时受挤压区域产生曲梁效应，吊耳A点位吊耳最大应力点。

$$\sigma_m=\frac{F}{d_2\times t}=\frac{300000\text{N}}{60\text{mm}\times 40\text{mm}}$$

$$=125\text{MPa}<[\sigma_m]$$

$$\tau=\frac{F}{\frac{1}{2}(d_1-d_2)\times t}=\frac{300000\text{N}}{\frac{1}{2}\times(180\text{mm}-60\text{mm})\times 40\text{mm}}$$

$$=125\text{MPa}<[\tau]$$

$$M_{\max}=\frac{qd_2d_3}{8}\left(2-\frac{d_2}{d_3}\right)$$

$$q=\frac{F}{d_2}=\frac{300000\text{N}}{60\text{mm}}=5000\text{N/m}$$

$$d_3=d_2+0.5\times(d_1-d_2)=60\text{mm}+0.5\times(180\text{mm}-60\text{mm})=120\text{mm}$$

$$M_{\max}=\frac{qd_2d_3}{8}\left(2-\frac{d_2}{d_3}\right)$$

$$=\frac{5000\text{N/m}\times 60\text{mm}\times 120\text{mm}}{8}\left(2-\frac{60\text{mm}}{120\text{mm}}\right)$$

$$=6750000\text{N}\cdot\text{m}$$

$$I_Z=\frac{0.5\times(d_1-d_2)^3\times t}{12}$$

$$=\frac{0.5\times(180\text{mm}-60\text{mm})^3\times 40\text{mm}}{12}$$

$$=2880000\text{mm}^4$$

$$\sigma_{\text{A-A}_{\max}}=\frac{M_{\max}y}{I_Z}=\frac{6750000\text{N}\cdot\text{m}\times 30\text{mm}}{2880000\text{mm}^4}$$

$$=70.31\text{MPa}$$

$$\sigma_{复合}=\sqrt{\sigma_m^2+\sigma_{\text{A-A}_{\max}}^2+3\tau^2}$$

$$=\sqrt{125\text{MPa}^2+70.31\text{MPa}^2+3\times 125\text{MPa}^2}$$

$$=259.7\text{MPa}\gg[\sigma]$$

按照该方法验算可知，该吊耳不能够承受300kN竖直向上拉力。

4.3 验算方法3

采用有限元分析计算的方式进行吊耳强度校核。有限元分析软件选用Workbence。分析模拟边界条件设定为：吊耳底部固定约束，在由于B-B截面轴孔上半部分面积均匀施加300kN竖直向上拉力。最大应力点A点复合应力为250.2MPa，与验算方法2更为相近。分析结果如图2、图3所示。

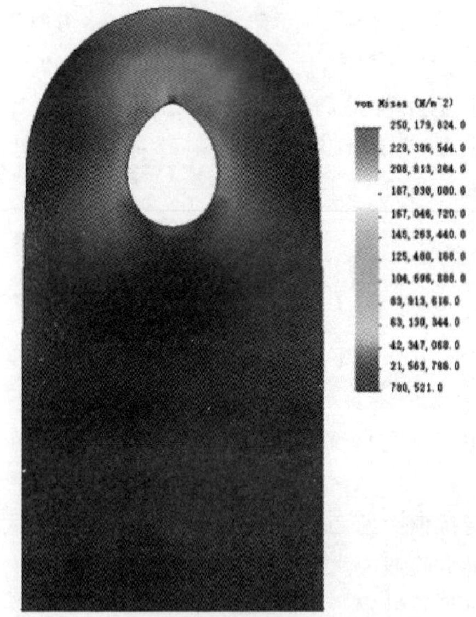

图2 吊耳受力变形趋势

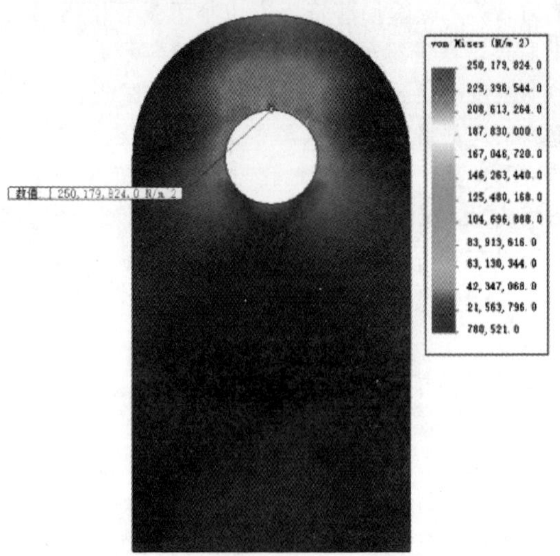

图3 吊耳受力最大应区域及应力值

5 验算方法对比分析

为了能够更加准确地掌握受拉工况吊耳曲梁效应对吊耳强度校核产生的影响，方便设计人员进行吊耳设计和校核。选取了3组吊耳厚度t相同，吊耳外径d_1和内径d_2比值相同，施加能够在吊耳A-A截面产生125MPa左右大小剪切力的竖直拉力F。吊耳尺寸参数及受力大小见表1。

通过计算发现，当$d_2<100$mm时，由于考虑了吊耳的曲梁效应，曲梁效应产生的弯曲正应力，会使吊耳A-A截面处最大复核应力较不考虑时增大8.4%左右。当$d_2\geqslant 100$mm时，由于销轴与吊耳孔壁的局压接触长度不足d_2，吊耳的曲梁效应更加明显，曲梁效应产生的弯曲正应力，会使吊耳A-A截面处最大复核应力较不考虑时增大9.8%左右。所以在进行吊耳强度验算校核

表 1　　各对比组吊耳尺寸参数、受力大小及相关应力值表

组别	F /kN	d_1 /mm	d_2 /mm	t /mm	方法 1			方法 2				方法 3
					σ_m /MPa	t /MPa	$\sigma_{复合}$ /MPa	σ_m /MPa	t /MPa	$\sigma_{A\text{-}A\max}$ /MPa	$\sigma_{复合}$ /MPa	$\sigma_{复合}$ /MPa
1	150	120	60	40	62.5	125	225.35	62.5	125	93.75	244.07	235.0
2	250	200	100	40	83.33	125	231.99	83.33	125	105.47	254.84	245.4
3	380	300	150	40	84.44	126.67	235.08	84.44	126.67	106.88	258.24	249.1

时可以按照方法一进行校核，只需要在已选安全系数的基础上再加上10%的余量，这样设计出来的吊耳是可以满足实际使用的。由于吊耳曲梁效应弯矩所产生的弯曲正应力占总复合应力的比值较小，当吊耳安全余量充足时可不考虑吊耳的曲梁效应。

6　结语

吊耳销轴连接方式结构相对简单，但是受力复杂。根据金属材料力学性能吊耳的破坏形式主要是在受拉工况中主受力截面剪切破坏。本文介绍了吊耳销轴连接的受力方式，分析了吊耳变形破坏机理，明确了在受拉工况中吊耳的破坏形式、最危险截面。通过对三种吊耳设计验算方法的比较研究，可以认为在吊耳轴孔直径小于100mm时在进行设计验算时可忽略吊耳产生的曲梁效应，当$d_2 \geqslant$100mm建议考虑吊耳产生的曲梁效应对吊耳整体受力产生的影响。

大跨度超宽桥面斜拉桥关键施工技术

吴　昊/中国水利水电第十一工程局有限公司

【摘　要】郑州中牟贾鲁河斜拉桥主塔预应力混凝土构件高78m，斜塔形式及高度在国内外均属罕见，宽度上为同类型桥梁亚洲之最。中国水利水电第十一工程局有限公司在桥梁施工中开展多项技术创新，通过优化临河深基坑围挡结构，解决了河道分期导流与基坑支护侵界难题；取得了主承台大体积混凝土温控技术成果；研发爬模及智能监测系统，保证了主塔的施工安全；在爬模变截面收分、高墩预应力钢束精准定位、预应力管道排气安装和压浆技术、超宽钢箱梁吊装和消除焊接应力等方面均取得了新的突破，可为同类工程参考和借鉴。

【关键词】大跨度斜拉桥　主塔　创新　关键技术

1　工程概况

郑州贾鲁河大桥位于中牟县人文路与贾鲁河相交处，桥梁全长526.0m，桥宽55m，桥梁面积28930m^2，其中主桥长190m，宽55m，桥梁面积10450m^2，南引桥长150.05m，宽55m，北引桥长179.95m，宽55m，引桥面积18480m^2。主桥（30＋120＋40）m为双索面无背索独塔斜拉桥，钢箱梁全宽55m，桥塔结构为空心断面钢筋混凝土，桥塔支承采用塔梁固结方式，并布置18根斜索及阻尼装置将斜塔与钢箱梁相接。

2　工程施工重点、难点

（1）主塔位于贾鲁河河槽内，河内常年流水，地下水稳定水位高出承台顶部高程3.50m以上；承台基坑开挖面积长47m，宽53m，开挖深度为12.66m。基坑围护结构受汛期水流影响，稳定安全问题较突出。

（2）主塔承台长44m，宽28m，高5m，混凝土浇筑量5360m^3，两端矩形结构通过中间系梁连接成一个整体，属于大体积混凝土施工，控制混凝土内部水化热温升避免引起承台开裂对桥梁整体安全至关重要。

（3）主塔上塔柱高60m，分10段施工，每一节段与钢箱梁节段同步施工，主塔与钢箱梁通过斜拉索连接互相平衡并形成整体，保证钢箱梁与索塔整体稳定是桥梁施工成败的关键。

（4）钢箱梁长100m，分11段拼接，最大单节重达365t，采用厂内分块制作，现场拼接作业时，吊装过程中钢箱梁受力复杂，对吊装作业要求高。

3　关键施工技术应用

3.1　主塔承台围挡结构施工技术

主塔承台位于贾鲁河主槽内，为减少承台施工期间因河道束窄影响主河槽行洪，临近河道侧采取钢板桩围堰挡水，既减少了围堰填筑占用河面宽度，又防止了汛期水流对围堰裹头的冲刷破坏；承台基坑临河及顺水流上下游方向采用钢板桩围挡结构，降低了基坑围挡的施工成本。钢板桩选用拉森Ⅲ型或拉森Ⅳ型钢板，为了满足承台施工需要，钢板桩围挡平面尺寸向承台开挖线外延2m，临河侧钢板桩围堰与钢板桩围挡结构之间预留4m宽作为承台基坑施工通道。

钢板桩施工前先定位，在基坑开挖边线边角处设控制点，并向外延至10m处设监控点，在承台施工过程中，对钢板桩位移进行监控。

钢板桩围挡结构自上而下设置三层工字钢横向围檩，根据水压力和土压力计算土体锚索长度和锚固长度。为防止土体锚索侵界进入相邻承台基坑围挡内，对锚索锚固端采取偏心钻头进行扩孔处理减少锚固长度，并结合引桥承台取得的观测数据，首次引用了围挡结构土压力矩形计算或围土孔隙率水压力计算理念，结合钢板桩围堰挡水、减少钢板桩围挡深度的实施，既控制了主承台围挡结构安全，又减少了围挡结构侵界的可能，在展开主承台施工的同时，保证了相邻承台施工的正常进行。

3.2 主塔承台混凝土温控措施

贾鲁河大桥主塔承台长44m，宽28m，高5m，混凝土浇筑方量5360m^3，两端结构通过中间连系梁连接成整体，属于大体积异形体混凝土。

主塔承台混凝土结构整体庞大，体形变化，且因结构需要采取一次成型浇筑。为消除混凝土硬化过程中由于水泥水化热散发差异大，造成混凝土结构物内、外温差悬殊产生温度应力的影响，防止温度应力超过混凝土极限抗拉强度产生裂缝危及主桥整体安全，对主桥承台混凝土浇筑采取温控措施更加凸显其重要性，尤其是平面上断面突变部位的防裂需要采取更加慎重的预防措施。

根据大体积混凝土温度控制相关要求，主塔承台混凝土施工时，严格按照混凝土内外温差不大于22℃、混凝土表面温度与大气温度之差不大于20℃作为控制温度控制的标准，并由浇筑气温推算出控制最大水化热温升。在混凝土浇筑冷却阶段控制混凝土降温速率不得超过2℃/d，并严格控制冷却水进出口温差和混凝土内外部温差在温度控制标准的可调整范围内。

为此，主塔承台混凝土浇筑温度控制采取以下措施：

(1) 混凝土配合比的优化：采用低水化热、水化热均匀的胶凝材料，掺加粉煤灰、矿粉胶凝材料，延长混凝土水化热释放时间，降低混凝土内部温升幅度和温度峰值；采用级配良好的优质水洗中砂；石料采用5～25mm连续级配、空隙率小、线膨胀系数小、含泥量不超过1%的碎石，提高混凝土自身防裂能力；采用高效减水剂降低混凝土单位用水量，从而降低水泥用量；掺加泵送剂，保证混凝土具有良好的和易性和黏聚性，不离析、不泌水。

(2) 冷却水管布置：在主桥承台高度方向共布置4层冷却水管，上下冷却水管分别位于顶面和底面70cm处，中间层间距120cm；在主桥承台平面方向均布置冷却水管，距混凝土表面控制距离70cm，冷却水管间距按120～150cm间隔分布，并按承台东、西、中分开单独布置成独立的冷却系统。冷却水管采用32mm标准铸铁水管，冷却水根据闷管和埋设的温度计测定混凝土内部温度后，按照混凝土内部温度与水温温差不大于20℃控制进水温度，并根据进回水温差调整通水冷却速度和通水量，控制降温速率不大于1℃/d，控制进回水温度差不大于2℃。为防止冷却降温引起混凝土内部温差过大，每天对进回水管的方向进行交换。

此外，在主塔承台混凝土浇筑过程中，采取均匀分层和仓面保温，防止混凝土层间温度回升产生差异；在混凝土浇筑完成后对表面采取二次收面工艺，并用塑料薄膜保护，防止表面产生干缩和龟裂缝诱导温度裂缝；在浇筑前预埋测温元件，对混凝土内部温度进行监控、提供温度控制成果资料，方便温控措施的调整和落实。

3.3 主塔模板设计

斜塔由于其结构及受力的独特性和复杂性，既要考虑塔柱自身抗弯能力，还要考虑爬模承受每次浇筑混凝土自重的能力，尤其是斜塔下面一侧。同时还要综合考虑工期要求、爬模制作成本等因素。

郑州贾鲁河大桥主塔柱共分为10节，标准节段竖向距离为6m。

3.3.1 爬模体系组成

3.3.1.1 液压爬升体系

该体系包括预埋固定件、附墙悬挂件、爬升导轨、自锁提升件、液压缸、液压泵站等。

3.3.1.2 模板体系

模板由6mm热轧面板、型钢骨架和对拉丝杆组成。模板的分块尺寸综合考虑下塔柱与上塔柱施工，并便于灵活拆装。

3.3.1.3 工作平台体系

工作平台共分5层，0＃主工作平台用于调节和支立外侧模，1＃、2＃平台用于绑扎钢筋和浇筑混凝土，－1＃平台主要用于爬升操作，－2＃平台用于拆卸锚固件和混凝土修整。

3.3.1.4 爬升体系

爬升轨道设计为整根型材，除了设计分节处，不允许出现焊接接头，并统一铣边，保证外形尺寸在同一精度内。爬轨齿块焊接时，将全部轨道摆在同一平面上，固定好并划线后焊接，同组齿块间距尺寸误差在±0.5mm之内，安装时能互换。轨道两端头与销孔连接处接头全部进行倒角并抛光处理，销孔精度控制在±0.2mm。爬升体系示意图如图1所示。

3.3.1.5 爬模的开模

混凝土浇筑完后，将模板及对拉丝杆拆开，模板横移通过安装在模板支撑框架上的液压缸将外模打开，每侧爬升框架设置2只液压缸，每套爬模共设8只开模液压缸。

3.3.2 液压系统工作原理

爬模的顶升运动通过液压油缸对导轨和爬架交替顶升来实现，导轨和爬模架二者之间可进行相对运动。在爬模架处于工作状态时，导轨和爬模架都支撑在埋件支座上，两者之间无相对运动。退模后可在退模留下的爬锥上安装受力螺栓、挂座体及埋件支座，调整上下换向盒舌体方向来顶升导轨。待导轨顶升到位，就位于该埋件支座上后，操作人员可转到下平台去拆除导轨提升后露出的下部埋件支座、爬锥等。在解除爬模架上所有拉结之后开始顶升爬模架，这时候导轨保持不动，调整上下舌体方向后启动油缸，爬模架就相对于导轨向上运动。通过导轨和爬模架这种交替附墙，提升对方，爬模架沿着墙体上升，直到坐落于预留爬锥上，实现逐层提升。液压爬模施工流程如下：打开外模板—安装爬升锚固挂件—爬升轨道并锚固挂件，拆除下段锚固挂件—爬升架体外模—安装调整外模、提升内模安装到位，内外模对拉—浇筑混凝土—混凝土养生、绑扎上一段钢筋—进入下一循环。

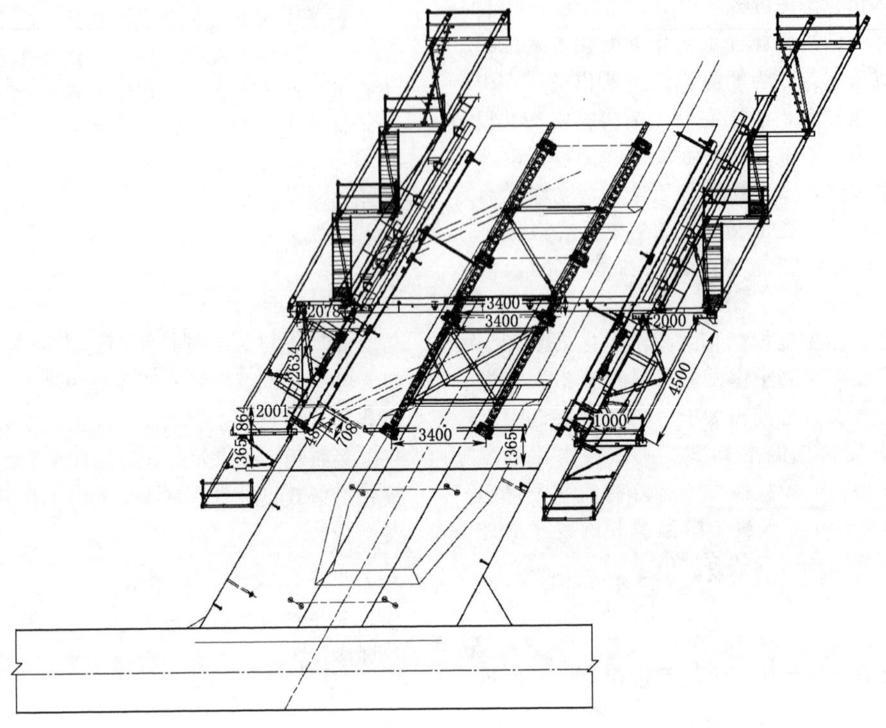

图1　爬升体系示意图（单位：mm）

3.3.3　模板体系

塔柱外模平板采用 6mm 热轧面板；面板背面竖向加筋采用 20cm 高工字梁，工字梁外侧横向背楞采用双拼 14a 槽钢，背楞与工字梁用连接件连接；对拉螺栓采用 H 型螺母，内外螺杆直径为 20mm。外模板总高 6.5m，共设 7 道双拼 14a 槽钢背楞，其中面板高 6.0m，工字梁高 5.5m。为防止上下节段接缝出现错台及漏浆等现象，工字梁每边伸出面板 25cm 且在距下口约 15cm 处增加一道 H 型螺栓连接，使模板与已浇筑混凝土面紧贴；同时在工字梁距上口约 15cm 处也增加一道拉杆与劲性骨架连接以减少模板偏位。塔柱为双向变截面，在每次立模前模板按塔柱尺寸利用万向张拉螺栓收缩比例微调拉杆长度，使钢模板在接楂处错位搭接，待模板裁剪量超出微调范围后，及时抽出剪裁模板。为防止钢模搭接缝处漏浆，在钢模之间加垫 5mm 的橡胶皮，同时通过螺栓锁紧。

塔柱内模系统自行加工制作，在塔柱壁厚变化节段及下中塔柱转换节段、中上塔柱连接施工段采用全木模施工；在上、中、下塔柱壁厚固内模倒角及变截面拆分部分模板采用木模，木模采用 100mm×250cm 和 150mm×250cm 两类平面模板和多种异形模板组合而成。

3.4　大跨度超宽桥面钢箱梁施工技术

3.4.1　钢箱梁制作方案

根据现场安装条件、设计图纸及相关规范要求，钢箱梁按纵、横向进行分段，在车间内进行钢板单元制作，在场地内进行预拼装。

3.4.2　钢箱梁安装方案

钢箱梁安装采取在桥下采用 2 台 200t 汽车吊吊装，并与塔梁施工同步进行，即将钢箱梁的施工和索塔的浇筑同步进行，完成对应节段的钢箱梁和索塔后，即张拉此段斜拉索，再施工下段钢箱梁和索塔。

钢箱梁节段块体在制作完成后陆续运至安装现场，在现场进行预拼装后进行吊装。钢箱梁采用“胎架支撑原位拼装工艺”进行安装，即在钢箱梁下方设置临时支撑胎架，在临时支撑体系上原位安装所有构件以达到初始位形。

胎架原位拼装 GA2～GC5 支架高度约 9.5m，GA1～GC4 段支架高约 12m，均采用 6m、4m 标准段支架。在现场根据实际高度再临时进行加高，加高支架部分与原有标准段支架结构型式一致，加高部分与原有支架顶部的钢板进行焊接。支架位置在钢箱梁横向分段处，主肢采用 $\phi 325 \times 10$ 钢管，横断面以及侧面的连接

均采用 ϕ89×4 钢管，采用焊接形式连接，承重梁为 2H400×200×8×13 钢焊接而成，顶部设置 ϕ200×10 调节钢管。

支撑胎架支架材质为 Q235B，法兰盘为 Q345B，节点板与钢管立柱采用 6mm 双面角焊缝。除立杆外其他杆件均采用螺栓连接，加劲板倒角距离为 20mm。支架的单节制作高度为 6m，支架节与节之间通过法兰盘、螺栓连接。

为防止胎架基础沉降变形，对河滩部位胎架采用扩大基础，扩大基础区域采用 8%水泥土换填；对位于贾鲁河河道内的支架，采用混凝土灌注桩基础，混凝土桩规格 ϕ800，桩深约 14m，顶部设埋钢板与支架焊接。

3.4.3 钢箱梁施工控制

主梁节段施工过程中实行“双控”，即主梁标高控制和斜拉索索力控制。为保证斜拉桥的施工质量，使斜拉桥实际状态与设计状态相符合，节段施工末状态的主梁标高及斜拉索索力与理想值之间的误差应控制在可接受范围内。钢箱梁安装完毕拉索张拉完成后对整桥进行线形观测，在端梁处桥中心线设置标高控制测站点，然后逐步测量每一节段钢箱梁桥面高程，根据高程差计算出钢箱梁拱度并与设计拱度进行比对，保证实际拱度符合设计要求。

4 结语

郑州市贾鲁河大跨度超宽桥面斜拉桥施工技术条件复杂，除针对工程施工重难点采取上述关键技术外，还进行了其他一些方面的重点研究，如主塔预应力钢筋混凝土工程因钢筋密集，加上预应力管道和劲性骨架布置造成混凝土下料及振捣困难，采取预留管道定点下料和定点振捣措施，保证了主塔混凝土的内实外光；针对模板变截面的收分，采取万向螺栓配合横向围檩进行微调和抽分，减少了变截面模板的剪裁次数，方便了施工；在主塔预应力压浆施工过程中，对排气管安装和塔柱下部锚头封堵方案进行改进，防止了钢束对排气管的破坏和由于灌浆压力大而引起的漏浆现象。针对施工中出现的技术难题，采取了多项技术攻关措施，为类似桥梁工程施工取得了经验。

本栏目审稿人：李林

基于BIM技术的水电站厂房可视化施工

王佐奇　曾凡杜　李祚全/中国水利水电第八工程局有限公司

【摘　要】为全面提升五强溪水电站扩机工程项目建设理念、管理水平、技术创新水平、质量安全水平，全力将项目打造成品质工程，实现智慧水电、绿色水电、平安水电，打造“安全、精品、生态、示范、智慧”五型工程。在充分利用BIM技术、物联网、云计算、大数据等信息技术的基础上，中国水利水电第八工程局有限公司以现场需求为导向，探索“5G+BIM+数字化工程管理”发展新思路，助力五强溪水电站扩机工程智能制造、智慧工地建设，将BIM技术在设计、施工和运维等各阶段深度应用，打造水电工程行业BIM技术应用示范工程。

【关键词】BIM技术　可视化　数字工程平台　5G智慧工地

1　前言

五强溪水电站位于沅水干流中下游，湖南省沅陵县境内。项目总投资21.45亿元，是沅水流域大型水电工程开发收官之作，被列为湖南省“十三五”重点工程，同时也是湖南省首个5G智慧工地应用示范项目，致力于打造“安全、精品、生态、示范、智慧”五型工程，争创“电力优质工程奖”。扩机工程装机容量500MW（2×250MW），扩机电量5.583亿kW·h。

为全面提升五强溪水电站扩机工程项目管理水平、技术创新水平、质量安全水平，全力将项目打造成品质工程，实现智慧水电、绿色水电、平安水电，在充分利用BIM技术、物联网、云计算、大数据等信息技术的基础上，中国水利水电第八工程局有限公司以现场需求为导向，探索“5G+BIM+数字化工程管理”发展新思路，助力五强溪水电站扩机工程智慧工地建设，将BIM技术在设计、施工和运维等各阶段深度应用，打造水电工程行业BIM技术应用示范工程。

2　施工BIM模型

2.1　参数化施工模型创建

基于设计蓝图，采用BIM系列软件对图纸进行参数化模型创建，同时基于参数化可及时准确的对图纸变更后模型更新处置，施工方案结合碰撞检查与工程量提取，对复杂部位金属结构加工精细化分析与加工制造等。如基于尾水肘管和护头模型等参数化模型（图1）、发电机模型（图2）。

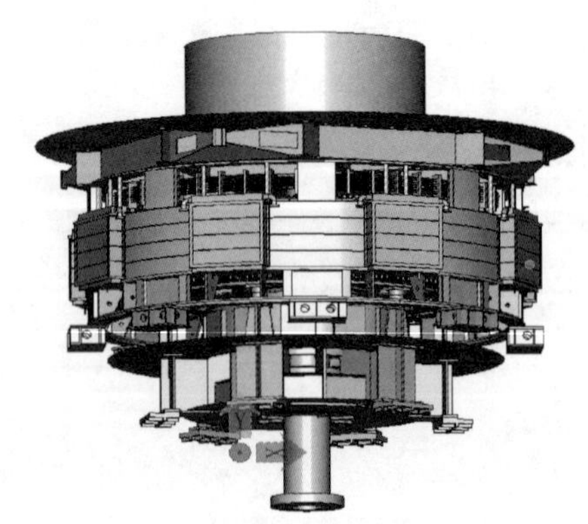

图1　发电机模型

2.2　BIM模型出图

在施工平面布置上创新性的全过程基于BIM技术进行模型搭建与优化，结合软件进行最终施工布置图纸的输出，快速出具了图纸并及时修改，有效地提升了项目技术管理效率。

图2　尾水肘管和护头模型

2.3　BIM实景模型及应用

对BIM+无人机的实施流程进行了深入探索，采用大疆精灵4RTK在项目初始阶段建立项目的原始实景模型与正射影像图，并精准提取地模建立了BIM实景地形模型。

基于不同时期的实景模型，快速进行了施工进度结算土方与边坡工程量的计算分析工作，如图3所示。

创新性的将Revit模型与实景地形模型相结合，实现1∶1实景三维场地布置，对场地布置进行实景漫游，发现各阶段布置的冲突点，实现了施工场地布置的高效优化与实景展示。

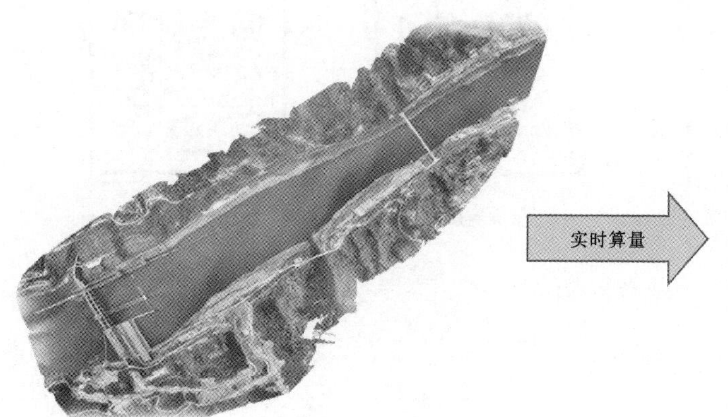

实时算量

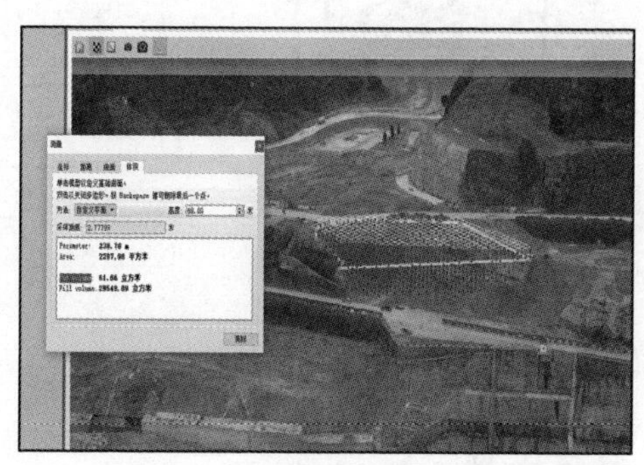

图3　实景模型及模型算量

2.4　砂石混凝土系统模型

根据砂石混凝土系统特色运用盈建科建立地碎车间等结构模型进行结构优化计算，然后基于结构模型在广联达模板脚手架进行模架设计，有效地提升了项目的设计效率。

3　方案可视化

3.1　开挖与主体结构施工方案可视化

基于开挖与主体结构施工1.0版本方案提前进行可视化4D模拟，将方案在模型上进行提前演练，通过可视化发现方案的不足以进行优化，本项目基坑开挖与主体结构方案通过提前模拟，有效优化方案28条，实现工期优化15天。

基于主体模型利用动画制作软件对现场重点部位施工方案制作三维可视化施工工艺动画，提前模拟论证方案的可行性，通过三维可视化可以直观地展现方案，以此可以加大提升论证方案的审批效率。

3.2　边坡支护方案可视化

本项目位于原有河道填埋区，基坑开挖上部地质条件复杂多变，且边坡支护设计复杂多样，依据原有设计在1∶0.3坡比的弧形边坡部位设置网格梁，由于坡度较大且弧形造型造成了网格梁施工无法进行，项目BIM应用团队结合现场地质条件组织了支护方案变为锚杆+喷混凝土的有限元分析，经过反复地测算分析赢得了设计、业主和监理的认可，进行了方案的变更，为项目节约施工周期约1个月，施工成本25万余元。

3.3　厂房及尾水渠围堰可视化

厂房及尾水渠围堰由混凝土段和土石连接段构成，原设计混凝土围堰段长468.788m，土石方开挖10.79万m^3，混凝土5.5万m^3。通过建立三维分析模型进行汛期模拟分析，经与设计、监理、业主沟通协商对围堰进行调整，调整后围堰混凝土段总长300m，土石方开挖7.2万m^3；共节约混凝土3.2万m^3，土方3.59万m^3。极大缩短了施工周期，将疫情对工期的影响降到了最低，保证了2020年度防汛要求并充分节约了项目成本投入，产生了良好的社会和经济效益。

4　技术标准信息化

利用二维码技术，将项目展示、BIM模型、施工方案、安全操作规程、进度计划及每月施工形象全景等制作成二维码，将其展示在施工现场显著位置与施工作业位置，便于项目管理、作业人员查阅，实现项目文件与现场的实时交互与查阅。图 4 为项目技术标准部分信息化成果。

(a)五强溪水电站扩机工程 五强溪水电站 BIM 施工应用

(b)五强溪水电站扩机工程 基坑三维视图

(c)五强溪水电站扩机工程 边坡网格梁技术交底

(d)五强溪水电站扩机工程 一般施工方案

(e)五强溪水电站扩机工程 混凝土输送泵操作规程

(f)五强溪水电站扩机工程 围堰开挖

(g)五强溪水电站扩机工程 安全技术交底

图 4　技术标准二维码

5　数字工程平台应用

本项目全过程全面依托与业主、设计一同独立自主研发的“互联网＋BIM＋5G＋GIS＋大数据”建立 BIM 数字工程平台。数字工程平台将安全管理、质量管理、进度管理、投资管理等与 BIM 模型相关联及 OA 办公系统的高效融合。对项目参与各方可以达到高效地运转与实时管控，极大地提升了项目的数字化管理水平。

施工安全管理模块将施工现场安全管理、设备管理、危险源管理等通过终端随时录入管控与分析，实时对项目安全进行动态可视化管理，实现施工安全管理的信息化与标准化。

施工进度管理模块对施工全工程依托数字工程平台进行进度计划的编制、审批；基于进度计划进行仿真模拟分析，实时反应项目实际进度与计划进度的偏差，为项目决策提供有效的依据与预警。

结合数字工程平台，从施工质量的数据采集、验收、追溯及统计分析方面完成工程施工质量报验审核与签认，实现工程验收可视化与数据化管理，有效提升项目施工质量水平。同时依托 BIM 模型精准计算设计工程量，在此基础上结合施工方案进行分层分块，对项目进度物资需求统计分析，结合现场实际情况更新项目模型，精准计算各部位实际工程量并进行精准对比，通过 BIM 精准计量可以极大提升项目计量工作效率，降低了商务计量工作强度并保证了计算准确度，有效地节约了项目的实施成本。依托 GIS 技术将实景模型与主体模型进行深度融合与应用，将安全、进度、质量问题基于 GIS 平台进行实时分析展示与预警，可以高效地促进项目管理。

依托工程管控平台开展 APP 端应用，通过移动端可让项目参与人员对现场进行安全、质量等方面实时管控，通过 BIM 模型可实现对设计意图实时三维预览，指导现场施工。

6　5G 智慧工地

本项目是湖南省首个 5G“智慧工地”应用示范项目，目前已经全面实现“5G＋BIM”深度应用全覆盖。依托 5G 技术应用项目视频监控、施工设备管理、人员管理、环境管理等方面，通过 5G 网络零延时与管控平台智慧工地模块融合进行大屏展示管理，实现对施工现场的实时、全方位、全天候的数字化管控。

深入研究 VR、AR 等当下新型技术对于施工项目的应用，项目结合施工作业特点将其与施工作业现场管理进行深度融合，在项目设置了 VR 体验厅、AR 应用平台，创新性将其与安全培训、虚拟技术交底、虚拟质量样板展示等进行融合应用，与传统的口述或展示册培训相比，基于 VR 体验馆及 AR 技术应用更能使体验者实现亲身交互式体验与培训，提升了培训与交底的效果。

通过数字工程平台 APP 端，实现智能棒材点数、5G＋全景成像 AI 激光测距仪等功能：通过棒材点数模块可以有效地降低劳动强度，提升效率与计量准确度；

激光测距仪为项目提供集远程视频监控、精准激光测量和参量化全景工程影像日志于一体的大数据质量、安全管控服务。

7 结语

通过在项目施工阶段应用 BIM 技术，辅助项目部从项目策划到竣工交付的信息化管理，依托 BIM 技术开展方案可视化编制与快速复核工程量，在项目初始可快速有效地掌握施工场地的情况，为施工场地布置提供科学决策的依据，节约施工成本；在项目施工过程中通过 BIM 技术可以实现方案优化、可视化交底等，在结算方面通过精准计量为对上与对下结算提供可靠的依据；依托互联网＋打造项目智慧工地管理系统，实现对施工现场的智慧管理，为项目远程管控提供有力支撑；建立项目数字化工程管控平台，将施工进度、质量、安全、计量及 OA 等集成于一体辅助施工管控数字化。在项目结束阶段可以将项目实施过程在数字化管控平台产生的数据进行自动导出整理打印，快速完成项目竣工资料的整理。

GPS 高程拟合技术在陆地工程测量中的应用研究

赵明江　王　印/中国电建集团港航建设有限公司

【摘　要】GPS 测量高程系统与水准测量高程系统的高程基准面不同，导致现行 GPS 测量高程不能直接应用于高精度的工程建设。研究采用高程拟合技术来消除两者间的高程异常值，实现 GPS 高程测量代替常规的水准测量。本研究依托某国外水利工程项目，根据不同高程拟合类型开展了针对线状、带状、面状等不同施工区域的优选方案研究，结合实例阐述 GPS 高程测量中高程拟合的实际应用方法，为 GPS 高程测量直接应用于不同情况的工程建设提供方案指导参考。

【关键词】GPS　高程拟合　测量

1　引言

GPS 测量以其全天候、高精度、高效率在施工测量中得到了非常广泛的应用，但 GPS 测量成果在实际应用时主要使用平面坐标成果，其高程成果的应用到目前为止一直难以得到肯定，有时为了使高程成果满足精度要求而花费大量人力财力，采用等级水准点联测 GPS 控制点。尤其在一些地形较为复杂的大型陆地工程中，这严重制约了 GPS 实现三维测量的优势，鉴于 GPS 测量的实时性和高效性，将采用高程拟合技术的 GPS 高程测量应用到各类常见的陆地工程中，将具有十分重要的意义和广阔的应用前景。

2　研究背景

近年来，随着科技的迅速发展，GPS 导航定位的精度、可靠性和稳定性都得到了进一步提高。GPS 可以提供高精度的大地高，而我国现行使用的高程系统为正常高，这两种高程系统的高程基准面不同而产生高程异常，因此 GPS 测量的高程在实际施工生产中是无法直接应用的，这严重影响了工程建设中 GPS 高程测量的应用发展，使其在高程测量方面的优势尚未得到充分发掘和普及应用。事实上，在高程测量领域，从精度上讲，GPS 测量结合精密似大地水准面模型已经可以代替常规水准测量；从方法上讲，GPS 高程测量相对于传统几何水准测量而言，不仅可以节省经费，而且具有高效性和实时性的特点。本研究根据厄瓜多尔防洪项目测量工作，结合现有理论基础，通过将线状、带状、面状等不同形状的 GPS 高程网和水准网拟合，开展对 GPS 高程拟合技术在陆地工程测量中的实际应用研究，达到实现 GPS 三维测量常态化，并形成一套能够指导实际生产的技术参考方案，目的是使 GPS 高程拟合技术得到更广泛的应用，进而取得更大社会效益。

3　主要理论依据和研究内容

我国所采用的高程系统是相对于似大地水准面的正常高（H_r），而 GPS 所测得的高程是相对于椭球面的大地高（H）。正常高 H_r 是地面点到似大地水准面的距离，而大地高 H 是地面点 P 到参考椭球面的距离，两个高程系统的高程基准不同，如图 1 所示。

大地高 H 与我国现行使用的正常高 H_r 存在的差值就是高程异常值 ξ，正常高 H_r、大地高 H 和高程异常 ξ 间的关系如式（1）所示：

$$H_r = H - \xi \tag{1}$$

如果可以获得各 GPS 高程点上的高程异常值，将可以直接大地高 H 精确地转换为实际工程中使用的正常高 H_r，所以确定 GPS 点高程异常值就成为 GPS 高程拟合的关键问题。当测区中有一部分点已用 GPS 定位技术获得大地高和水准高程测量方法获得其正常高，可按式（1）计算出该点处的高程异常。若测区内重合点对的数量足够多，则可实现 GPS 高程网和水准网的高程拟合。

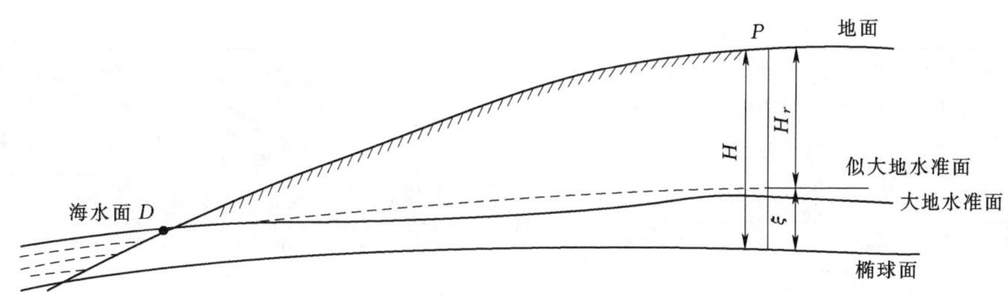

图1　不同的高程基准

工程所在测区的地形、面积和形状不同的情况所需要的测区内重合点对数量级也随之不同。根据陆地工程所在测区的地形、面积和形状不同的情况分为：线状、带状、面状测区；测量中常见拟合方式分为：固定差改正、平面拟合、曲面拟合。确定不同情况的施工区和拟合方式及施工区内重合点对的数量三者具体适用关系就是本研究的具体内容。

4　研究工作的开展情况

4.1　研究工作准备

首先，要了解测量施工的地理位置与地理信息，根据已知的地理信息进行GPS的参数设置，包括原椭球与当地椭球、投影方法、平面转换及高程拟合的转换模型。确定4个基本参数是：①长半轴；②地球引力常数（含大气层）；③正常化二阶带球谐系数；④地球自转角速度。利用以上4个基本参数，可以计算其他的几何常数和物理常数。因为只有设置好相关参数才能获取正确的三维坐标。

其次，了解GPS建立误差改正模型对观测值进行改正，或选择良好的观测条件，采用适当的观测方法，进行线性差分等，偶然误差则可以通过质量控制的手段来削弱，采用这些方法来获取精度可靠的GPS三维坐标。最后根据工程项目的精度需要进行等内或是等外水准路线测量，进行水准路线测量时必须是闭合或是符合水准路线，这样才能保证水准高程的精度与正确性，工程测量每千米高差中误差：三等为12mm，四等为20mm。

最后，配备必要的资源，准备至少一套2＋1GPS仪器和两套四等水准仪，一台皮卡车和若干进行指导研究分析的相关技术人员。确定工程所需精度和可尼尔防洪项目所用GPS各项参数。

4.2　高程拟合技术应用研究

选取可尼尔河标段的左岸K10＋200～K15＋700线状施工区，出水口K0＋000～K2＋253.98面状施工区，分洪渠K0＋000～K9＋000带状施工区，并结合各施工区域的地形起伏变化进行有针对性的高程拟合研究。先在测区内均匀布水准点，然后在地形起伏较大的地形特征点位布点。利用四等水准进行路线闭合测量，得到符合精度的水准路线点位高程之后，选取其中一个水准点作为GPS基站坐标控制点高程，以该点为原点对所有点进行GPS的WGS－84三维坐标采集。这时采集到的GPS高程和水准点位高程会有一定差异，这就是存在的高程异常，对所有布设点位平面坐标、水准高程、大地高及高程异常值进行记录。

由于所选取的带状施工区面积较大，地形情况具有非单一性，可分区作为面状和线状施工区代表，因此以带状施工区作为首选研究地点，现场实际选取了15个点均进行了GPS测量和水准测量。选取其中分布较均匀的15个GPS水准联测点为拟合已知点，采用排列组合方式进行对比不同情况的施工区和拟合方式及施工区内重合GPS水准联测点的数量三者的具体适用关系，同时针对GPS水准联测点所需数量采取逐渐增加的方式进行比选，最后通过对比拟合后的GPS大地高与水准点的正常高程异常进行比较，选择出最优的高程拟合方案。

首先进行固定差改正的拟合方式的研究，该拟合方法在不同情况的施工区进行应用，同时分别将参与拟合的GPS水准联测点数量由一个逐渐增加。通过不同的拟合方式形成的成果、点位信息及联测点数进行比较分析；分析固定差改正高程拟合方法的不同联测点位的控制精度，确定该拟合方法使用的基础点数及最优点位数量；固定差改正的拟合方法的适用范围，明确应用条件；联测点对布置情况及拟合后高程精度；地形起伏变化与控制精度的关系，在地形起伏较大的情况下如何加强起精度等各类信息。将比选之后高程拟合之后精度达到要求的记录进行统计并汇总形成固定差改正拟合后的成果，见表1。

表1　固定差改正拟合后的成果

点号	GPS大地高/m	水准正常高/m	高程异常/m	GPS水准联测点固定差拟合正常高/m	固定差拟合后GPS大地高/m
SHC－001	16.895	17.143	－0.248		17.112
SHC－002	17.399	17.556	－0.157		17.531
SHC－003	17.698	17.789	－0.091		17.769

续表

点号	GPS大地高/m	水准正常高/m	高程异常/m	GPS水准联测点固定差拟合正常高/m	固定差拟合后GPS大地高/m
SHC-004	17.102	17.242	−0.140		17.230
SHC-005	17.605	17.665	−0.060		17.656
SHC-006	17.936	17.988	−0.052	17.987	
SHC-007	18.188	18.211	−0.023		18.211
SHC-008	18.291	18.291	0.000	18.291	
SHC-009	18.469	1.450	0.019		18.451
SHC-010	18.643	18.609	0.034	18.609	
SHC-011	18.822	18.767	0.055		18.773
SHC-012	19.051	18.926	0.125		18.937
SHC-013	19.186	19.085	0.101		19.101
SHC-014	19.394	19.243	0.151		19.262
SHC-015	19.598	19.402	0.196		19.429

再以相同的步骤进行分别对平面拟合方法和曲面拟合方式进行分析。带状测区研究完成之后进行线状施工区、面状施工区的高程拟合应用技术各项指标的研究，具体研究方法同带状施工区；在其过程中发现不足加以分析改正，对之前取得的成果进行重复验证。最终将研究的不同拟合方法和不同测区类型及点位情况进行综合比较分析，确定一套初期合理的应用方案，并将各类所需注意事项做具体备注说明。将比选之后高程拟合之后精度达到要求的记录进行统计并汇总形成平面拟合及曲面拟合后的成果，分别见表2和表3。

表2　　平面拟合后的成果

点号	GPS大地高/m	水准正常高/m	高程异常/m	GPS水准联测点平面拟合正常高/m	平面拟合后GPS大地高/m
SHC-001	16.895	17.143	−0.248		17.125
SHC-002	17.399	17.556	−0.157		17.550
SHC-003	17.698	17.789	−0.091		17.784
SHC-004	17.102	17.242	−0.140	17.240	
SHC-005	17.605	17.665	−0.060		17.665
SHC-006	17.936	17.988	−0.052	17.987	
SHC-007	18.188	18.211	−0.023		18.210
SHC-008	18.291	18.291	0.000	18.291	
SHC-009	18.469	18.450	0.019		18.448
SHC-010	18.643	18.609	0.034	18.609	
SHC-011	18.822	18.767	0.055		18.768
SHC-012	19.051	18.926	0.125	18.926	
SHC-013	19.186	19.085	0.101		19.089
SHC-014	19.394	19.243	0.151		19.248
SHC-015	19.598	19.402	0.196		19.411

表3　　曲面拟合后的成果

点号	GPS大地高/m	水准正常高/m	高程异常/m	GPS水准联测点平面拟合正常高/m	平面拟合后GPS大地高/m
SHC-001	16.895	17.143	−0.248		17.135
SHC-002	17.399	17.556	−0.157	17.555	
SHC-003	17.698	17.789	−0.091		17.784
SHC-004	17.102	17.242	−0.140	17.240	
SHC-005	17.605	17.665	−0.060		17.665
SHC-006	17.936	17.988	−0.052	17.987	
SHC-007	18.188	18.211	−0.023		18.211
SHC-008	18.291	18.291	0.000	18.291	
SHC-009	18.469	18.450	0.019		18.451
SHC-010	18.643	18.609	0.034	18.611	
SHC-011	18.822	18.767	0.055		18.771
SHC-012	19.051	18.926	0.125	18.928	
SHC-013	19.186	19.085	0.101		19.086
SHC-014	19.394	19.243	0.151	19.246	
SHC-015	19.598	19.402	0.196		19.405

4.3　高程拟合技术的优选原则

最终根据多次取得的成果进行综合比较分析，整理形成一套详细的可应用于实际生产的高程拟合技术应用优选参考方案。

（1）固定差改正拟合。

1）适用范围：面状小面积的地面起伏的变化梯度不大的平原、丘陵地区的施工区。

2）应用条件：该方法操作简单，测区内至少1个GPS水准联测点，1～3个GPS水准联测点最为经济。

3）拟合点对布置情况：拟合点适合均匀分布在施工区域内，采用1个GPS水准联测点时需布置在场地中心位置。

4）拟合后精度：精度可控制在厘米级。

（2）平面拟合法。

1）适用范围：面状或线状的地面起伏的变化梯度不大的平原、丘陵地区的面状施工区。

2）应用条件：该方法操作难度适中，测区内至少3个GPS水准联测点，3～7个GPS水准联测点最为经济。

3）拟合点对布置情况：拟合点适合均匀分布在施工区域内，如多个GPS水准联测点所形成最大范围能包围施工区域效果最好。

4）拟合后高程精度：精度可控制在厘米级。

（3）曲面拟合法。

1）适用范围：面状、线状及带状地形起伏较大的施工区，更适合于非单一性地形变化的面状、带状施工区，当GPS水准联测点越多（10个以上）、显著点越多时，越能反映出测区内细部的凸凹变化程度。

2）应用条件：该方法对于GPS水准联测点数要求较多，并需要根据测区内地形起伏情况适当调节GPS水准联测点布置位置和密度，至少7个GPS水准联测点。

3）拟合点对布置情况：GPS水准联测点需分布在施工区域内地形变化特征点上。

4）拟合后高程精度：拟合后计算高程异常的精度，可达厘米级；在山区，地面的起伏较大，其误差往往比较大，结果将难以达到代替水准测量的要求。在这种情况下，一般可根据测区地形情况，适当增加GPS水准联测点的密度，并改善其分布。

5 结语

GPS高程拟合技术在厄瓜多尔防洪项目各施工区域得到了较好的应用。依照工区面积大小分别采用高固定差改正，平面拟合和曲面拟合等拟合方法，用分区拟合法将拟合过的各工区联系到一起，形成一个整体的拟合区域，保障了各施工区域测量控制的连续性。在所有进行拟合过的工区内，GPS测量所得高程可直接代替传统水准高程，直接利用GPS进行堤坝填筑、渠道开挖、护石和优化料回填等工序的高程控制，并达到技术规范标准；实践证明，测量质量可靠，精确度高，为整个项目加快施工速度，节约工期，降低施工成本打下了良好基础。

鉴于GPS高程测量的实时性和高效性，采用高程拟合技术的GPS高程测量，将具有十分重要的意义和广阔的应用前景。该研究形成了一套能够指导实际生产的技术方案，使GPS高程拟合技术得到更广泛的应用，具有大的经济效益和社会效益。

LDD 软件在孟加拉帕克西大桥河道治理项目的应用

周世永　宁新龙/中国电建市政建设集团有限公司

【摘　要】随着计算机的普及，测量数据处理也随着程序软件自动化而越来越简单快捷方便，大大地提高了工作效率和减轻劳动强度。本文通过对 AutoCAD Land Development Desktop 软件工程量计算的功能模块在孟加拉帕克西大桥河道治理项目中的应用进行总结，同时介绍在使用该软件过程中的一些操作步骤，供同行们交流学习。

【关键词】LDD 软件　数据传输　数据处理　工程量

1　案例背景

Land Development Desktop（简称 LDD）应用程序软件，除具备 AutoCAD 的一切功能外，又增加了专业设计功能和实现与测量仪器直接数据通信。使用极为方便，深得国外用户欢迎，作为测量数据处理的有利帮手，LDD 软件在孟加拉帕克西大桥河道治理项目施工测量中发挥了不可或缺的作用。尤其在带状地形计算工程量中遇到曲线段和渐变段，断面间距很难确定的情况下，更凸显其优越性。

孟加拉帕克西大桥是位于孟加拉国恒河上的一座公路桥，在哈丁铁路桥下游 300m 处。中国电建市政建设集团有限公司承建该桥东西两岸上下游边坡防护与河道整治工程。主要内容包括土方开挖与回填、混凝土块护砌和抛石护坡。为防止边坡塌方滑坡，在坡脚处抛投一道 25m 宽、5.5m 高的石头墙体。如图 1 东岸导堤平面图和图 2 东岸导堤典型断面图 A－A 所示。土和石头是这个工程施工所需的主要材料。

项目上测量配置的仪器设备主要有 Trimble GPS、TOPCON 全站仪、海加 SDH－13D 测深仪以及笔记本电脑。本文作者作为测量工程师，负责施工测量控制，参与该桥两岸上下游边坡防护与河道整治的全过程，利用 LDD 应用程序软件完美地解决了在施工过程中的质量控制和工程量报审等相关问题。

2　LDD 应用程序软件概述

LDD 软件是 Autodesk 公司利用 AutoCAD 平台开发出的一款专业数据处理软件，该软件具有 Civil Design 和 Survey 两大功能。Civil Design 着重它的设计功能，主要包括设计、评估雨水径流、道路和坡度设计等。Survey 重点在测量外业和内业之间的数据传输与转换。LDD 软件还为每个使用者提供一些简单的作图工具，用以解决点、标签、包、中心线和面的问题。

咨询公司中的 David，是美国河道治理方面的专家，他带来 LDD 这套软件，建议在项目中使用。而这个工程涉及的质量控制，特别是水下施工质量控制，主要通过仪器设备监测，再通过数据处理，得到图、表结果。工程的施工质量和完成的工程量一目了然，从图上可以判断施工质量，从数据表中，得出各种材料的用量。业主、咨询对报送的图表和工程量都非常认可，LDD 功不可没。

从工作效率来看，LDD 也是出类拔萃的，例如，在西岸导堤的水下施工中，利用枯水季节可以达到事半功倍，测量监测尽量不或者少影响挖泥船生产，而实时监测开挖情况又是必然。因此水下坡面地形一定要在尽量短的时间内提供给施工员，以便决定下一步的工作安排。在进行水下测量时，通过载人测量船只搭载测深仪和 GPS 配合获得水下地形数据。外业数据采集后，就可以进行内业数据处理了，通过 LDD 这款软件，很快便可获得其测区地形图和任意方向的断面图等想要知道的东西。地形图上按照图层分开每次测量的数据及等高线，断面图上有设计线和每次的测量线，超欠及变化情况一目了然。给决策者可靠的信息，工作效率高、图表成果清晰，为施工争取了宝贵的时间。

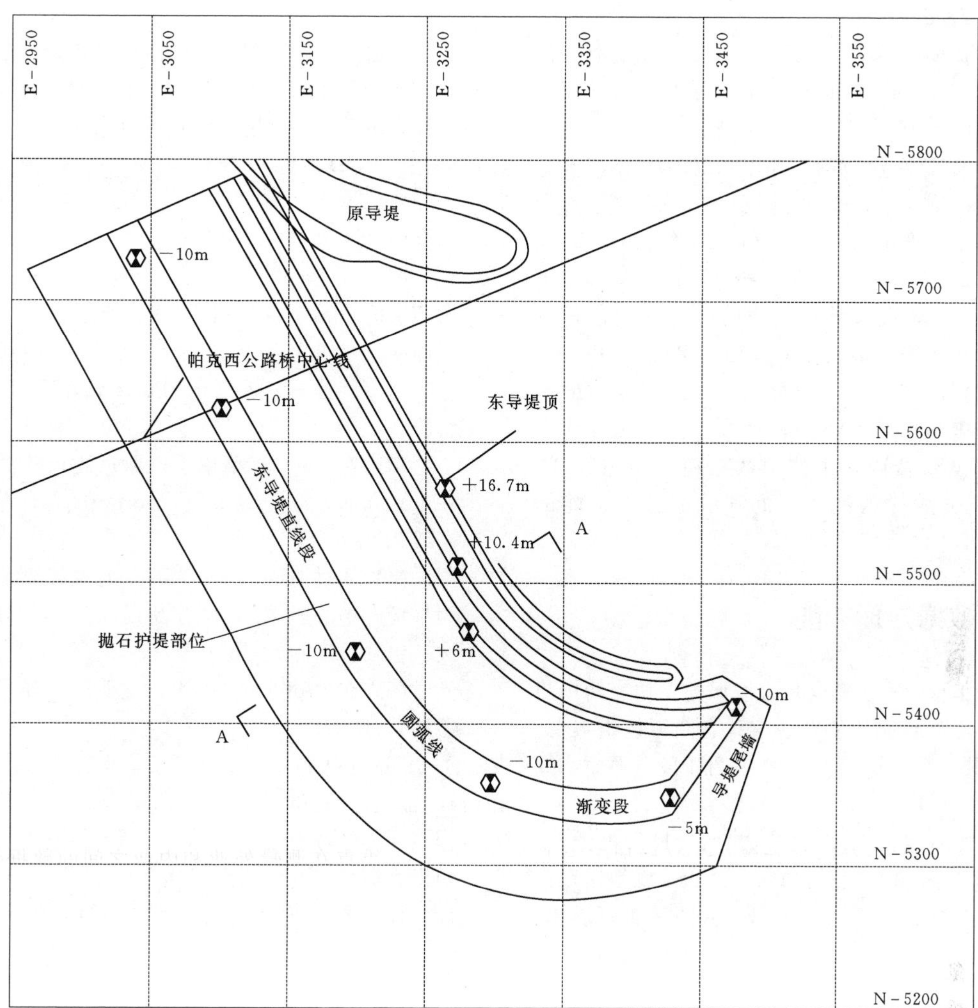

图1　东岸导堤平面图

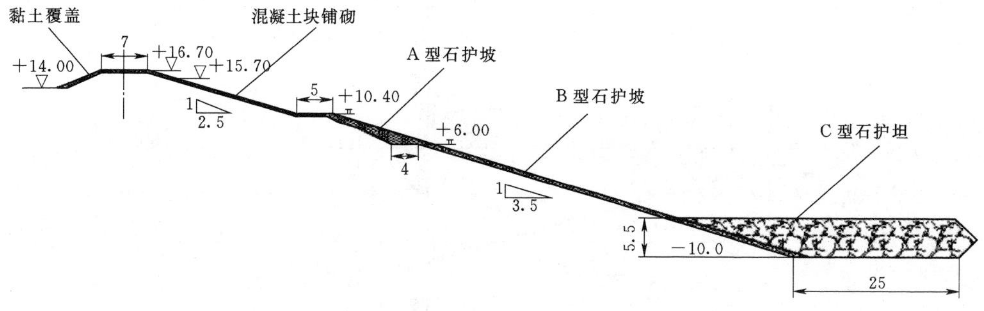

图2　东岸导堤典型断面图A-A（单位：mm）

3　LDD应用软件的数据传输功能

现在的全站仪，大多具备数据采集、数据通信和放样功能。就是说，实地测量的数据可以存储在仪器中，也可以利用仪器内存的坐标数据在现场放样。而数据通信指的是计算机和仪器之间数据的上传与下载。LDD也可以胜任这项工作，其主要操作步骤如下：

（1）双击桌面上AutoCAD Land Development Desktop 2i图标，打开一个曾使用过的（或者新建一个）文件，在Projects菜单下，单击Menu Palettes……运行Survey 2i模块。

（2）在Data Collection/Input菜单下，单击Data Collection Link选项，出现Survey Link DC7.09窗口。

(3) 单击 Send/Receive……弹出 Transfer 对话框。

(4) 按要求选择 Send 或 Receive，便可实现数据传送（LDD 能与 Topcon、Nikon、Leica 等多种测量仪器实现数据通信）。

当然对于 LDD 来说，不管是上传还是下载，都有一个固定格式。例如，计算机接收到 Topcon 仪器的测量数据文件，不能直接引入到 AutoCAD 图形中，必须经过在菜单 Conversions 下的 Convert File Format……进行格式转换。同样，用于外业放样的坐标数据也得符合一定的格式，才能上传入仪器。而 LDD 的优势，使得全站仪的放样功能得到了充分发挥。需要放样的坐标数据在电子版图中唾手可得，稍作转换，便可传入仪器，在现场从仪器内存中调出数据即可实施放样。特别是需要重复放样的地段，更显示出这一功能的优势。

4 LDD 的数据处理功能

大多线状工程，不会完全是直线形的。帕克西项目西岸导堤的中心线就是由圆弧、直线、圆弧线组成的，全长 500m。其中 0＋000～0＋150 为圆弧段，平面和典型断面图类似于东岸导堤。

通常计算工程量，大多是先求出每个断面的面积，相邻断面面积的平均值与它们的间距之积，就是这段的方量，每段方量的累计即为总方量。从图 2 可以看出，我们需要计算的量有黏土覆盖量、混凝土块铺砌量、现浇混凝土边梁量、A、B、C 型石头量和土方填、挖量。在直线段，间距是固定值，曲线段及渐变段，各种材料计算所用的间距就不一样，且难以确定。LDD 软件很轻易地解决了这一难题，并且计算结果非常准确。以下着重介绍 LDD 进行方量计算的主要过程：

(1) 打开 LDD 软件，在 Menu Palette Manager 对话框中，运行 Civil Design 2i。

(2) 在 Points 菜单下，利用 Import/Export Points 选项下的 Imports……将完成一个数据集（测量点）在平面图上的自动引入。引入的点有三种名称表述：序号、高程、描述。在 Edit Point 选项下可以对点进行编辑。

(3) 在 Terrain 菜单下，通过测点建立所测区域的一个独立面，在 Create Contours……选项下，生成其等高线。

(4) 通过 Alignment 菜单，定义纵断面线（在此即为导堤的中心轴线），设置断面间距，生成横断面方向线（包括长度和桩号）。

(5) 在 Profiles 菜单中，主要的工作是纵断面图的绘制。

(6) 在 Cross Sections 菜单中，定义模板（即设计线）形状及其材料，在 Design Control 对话框中，选定模板，再经过 Process Section 确认，在 Section Plot 下，输出我们设定的断面图（这个功能是 LDD 特定的），对计算设计材料量有特别之处。如图 3 所示，0＋100 和 0＋110 横断面图。

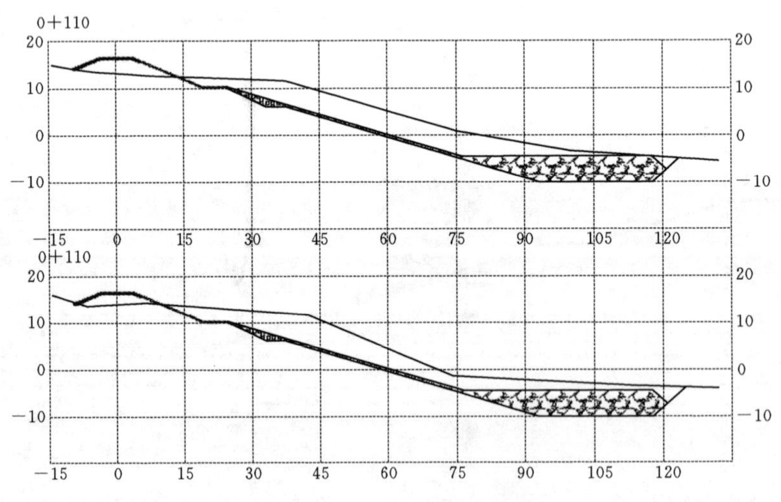

图 3　0＋100 和 0＋110 横断面图

(7) 通过 Total Volume 命令，得到工程的填方和挖方量和各种材料量表。如图 4 所示 C 型石计量表。从结果中分析可以看出，本段（0＋100～0＋120）C 型石，理论断面间距为 10m，推算间距是 18.426m。这就是 LDD 的特点，废弃了用断面间距计算方量这个传统方法。

(8) 通过 Surface Volume Output 命令，得到各种材料的设计量汇总表，图表简洁，数据清晰，使人一目了然。如图 5 所示各种材料用量汇总表。

从以上数据处理简单的 8 步操作中，得出图 5 的结果。可以看出，LDD 应用程序软件数据处理和工程量计算确实可圈可点。

Project:Surveyat WGB
Alignment:C - wgh
SURFACE:Type - C,　　Adjustement:1.0000
TEMPLATE END AREA VOLUME LISTING WITH CURVE CORRECTION

Station	Area/m²	Volume/m³	Tot Vol/m³
0+100	182.788		
		3367.968	37047.644
0+110	182.788		
		3367.968	40415.612
0+120	182.788		

图4　C型石计量表

Project:Surveyat WGB
Alignment:C - wgh
Start range:0+000 to 0+500
TEMPLATE END AREA VOLUME SUMMARYWITH CURVE CORRECTION

Surface	Volume(m³)
Type - C	127136.356
Type - B	28597.556
Type - A	6744.852
Concrete berm	164.508
Block	3446.821
Clay	2702.763
VOLUME TATAL:	168792.856

图5　各种材料用量汇总表

5　结语

Land Development Desktop 软件友好的界面、完善、强大的功能，计算结果准确可靠。它和当下比较流行的基于 AutoCAD 基础上二次开发的工程软件相兼容。笔者在孟加拉项目中多次使用该软件，在保证质量的前提下大大提高了工作效率，取得了较好的效果，相信 Land Development Desktop 软件在今后尤其是在海外工程项目中，面对欧美的监理和咨询，尤其是设计线路为曲线或者渐变段的时候使用会更加广泛。

参考文献

[1]　郭玉珍，朱恩利. 测量数据处理及软件应用 [M]. 郑州：黄河水利出版社，2012.
[2]　黄劲松，李黄冰. GPS 测量与数据处理实习教程 [M]. 武汉：武汉大学出版社，2010.
[3]　徐泮林. 数字化成图——AutoCAD 地形图测绘高级开发 [M]. 北京：地震出版社，2004.

安徽绩溪抽水蓄能电站强风化粗粒花岗岩制砂及垫层料工艺研究

曹希良　吕兴坤　黄小蕙/中国水利水电第十二工程局有限公司施工科学研究院

【摘　要】安徽绩溪抽水蓄能电站下水库开挖料中有大量强风化粗粒花岗岩，此类花岗岩易破碎并呈砂砾状，通过分析矿物成分、研究制砂及垫层料工艺，进行渗透变形试验、静力三轴试验、压缩试验，采用现有碾压参数进行现场复合试验，验证其颗粒级配、干密度、孔隙率、渗透系数，为掺配生产的垫层料设计提供依据，并经垫层料现场碾压试验，论证了利用强风化粗粒花岗岩制砂、垫层料是可行的，利用强风化粗粒花岗岩制砂，成品获得率可达75%。

【关键词】抽水蓄能电站　强风化粗粒花岗岩　制砂　垫层料

1　制砂工艺研究

安徽绩溪抽水蓄能电站下水库开挖料中有大量的强风化粗粒花岗岩，除部分用于下水库大坝下游区填筑外，其余为弃料。强风化粗粒花岗岩易破碎并呈砂砾状，通过分析粗粒花岗岩的矿物成分并开展制砂、垫层料工艺试验研究及相关检测工作，论证利用强风化粗粒花岗岩制砂以及生产垫层料工艺，如研究成功，将变废为宝，充分利用弃料，减少弃渣。

1.1　原岩检测

本次试验采用风化程度较为严重，最具代表性的2#渣场108中线平台的回采料进行试验。首先对粗粒花岗岩原岩进行矿物成分分析，分析是否存在对混凝土强度及长期耐久性有害的物质，检测数据见表1。

表1　强风化粗粒花岗岩矿物成分分析

主要成分		矿物名称	粒径/mm	含量/%
次生矿物		石英	0.13～8	37±
		黑云母	0.08～8	8±
		钾长石	0.20～8	40±
		斜长石	0.20～8	15±
		磷灰石	<0.1	<1
		金红石	0.02～0.1	<1
		不透明矿物	0.1～0.5	<1
		绢云母、白云母	0.01～0.1	<1
		绿泥石	—	<1
结构构造		花岗结构，块状构造		
重要现象描述	镜下	岩石风化强烈，矿物之间解离较强，裂隙有铁质胶体充填或无充填。石英自形-半自形粒状，晶内多见尘点状不透明质点；钾长石呈粒状，泥化并见尘点状不透明质点，有的见微量绿泥石交代，晶内常见斜长石包裹体；斜长石半自形板状，少量弱绢云母、白云母化，弱绿泥石化；黑云母片状，晶内常见细小磷灰石包裹体，并见析出金红石、不透明矿物等		
	标本	岩石松散块状，易碎，呈粉红色，主要为钾长石、石英、斜长石、黑云母，矿物颗粒粗大，主要为2～8mm		
鉴定名称		花岗岩		

从检测数据可以得出，母岩矿物颗粒粗大，具备制砂的可能性；钾长石粒状，泥化并见尘点状不透明质点，需加强亚甲蓝试验，判断石粉是否为泥性；斜长石半自形板状，少量弱绢云母、白云母化，黑云母片状，需加强风化砂的云母含量检测。

1.2　强风化粗粒花岗岩制砂

采用2#渣场108中线平台强风化粗粒花岗岩为母料，利用Q4标砂石骨料加工系统现有工艺、设备制砂，并测定成品砂获得率，三次成品砂获得率分别为

75.3%、72.9%、77.2%，平均值为75.3%，具有较高的经济价值。

1.3 成品砂质量检测

强风化粗粒花岗岩成品砂（简称“风化砂”）采用《水工混凝土砂石骨料试验规程》（DL/T 5151—2014）检测，产品质量需满足《水工混凝土施工规范》（DL/T 5144—2015）技术要求。主要试验项目：成品砂颗粒级配、石粉含量、亚甲蓝试验、泥块含量、云母含量、轻物质含量、有机质含量、坚固性、表观密度、吸水率、碱骨料反应等，并结合原岩检测情况，加强亚甲蓝、云母含量的检测频率。经检测，风化砂MB值4.2，石粉呈泥性，坚固性为9%，其余检测指标与新鲜砂检测结果接近，可用于强度等级不大于C25，无抗冻要求的混凝土。

2 生产垫层料工艺研究

安徽绩溪抽水蓄能电站上下水库均采用混凝土面板堆石坝坝型。上水库垫层区水平宽3m，填筑量69911m^3，下水库垫层区水平宽2m，填筑量75297m^3。垫层料要求干密度不小于2.15g/cm^3，孔隙率不大于20%，渗透系数为$1\times10^{-3}\sim5\times10^{-3}$cm/s。垫层料最大粒径不大于80mm，10mm以下累计通过率为41.9%～58.6%，平均值50%。

2.1 制备垫层料工艺试验

对天然强风化粗粒花岗岩进行击实试验，模拟现场碾压破坏，对击实后的强风化粗粒花岗岩和工程现有工艺生产的0～80mm骨料进行颗粒级配分析，根据实测颗粒级配情况进行理论计算，当强风化粗粒花岗岩与现有工艺生产的0～80mm骨料按4∶6比例掺配时，颗粒级配符合垫层料设计包络线要求。

在使用天然强风化粗粒花岗岩与天然洞挖料生产垫层料过程中，两种骨料按4∶6比例进行混合掺配，在生产过程中洞挖料与强风化料相互挤压破碎，把不稳定结构充分破坏。采用该工艺生产的垫层料C_c值为1.8，连续级配良好；C_u值为34.8，表示填筑料颗粒不均匀，可获得较大的密实度，也易于夯实。

2.2 垫层料试验研究

对采用该工艺生产的垫层料进行现场碾压试验，按下列参数进行施工：自卸车运料，推土机摊铺，大坝垫层料松铺厚度50cm，最大粒径不大于80mm，含水率按天然含水率（3%～7%）控制，碾压采用三一重工振动碾压机（26t）碾压低速静压2遍（1.5km/h），低速振压2遍（1.5～1.7km/h），中速振压4遍（2.0～2.5km/h）顺碾压方向搭接带宽度不小于20～30cm，振动碾行走速度控制在2～3km/h以内。

对掺配生产的垫层料进行渗透变形试验、静力三轴试验、压缩试验，为设计提供参考依据。采用现有碾压参数进行现场复合试验，验证其颗粒级配、干密度、孔隙率、渗透系数是否满足设计要求，对比碾压前后颗粒级配变化情况，具体试验数据见表2。

表2　垫层料现场复合试验成果汇总表

试验项目	颗粒级配			物理性质		水理性质				静力三轴试验			压缩试验	
	曲率系数 C_c	不均匀系数 C_u	破碎率 B_g/%	干密度 /(g/cm^3)	孔隙率 /%	渗透系数 /(10^{-3} cm/s)	临界坡降	破坏坡降	破坏方式	抗剪强度 /kPa	内摩擦角 /(°)	K	压缩系数 /MPa^{-1}	压缩模量 /MPa
设计要求	1～3	>8	—	≥2.15	≤18	1～5	—	—	—	—	—	—	—	—
实测值	2.2	32.0	5.9	2.20	15.4	3.9	1.79	1.91	流土	131.7	40.10	825.5	0.0122	104.9

2.3 成果分析

2.3.1 颗粒级配

碾压后掺配生产垫层料的马萨尔破碎率B_g为5.9%，颗粒级配碾压前后变化不大，强风化岩中的不稳定结构在生产垫层料过程中得到了充分破坏，碾压后垫层料C_c值为2.2，连续级配良好；C_u值为32.0，表示填筑料颗粒不均匀，可获得较大的密实度，也易于夯实。

2.3.2 物理、水理性质

经多次试验，现场垫层料表观密度为2.60g/cm^3，平均干密度为2.20g/cm^3，平均孔隙率为15.4%，平均渗透系数为3.9×10^{-3}cm/s，符合设计垫层料要求干密度不小于2.15g/cm^3，孔隙率不大于20%，渗透系数为$1\times10^{-3}\sim5\times10^{-3}$cm/s的要求。当采用垂直向渗透仪，渗流方向为从下向上进行试验时，土的破坏形式为流土，临界坡降为1.79，破坏坡降1.91。

2.3.3 静力三轴试验试验及压缩试验

大型静力三轴试验结果显示，垫层区料平均线试样干密度为2.15g/cm^{3}时，强度指标C值为131.7kPa、内摩擦角φ为40.10°，模型参数K值为825.5；三轴剪切应力应变关系曲线基本符合邓肯-张模型曲线，摩尔圆强度包络线较好，试验结果基本合理，可为设计参考依据。大型压缩试验结果显示，垫层区料的平均压缩系

数 α 为 0.0122MPa^{-1}、平均压缩模量 E_s 为 104.9MPa。

垫层区料大型压缩试验 $e-p$ 曲线如图 1 所示。

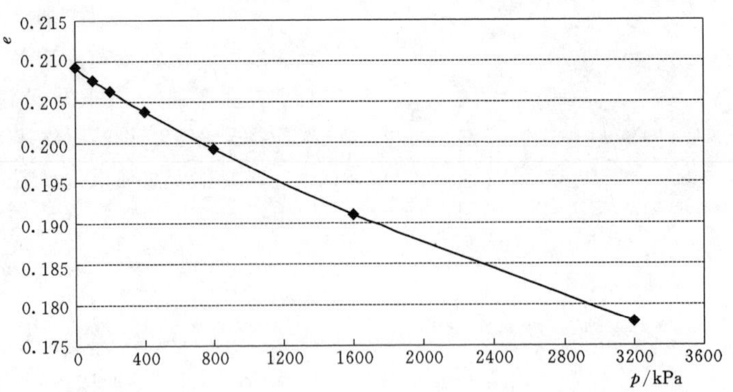

图 1　垫层区料大型压缩试验 $e-p$ 曲线

3　结语

利用绩溪电站强风化粗粒花岗岩制砂，成品获得率可达 75%，有较高的使用价值，可有效降低工程建设成本，减少弃渣土地占用。与新鲜砂比较，风化砂检测指标中坚固性变化较大，石粉呈泥性，其他指标无明显变化，可用于强度等级不大于 C25 且无抗冻要求的混凝土。在生产风化砂过程中，可适当增加冲洗水流量，或适当降低冲洗水的循环使用频率，降低成品砂的含泥量。

采用强风化粗粒花岗岩与洞挖料按 4∶6 比例掺配生产垫层料，成品垫层料经现场试验，颗粒级配、干密度、孔隙率、渗透系数均满足设计要求。在生产垫层料过程中，强风化粗粒花岗岩与洞挖料应同时喂料，确保风化部分得以充分剥离。在实际生产过程中，应根据料源级配变化，及时调整强风化粗粒花岗岩与洞挖料的掺配比例，确保成品垫层料颗粒级配满足设计要求。今后可进一步通过试验确定，利用强风化粗粒花岗岩掺配洞挖料生产特殊垫层料的可能性，并总结生产经验。

参考文献

[1]　陈玉暖，刘复明，陈伊冰. 万安溪混凝土面板堆石坝垫层料特性及试验研究 [J]. 水力发电，1994 (5).

[2]　张新立. 茄子山水库面板堆石坝垫层料生产工艺及填筑技术 [J]. 云南水力发电，2000，16 (4).

[3]　朱纯祥，黄士成，黄福义. 莲花水电站大坝垫层料的制备、施工及试验研究 [J]. 黑龙江电力技术，1997，19 (4).

光伏电站组件及逆变器选型研究

李京东/中国电建集团国际工程有限公司
于竹芹/中核工程咨询有限公司

【摘　要】光伏电站组件和逆变器占到项目总合同额的40%以上，本文通过对单晶硅组件、多晶硅组件、薄膜组件的优缺点进行分析，提出优先推荐选用多晶硅光伏组件的观点；阐述了逆变器选型、光伏阵列设计及布置方案的要求，可为光伏电站主要设备选型提供借鉴。

【关键词】光伏电站　晶体硅组件　薄膜组件　逆变器　选型

近年来光伏电站项目在诸多非洲国家越来越受到重视，相对于化石能源，光伏项目更容易获得来自世界银行或者欧盟相关金融机构的支持。再加上非洲国家大部分地区的太阳能辐射条件较好，适合开发建设光伏电站项目，所以大有谁占领光伏市场谁即占领电力市场的趋势。为占领和扩大市场份额，价格战将是投资人或者承包商不可回避的问题。据统计，在光伏电站项目中，影响价格最大的因素就是组件和逆变器，这两部分加起来占到光伏电站项目总合同额的40%以上。为此，无论是投资人还是承包商，正确选择组件和逆变器显得尤为重要。

1　光伏组件的选择

结合目前全球光伏组件市场的产业现状和产能情况，选取目前市场上主流光伏组件（即晶体硅和薄膜组件）进行性能技术比较。

1.1　晶体硅组件

单晶硅组件是发展最早，工艺技术最为成熟，效率最高的组件。目前规模化生产的商用单晶硅组件效率在16%以上，长期占领最大的市场份额。另外，多晶硅组件的转换效率目前在15.5%以上，略低于单晶硅组件的水平。多晶硅组件虽然效率有所降低，但是生产成本也较单晶硅光伏组件低，具有节约能源，节省硅原料的特点，易达到工艺成本和效率的平衡，目前已成为产量和市场占有率最高的光伏组件。

1.2　薄膜组件

薄膜类光伏组件由沉积在玻璃、不锈钢、塑料、陶瓷衬底或薄膜上的几微米或几十微米厚的半导体膜构成。在薄膜类组件中非晶硅薄膜组件所占市场份额最大。其主要特点为材料用量少，制造工艺简单，可连续大面积自动化批量生产，制造过程消耗电力少，能量偿还时间短等。

1.3　晶体硅组件与薄膜组件的比较

两种晶体硅光伏组件的电性能、寿命等重要指标相差不大，若仅考虑技术性能，在工程实际应用过程中，无论单晶硅还是多晶硅组件都可以选用。晶硅类组件由于产量充足、制造技术成熟、产品性能稳定、使用寿命长、光电转化效率相对较高的特点，被广泛应用于大型并网光伏电站项目。

非晶硅薄膜组件存在效率相对较低、占地面积较大、稳定性不佳等缺点，现阶段应用较少。

综合考虑以上因素，优先推荐选用多晶硅光伏组件。

1.4　多晶硅光伏组件主要技术要求

（1）光伏组件转化效率。根据目前市场上主流产品技术性能，单晶硅光伏电池、多晶硅光伏电池转换效率不低于20%、18.5%，多晶硅生产综合电耗小于100(kW·h)/kg；多晶硅光伏组件和单晶硅光伏组件的光电转换效率分别不低于15.5%和16%。

（2）光伏组件衰减率要求。根据目前市场上主流产品技术性能，多晶硅、单晶硅和薄膜光伏组件自项目投产运行之日起，一年内衰减率分别不高于2.5%、3%和5%，之后每年衰减率不高于0.7%，项目全生命周期内衰减率不高于20%。

（3）光伏组件强度要求。太阳能光伏组件强度测试，应该按照IEC 61215《光伏电池的测试标准》10.17

节中钢球坠落试验的测试要求，可以承受直径 25mm±5%，质量 7.53g±5%的冰雹以 23m/s 速度撞击。

(4) 光伏组件 PID 测试标准。组件 PID 测试标准：在 60℃，85%相对湿度的条件下通 1000V 负电压，测试 96 小时，经测试后组件功率较之前衰减不超过 5%，且所使用电池片折射率大于 2.15。

综合考虑用地情况及目前市场光伏组件量产情况，推荐选用光伏组件为多晶硅组件 320W_p（72 片装）。主要技术参数，见表 1。

表 1　多晶硅光伏组件性能指标表

序号	部件	单位	数值
1	峰值功率	W_p	320
2	光电转换效率	%	16.48
3	开路电压	V	46.22
4	短路电流	A	9.06
5	工作电压	V	37.38
6	工作电流	A	8.56
7	工作温度范围	℃	−40～+85
8	外形尺寸（长×宽×高）	mm×mm×mm	1956×992×40

2 逆变器的选型

2.1 主要技术要求

作为光伏发电系统中将直流电转换为交流电的关键设备之一，其选型对于发电系统的转换效率和可靠性具有重要作用。结合不同国家电网要求及其他相关规范的要求，逆变器的选型主要考虑以下技术指标：

(1) 单台容量大。对于大中型并网光伏电站工程，一般选用大容量集中型并网逆变器。目前市场的大容量集中型逆变器额定输出功率在 100～1000kW 之间，通常单台逆变器容量越大，单位造价相对越低，转换效率也越高。从初期投资、工程运行及维护方面考虑，若选用单台容量小的逆变器，则逆变器数量较多，初期投资相对较高，系统损耗大，并且后期的维护工作量也大。在大中型并网光伏电站工程中，应尽量选用单台容量大的并网逆变器，可在一定程度上降低投资，并提高系统可靠性；但单台逆变器容量过大，则出现故障时对发电系统出力影响较大。因此，在实际选型时，应全面综合考虑。

(2) 转换效率高。逆变器转换效率越高，则光伏发电系统的转换效率越高，系统总发电量损失越小，系统经济性也越高。因此在单台额定容量相同时，应选择效率高的逆变器。

(3) 直流输入电压范围宽。光伏组件的端电压随日照强度和环境温度而变化，逆变器的直流输入电压范围宽，可以将日出前和日落后太阳辐照度较小的时间段的发电量加以利用，从而延长发电时间，增加发电量。如在落日余晖下，辐照度小光伏组件温度较高时光伏组件工作电压较低，如果直流输入电压范围下限低，便可以增加这段时间的发电量。

(4) 最大功率点跟踪。光伏组件的输出功率随时变化，因此逆变器的输入终端电阻应能自适应于光伏发电系统的实际运行特性，随时准确跟踪最大功率点，保证光伏发电系统的高效运行。

(5) 输出电流谐波含量低，功率因数高。光伏电站接入电网后，并网点的谐波电压及总谐波电流分量应满足电网的规定，光伏电站谐波主要来源是逆变器，因此逆变器必须采取滤波措施使输出电流能满足并网要求。要求谐波含量低于 3%，逆变器功率因数接近于 1。

(6) 系统频率异常响应。大型和中型光伏电站应具备一定的耐受系统频率异常的能力，逆变器频率异常时的响应特性至少能保证光伏电站在表 2 所示电网频率偏离下运行。

表 2　大、中型光伏电站在电网频率异常时的运行时间要求

电网频率	运行时间要求
f<48Hz	根据光伏电站逆变器允许运行的最低频率或电网要求而定
48Hz≤f<49.5Hz	每次低于 49.5Hz 时要求至少能运行 10min
49.5Hz≤f<50.2Hz	连续运行
50.2Hz≤f<50.5Hz	每次频率高于 50.2Hz 时，光伏电站应具备能够连续运行 2min 的能力，同时具备 0.2s 内停止向电网线路送电的能力，实际运行时间由电网调度机构决定；不允许处于停运状态的光伏发电站并网
≥50.5Hz	在 0.2s 内停止向电网送电，且不允许停运状态的光伏发电站并网

2.2 逆变器的选型

根据逆变器选型原则，结合场址区域实际气候、海拔、场地地形等特性，并考虑工程所选的光伏组件与逆变器的匹配性，尽量保证发电的可靠性和稳定性，推荐选用 1.26MW/台的集中式一体化逆变器，内含两台 630kW 型逆变器。技术参数见表 3。

表 3　1260kW 逆变器主要技术参数表

名　称	技术参数
最大直流功率/kW	2×705
最大输入电压/V	1000
最低工作电压/V	520

续表

名　　称	技术参数
最大输入电流/A	2×1356
MPPT电压范围/V	520～850
额定功率/kW	1260
最大效率/%	99.00

2.3　光伏阵列设计及布置方案

2.3.1　光伏组件子方阵设计

（1）光伏组件的串、并联设计。光伏组件串联数量计算，利用组串计算公式（1）所示：

$$N \leqslant \frac{V_{dc,max}}{V_{oc} \times [1+(t-25) \times K_v]}$$

$$\frac{V_{mppt,min}}{V_{pm} \times [1+(t'-25) \times K'_v]} \leqslant N \leqslant \frac{V_{mppt,max}}{V_{pm} \times [1+(t-25) \times K'_v]} \tag{1}$$

式中：$V_{dc,max}$为逆变器允许最大直流输入电压，V；$V_{mppt,min}$为逆变器MPPT电压最小值，V；$V_{mppt,max}$为逆变器MPPT电压最大值，V；V_{oc}为光伏组件开路电压，V；V_{pm}为光伏组件工作电压，V；K_v为光伏组件开路电压温度系数；K'_v为光伏组件工作电压温度系数；t'为光伏组件工作条件下的极限最高温度，℃；t为光伏组件工作条件下的极限最低温度，℃；N为光伏组件串联数（N取整）。

（2）光伏组件串的排布。一个光伏组件串单元中光伏组件的排列方式有多种，但是为了接线简单，线缆用量少，施工简单，在工程计算的基础上，对光伏组件进行排列，推荐采用横向4×9排布方案，如图1所示为一个支架单元的两串光伏组件串。

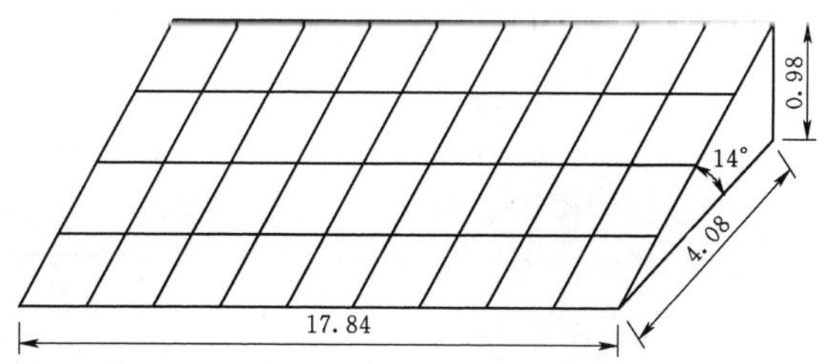

图1　320W_p多晶硅光伏组件的排布方式（单位：m）

（3）阵列间距计算。光伏阵列必须考虑前后排的阴影遮挡问题，并通过计算确定阵列间的距离或光伏阵列与建筑物的距离。一般的确定原则是：冬至日当天早晨9：00至下午15：00的时间段内，光伏阵列不应被遮挡。按照公式（2）进行计算，光伏阵列间距或可能遮挡物与阵列底边的垂直距离应不小于D。

$$D=\cos A \times H/\tan[\sin^{-1}(\sin\phi\sin\delta+\cos\phi\cos\delta\cos h)] \tag{2}$$

式中：D为遮挡物与阵列的间距，m；H为遮挡物与可能被遮挡组件底边的高度差，m；ϕ为当地纬度；A为太阳方位角；δ为太阳赤纬角；h为时角。

2.3.2　汇流箱的选择及布置方案

汇流箱的选型主要技术指标为：绝缘水平、电压、温升、防护等级、输入输出回路数、输入输出额定电流等，并应具备防雷保护、防逆流及过流保护、隔离保护等保护功能，设置相应监测装置，确保防腐、防锈、防暴晒，防护等级不低于IP54。按照项目所在地的环境温湿度、污秽等级等环境条件进行校验确定。汇流箱技术性能，见表4。

表4　　汇流箱主要性能指标表

序号	名称	指标参数		备　注
1	回路数	16路（进）1路（出）	12路（进）1路（出）	
2	额定电压	DC 1000V	DC 1000V	
3	支路熔断器额定电流	15A	15A	
4	输出断路器额定电流	200A	160A	直流塑壳断路器选用光伏专用直流断路器
5	电缆连接插头	15A	15A	含正负极插头，设备应配备与进线插接头配套的连接插头
6	保护功能	防雷、防逆流及过流、隔离保护等		
7	防护等级	不低于IP54		

汇流箱是光伏组件串并联汇集的关键装置，不同路数汇流箱的布局应结合子方阵总体线路压降损耗的控制、输入输出电缆的敷设路径并兼顾各汇流区内不同光伏组件串的容量均衡。总的来说，一方面降低电缆直埋敷设时的土建量，节省实施费用；另一方面尽量消除光伏组件串及不同汇流区间的匹配差异性，降低线路不合理压降损失，提高发电效率。

3　结语

光伏电站中，组件和逆变器是其主要构成部件，也对电站的造价影响很大。正确选取组件和逆变器并使之运行在正确的方式下，无疑会提高电站的经济可行性。本文着重探讨了光伏电站组件和逆变器的技术特点和选择方法，相信在对环保越来越重视的将来，新能源代替传统的火力发电将是一种趋势，对光伏电站的研究也将更加深入。

4D 模拟软件在国际港口工程施工管理中的应用

龚昭进　曹　颜　谢　豪/中国电建集团山东电力建设有限公司

【摘　要】 Building Information Modeling（BIM）技术广泛应用于工程设计、施工和运维的全过程中。文章以沙特萨勒曼国王港项目为依托，介绍了 BIM 技术与 4D 模拟软件结合进行模型搭建和施工工序模拟，实现对项目施工逻辑验证、对关键工序可视化施工交底，对比分析不同施工方案的可行性、施工虚拟和实际环境下的施工进度计划管理，实现“先试后建”，确保项目顺利实施。

【关键词】 BIM 技术　4D 模拟　可视化　施工模拟

BIM 是将基于 3D 模型的信息技术应用于建筑、设计、施工的过程，自 2000 年以来逐步发展成熟，是以三维数字技术为基础，集成了建筑工程项目各种相关信息的工程数据模型，可以为设计和施工中提供相协调的、内部保持一致的可进行运算的信息。大型国际项目更是重视对 BIM 应用，实现“先试后建”和在电脑上“施工”，通过使用 4D 模拟软件提前模拟工程的施工过程，从而提前预测出一些难以通过常规措施发现的种种情况，以提前做好应对方案。

通过 BIM 与施工进度计划相链接，将 3D 模型信息与施工计划相关联形成 4D（3D＋时间）模型，从而直观、精确地反映整个建筑的施工过程。4D 施工进度模拟可以在项目建造前期提前对施工计划进行查错补缺、在实际施工过程中动态观察实际进度与计划进度的关系、以动态的形式精确掌握施工进度，优化使用施工资源以及科学地进行场地布置等。对整个工程的施工进度、资源和质量进行统一管理和控制，达到缩短工期、降低成本、提高质量的目的。

本项目通过使用 4D 模拟软件，将建立的 3D 模型与 Primavera（以下简称“P6”）进度计划有效结合，生成可模拟施工的 4D 模型，实现施工可视化与进度计划可视化，为项目的顺利交付保航。

1　项目概述和 4D 模拟软件介绍

1.1　项目概述

沙特萨勒曼国王国际综合港务设施项目（以下简称“国王港项目”），位于沙特东部阿拉伯湾沿岸，朱拜勒以北约 80km。国王港项目东西跨度 2500m，南北跨度 4500m，总占地面积超 11km^2，建成后将成为全球规模最大的“超级船厂”，创造多个世界之最：面积最大的船厂、整体面积最大的干船坞、最大的联合吊装能力、最大的升船机系统、最长的码头。

国王港项目中 P4、P5、P6 标段为主体工程，P4 包为商业船舶和钻机平台维护修理区，主要包含修船坞、升船机、高桩码头、船舶转运区和修理区等，其中升船机升船能力 25000t。2 号干船坞为修船坞，长 374m，宽 90m，深 16m，采用卧倒式坞门；P5 包为新商业船舶、海上平台制造区，主要包含造船坞，其中 4 号、5 号主要包括方块码头和造船坞，长度分别为 550m 和 400m，宽度均为 75 米，深 13.5m，采用浮箱式坞门，三座船坞混凝土总量达 30 万 m^3，并且 4 号、5 号船坞包括 1 座 1600t 及 3 座 500t 巨型龙门吊。P6 包为海上平台、钻机制造区及公用服务设施，主要为众多的陆上建筑物，包括 13.8kW 主接收电站、各类车间和仓库、动力与给排水系统等。

本项目体量巨大，工程总混凝土量近 200 万 m^3，项目全场共 39 个钢结构建筑物，钢结构总量达 3.9 万 t，建筑总面积 55 万 m^2。

1.2　4D 模拟软件介绍

4D 模拟软件是本特利（Bentley）旗下的一款专业施工模拟软件，具有成熟的施工进度计划管理功能。可以为整个项目的各参与方（包括业主、建筑师、结构师、承包商、分包商、材料供应商等）提供实时共享的工程数据。可以利用 4D 模拟软件进行施工过程可视化模拟、施工进度计划安排、高级风险管理、供应链管理以及造价管理等。

BIM 在施工阶段的重点应用之一是进行现场施工进度管理，而 4D 模拟软件恰好在管理应用方面尤为突出，计划编制、计划优化、计划分析、计划输出都可以基于 4D 模拟软件实现精细化应用。目前我们常见的施工进度模拟软件其功能基本都没有模型编辑或者创建能力，但是 4D 模拟软件可以在软件里进行模型搭建与编辑，并且可以与建模软件良好兼容。

通过对比分析目前主流的 4D 软件，并根据本项目体量大、专业多等特点，最终选用 4D 模拟软件对本项目进行施工模拟。

2 4D 模拟软件主要功能分析

2.1 BIM 模型“轻量化”整合

4D 模拟软件支持导入多种格式的 BIM 模型，并对模型信息进行过滤删除非必要的模型信息以及一些几何信息的优化操作达到轻量化的目的，可以自由查看各尺寸的项目模型，并通过有效的管理，使项目各参建方了解进度计划和模型，更好地达到模型可视化和执行项目目的。

2.2 模型的静态、动态分析和碰撞检测

碰撞检查是指通过在模型中对不同专业的构件在空间上的冲突进行检测，主要包括软碰撞、硬碰撞两种类型，通过在施工前进行碰撞检测，寻找施工中不合理的地方并及时调整，提高施工效率和质量。4D 模拟软件不仅可以进行静态碰撞检测，还可以进行动态碰撞检测。

2.3 高效的 4D 模拟与动态进度管理

4D 模拟软件不仅可以通过加载进度计划与模型挂接，形成 4D 模型，同时具有编辑进度计划的功能，以及对模型进行拆分、整合和简单修改功能。4D 模拟软件可以实现与 P6 进度软件的无缝对接，例如，通过在 P6 中更新进度计划，可以实现在软件中的同步更新。

在 4D 模拟过程中，4D 模拟软件可以通过对同一模型加载不同时间，例如，基准计划、实际计划，生成多视角对比动画，更加形象展示现场施工情况，并通过软件的显示（包含安装、维修、拆除、临时四种形式）功能，对重点工序构件的展现形式进行强调，有助于可视化的施工交底。

通过模型与计划的有效挂接，使项目部可以高效进行施工进度模拟、施工工序模拟、施工场景模拟等。项目团队可以通过进度模拟，优化进度计划和施工方案，通过可视化的效果，使进度计划更加合理。

2.4 快捷方便的项目交互、现场交流

4D 模拟软件可以实现随即制作随即动态调整，即可及时进行动态动画展示。通过 4D 模拟软件可以快速输出施工进度模拟视频文件，直观展示现场施工动态，辅助生产指导。并可以将成果模型、模拟效果传送至平板电脑、手机等，让现场管理人员随时进行现场质量、安全、进度管理。4D 模拟软件界面如图 1 所示［其加载了 A301 - Production office（生产办公室）的模型和基准计划］。

3 4D 模拟软件在国王港项目中的具体应用

3.1 4D 动画模型

在国王港项目中根据业主合同文件，在项目设计和施工阶段均需要创建 4D 动画模型。在设计阶段，通过对 3D 模型加载基准计划，形成 4D 模型。在施工阶段，通过在形成的 4D 模型中加载实际施工时间，形成符合实际的 4D 模型。利用 4D 模拟软件进行模拟动画的制作，用来研究施工可行性、施工计划安排以及优化任务和下一层分包商的工作顺序。通过模拟动画，可以很好地控制生产周期，提前准备好人员和材料，有效减少工期、材料和人力等浪费。若通过加载资源，则可以导出每个月的资金、产值等，从而提前做好商务及物资方面的计划准备。

3.2 工艺漫游展示

通过采用 4D 模拟软件的漫游功能，可以使项目各相关方“身临其境”经历项目的建造，了解项目的施工建造全过程，实现“所视即所得”。并加强了项目各相关方对项目的管理，如图 2 所示是国王港项目 A301 建筑物内部的漫游视角，并结合软件的标注和视角管理功能，可以实现快速、高效的协同管理。

在项目施工过程中，针对技术方案无法细化、不直观、较低不清晰的问题，可以通过 4D 虚拟动漫技术呈现技术方案，使施工重点、难点部位可视化，实现 4D 技术交底，确保工程质量。预应力钢结构的关键构件及部位的安装相对比较复杂，如图 3 所示，合理的安排方案很重要，传统的方法是在工程实施时验证，会造成二次返工等问题。通过 4D 动画模拟，能够提前对特殊部位的安装过程通过动画进行动态展示，支持施工方案讨论和技术交流。

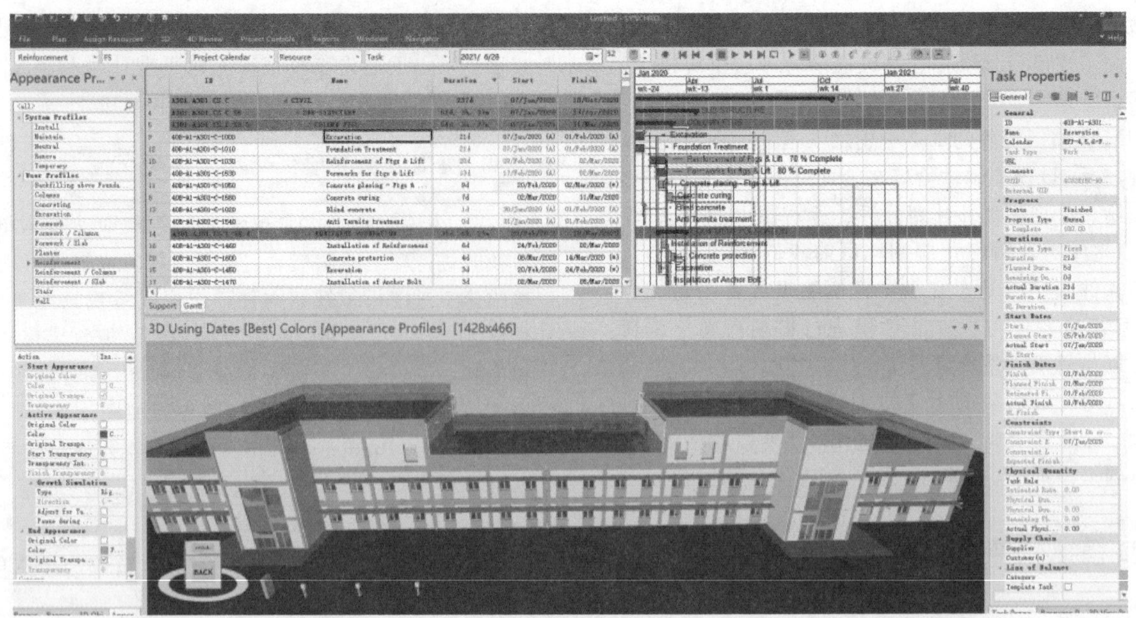

图1 4D模拟软件界面

图2 项目A301建筑物内部的漫游视角

图3 钢结构复杂构件节点的展示图

施工过程的顺利实施是在有效的施工方案指导下进行的。因此，在施工开始之前，找出完善合理的施工方案是十分有必要的。利用4D模拟不仅可以预测和比较不同的施工工艺，还可以优化施工方案，寻找最优的施工方案。对关键部位进行的方案预演和选择，实现BIM技术指导施工。

3.3 施工模拟

通过4D施工模拟，可以直观地体现施工的界面、顺序，从而使总承包更容易与各专业施工分包进行沟通、施工协调和管理，将四维施工模拟与施工组织方案相结合，可以使设备材料进场、劳动力配置、机械排班等各项工作安排得更加经济合理，实现施工可视化，达到对施工工序和逻辑验证及优化的目的，并使设计意图清晰展示给项目参建方。如图4所示通过在4D模拟软件中对A301整个建筑物施工进度进行模拟，直观体现施工顺序等情况，并通过清晰展示不同节点施工内容，合理动迁人员和机械。

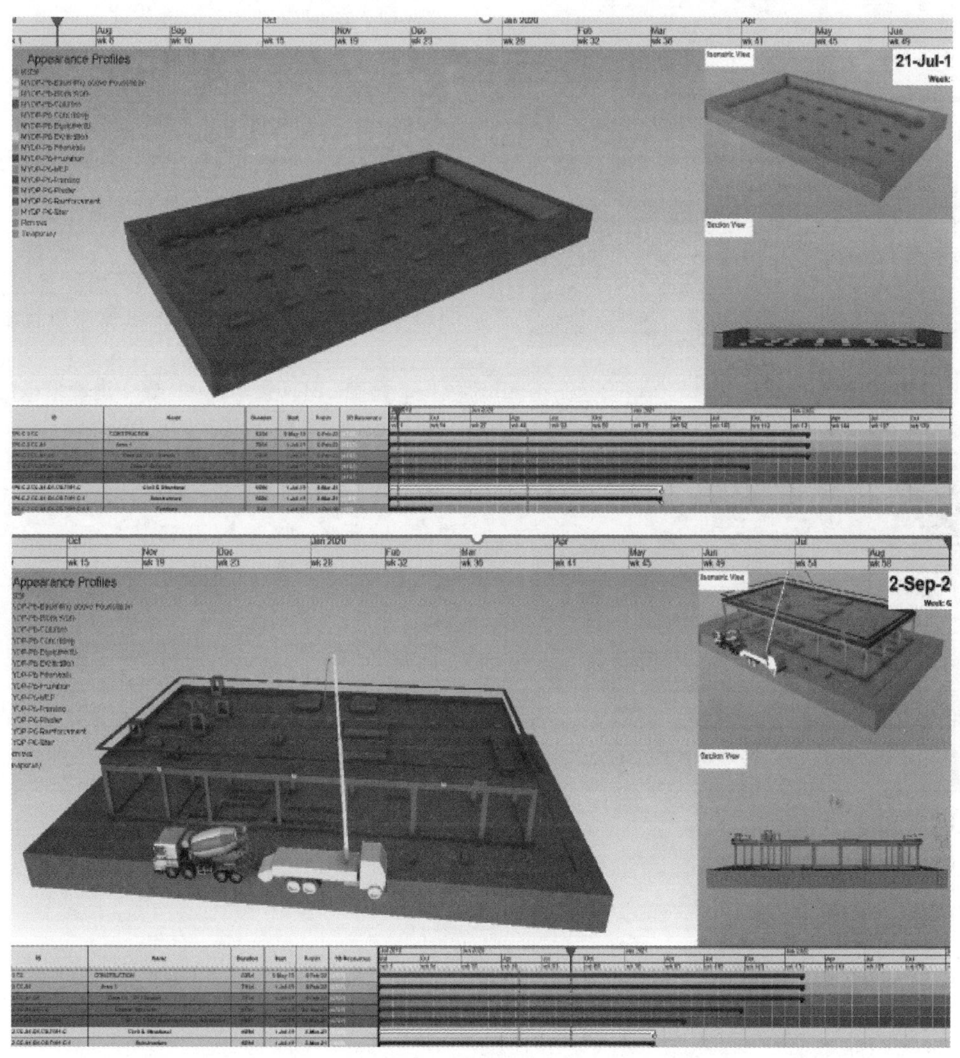

图4　4D模拟软件对整个建筑物施工过程进度模拟

综合施工进度计划进行的4D施工模拟，加入成本信息和协同平台的管理，可以实现工程的综合预演，有助于总包方对工程进行预控。

3.4　进度管理

施工进度是整个施工过程中的重要控制内容，进度计划、资源安排、技术力量、方案、天气情况、建材运输等都是影响施工进度的关键因素。然而，实际实施情况往往与制定的进度计划偏差较大，并且随着项目的进展，进度滞后的情况逐步累积。在本项目中，通过P6编制的施工计划，直观地将3D模型和施工计划在4D模拟软件中通过Activity ID（作业项和模型构件的编码）自动关联起来，并与施工资源和场地布置信息集成一体，以时间为维度，建立4D施工信息模型，自动生成虚拟建筑的全过程。

进度管理主要体现在以下两点：

（1）校验施工计划。4D施工模拟技术可以跟踪项目进度，检验施工进度计划是否合理有效，快速辨别实际进度是否提前或滞后，从而避免工程质量和施工安全等问题。在4D模拟软件中通过模型和施工进度进行挂接，对施工进度进行可视化展示，分析虚拟建造的全过程，针对不合理的施工进度进行调整，达到对施工进度计划进行验证和更好控制现场施工与生产的目的。

（2）施工进度监控。通过在同一模型中加载基准施工进度和实际进度计划，形象直观的展示进度偏差的部分，包括提前、滞后，并通过不同颜色进行强调，据此分析产生进度偏差的原因，如图5和图6所示，通过两个视图对比使进度偏差可视化。

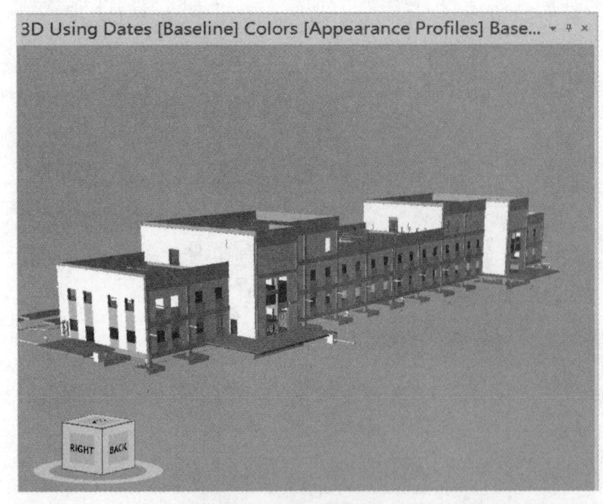

图 5　3D 模型加载基准计划

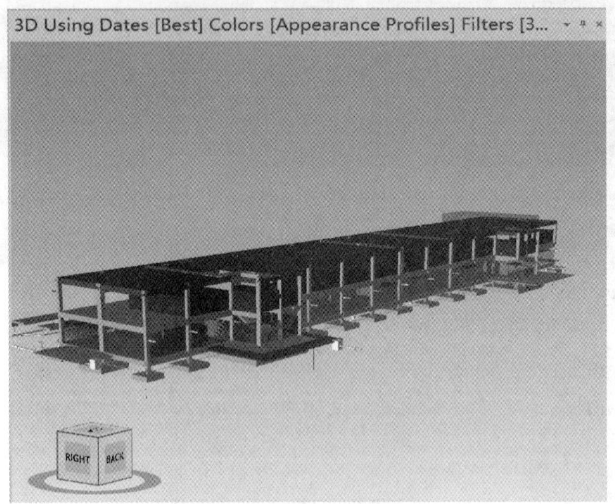

图 6　3D 模型加载实际计划

4　结语

以沙特国王港项目为依托，重点介绍了 4D 模拟软件在项目中的应用。通过进行施工模拟，实现对项目施工逻辑的验证、对关键工序的可视化施工交底、对施工进度进行验证，并通过在模型中加载实际进度计划使项目进度偏差可视化，达到进度计划的有效监控，实现对项目“先试后建”的目的，排除施工过程中可能存在的错误及风险，确保项目的顺利实施。

参考文献

[1]　陆泽荣，叶雄进．BIM 建模应用技术［M］．北京：中国建筑工业出版社，2018．

[2]　柳茂．BIM 技术在 4D 施工进度模拟的运用［J］．信息记录材料，2018，19（6）：29－31．

[3]　马金木，韩要东．Rhino，Revit 与 Synchro _ 4D 相结合的研究［J］．建设科技，2018（367）：26－27，44．

[4]　陆泽荣，刘占省．BIM 技术概论［M］．北京：中国建筑工业出版社，2018：64－84．

[5]　韩宁．Navisworks 在建筑信息模型（BIM）技术中应用的研究［C］．2008 年全国高等学校建筑院系建筑数字技术教学研讨会论文集，2008．

[6]　倪青．Navisworks 软件在项目施工模拟中的应用［J］．安徽建筑，2020：184－186．

[7]　田永刚，张亮，金建伟．BIM 技术在机电工程中的模型建立、碰撞检测研究［J］．建轻工科技，2019，35（9）：58－59，73．

浅谈中国测量技术在国外工程项目中的应用

茅健生/中国水利水电第十二工程局有限公司

【摘　要】 中国的测量技术如GNSS、平面控制、三角高程、数据采集成图等技术广泛应用在国内施工项目中，测量技术先进、科学、应用广泛成熟。因国际尚无通用的测量规范，就是说中国规范走向国际建筑市场尚无依据，应用起来相当困难。

本文结合越南SONG BUNG 4水电站项目测量、南美圭亚那谢里夫街道-曼德拉大道道路升级拓宽项目测量的实践谈点体会，期待同行一起认真解决或者提供更简捷方案为现场测量提供帮助。

【关键词】 中国规范　测量技术　工程应用

1　前言

中国有很多基建公司紧跟国家“走出去”战略，在海外投资兴业，实现了合作共赢。“走出去”就专业层面而言如要解决专业规范应用、国内成熟技术应用转化等问题。

在一些经济相对落后国家可能没有专业规范；或者规范技术指标与中国规范标准有一定差距；所在国很多专业技术相当落后等。中国测量技术近20年来发展很快，线性工程中传统测角网三角锁到目前普遍采用的GNSS网、从三角高程技术替代等级水准高程、从手绘地形图到人机互动软件成图等。在国内基建工程中，测量技术已与国家高速建设节奏完全匹配。

2　问题提出

国外工作过测量同行应都碰到过类似难题：语言障碍造成专业交流上困难，翻译不一定懂测量专业词汇；应用规范障碍可能严重到无法开展日常工作；读图绘图障碍可能因理解错一个设计表达而造成工程事故；测量技术壁垒使国内成熟应用技术无法施展实际工作中等等。走向海外市场不简单、不容易，每个层面都需要解决一系列难题。

越南SONG BUNG 4水电站、南美圭亚那谢里夫街道-曼德拉大道道路升级拓宽项目工作期间种种差异给生活带来不同感受。从测量专业角度讲如何应用作为工作基准的标准、规范，在所在国没现成标准、规范条件下翻译、应用、移植中国规范标准变得十分迫切必要。

3　处理问题方案

国际尚无统一施工标准、没有适应项目通用规范。各国规范标准中相关指标、精度要求各不相同。若能适应所在国规范又满足合同要求那最理想，若所在国没有合适规范可以套用，或套用规范用起来不配套呢？把日常熟悉中国规范介绍给监理并得到接受是不错的方案。

国外工程施工其施工测量大都考虑用国内测量技术人员完成日常放样。作为测量人为保证测量工作稳定，控制测量、施工放样过程期望采用中国规范，期望应用熟知的测量控制、施工放样、三角高程、计算机成图等技术。

投标文件往往都根据招标文件要求编制属宏观务虚，进入中标实施阶段需要务实。需要务实就要碰到处理实际问题方案、办法，需要用到标准、规范。

如何说服业主监理接受中国的应用规范标准技术问题，这个过程不是很简单就能解决。要找到变更应用依据、理由。①事关质量的精度必须不低于招投标文件要求；②不能提因为应用标准提高而要求新增任何费用问题；③要无条件接受所在国哪怕技术再落后的复测检查；④可能还有用不同测量方法证明应用技术可靠、科学等。

总之，不能用国内与业主监理沟通思路解决所在国应用中国测量技术规范、标准等问题。

4 问题处理过程

把中国规范、标准、技术应用到项目所在国，需要做好如下工作：中国规范、标准、技术等翻译工作；合同、法务、技术等方面比较准备工作；所应用平面、高程、成图等中国技术梳理成监理业主能承认、接受、采纳的图表和文案等。

4.1 有关翻译

有必要将专业词汇与翻译沟通，比如测量中误差，翻译可能理解为“测量中”＋“误差”，把“平差”翻译为“平面差”等。

可以将测绘专业词典常用词给翻译参考，测绘词典中能找到常用的专业词汇，这个工作只能专业测量人员做。

（1）如平面控制测量中：边角组合网、导线测量、平面点位中误差、测角测边中误差、最弱边相对中误差、测回、半测回归零差、一测回 2C 较差、点位精度等。

（2）如全球定位系统 GPS：卫星高度角、观测时段、数据采样间隔、几何强度因子、基线、同步环、异步环、约束平差等。

（3）如高程控制：几何水准测量、电磁波测距三角高程、GPS 拟合高程、全中误差、偶然中误差等。

（4）如平差文件：平差、最弱点、单位权中误差、闭合差、先验单位权中误差、后验单位权中误差等。

非专业的翻译难免词不达意，好在施工测量达到意会问题也不是很大。与业主监理专业上沟通并不需要严格精确译文，但若可能与费用发生关系的译文需要严密。

4.2 推广国内规范前准备

查找招标文件、施工合同等有关应用规范、精度要求条款、查找 FIDIC 条款有关满足设计要求采用施工工艺、技术类条款，查找所在国监理、业主应用有关规范技术标准等。

在国外工地经常使用测量技术有：GPS 控制与放样技术、全站仪三角网导线控制技术、全站仪施工放样技术、三角高程控制放样技术、计算机成图和计算器编程技术等。

平面与高程系统不是国内熟悉的系统是肯定的、这很正常。在移交资料中没有国内移交资料中通常注明平面系统、高程系统、中央子午线、归算高程等信息，应用国外项目资料前这个需要特别注意。

4.3 高程控制应用

三角高程技术在国内水利水电行业应用比较多，三角高程替代三等、四等水准在国内多数施工行业没有异议。

列表（或其他形式）比较中国与所在国高程规范、比测水准高程与三角高程差值、分析比较招标文件精度要求。

将中国有关三角高程规范要求和有关技术扫描、翻译、解释清楚。

列表表达比较能说服监理业主，提供水准高差与三角高程做个比较，分析允许差符合程度分析。

4.4 平面控制应用

国内规范明确了所建工程与测量控制等级关系，明确了达到测量控制等级所需要仪器装备，规定了控制网如平均边长、测角测边中误差、最弱边、测回数等技术要求。

若招标文件明确应采用规范则需要采用招标文件规定规范，或采用不低于文件规定的标准实施测量作业。

若施工所在国有相关测量规范，将所在国规范翻译与国内规范比较提交监理，说明应用中国规范理由依据，得到确认后就可以应用熟练掌握的国内规范。

在越南项目，最终应用了国内熟知的测量规范，但应用过程做了很多翻译解释工作。通过对业主提供资料分析和越南测量规范理解，越南测量规范与中国现行测量规范精度指标基本一致（表 1），中国现行规范对应精度要求略高于越南规范相应精度，对照合同有关执行规范的要求，项目测量控制与放样根据越南测量规范参照中国测量规范相关条款执行。

表 1　中越部分规范、标准同等级比较表

国家标准	测角中误差	三角形闭合差	最弱边相对中误差	Ⅲ等导线方位闭合差	水准允许闭合差
越南标准	1.5″	5.0″	1/15 万	$\pm 5\sqrt{L''}$	$\pm 5\sqrt{L''}$
中国标准	1.0″	3.5″	1/25 万	$\pm 3.5\sqrt{L''}$	$\pm 4\sqrt{L''}$

基于施工放样为中国测量技术人员、熟悉中国测量规范且中国规范精度符合或高于招标文件规定的要求。将这些数据分析、精度资料认真解释给监理工程师，多数监理能接受施工采用中国规范。

海外部分国家测量技术的确存在原始、落后问题。中国的测量技术再先进、再科学，若未将技术指标解释透彻、技术精度分析清楚，监理工程师不同意应用中国规范也是合法合规的。因为翻译、解释等原因造成中国技术不可用，其生产成本将很大。

在圭亚那应用中国测量技术就碰到了很多沟通以外

问题：平面系统为UTM（业主移交资料无系统说明）；三角高程不被认可；提供平面控制点精度低于图根点要求；提供高程控制点精度低于五等精度要求；图面设计错误修正难度较大；线性工程中断链技术未被应用等。

（1）如何通过不断沟通、验证，最终确认使用熟悉的中国规范、中国技术。

1）平面系统：因UTM坐标系统不能直接用于工程测量，与业主及监理协商后，监理要求全程参与导线观测来检核提交的平面控制系统，经三方现场观测及计算，证明提交成果可用于本次工程施工，业主提供平面成果存在系统差异不用于本次工程施工。

2）高程系统：监理要求双方进行水准联测检核提交的三角高程成果，经成果对比，中方采用的四等三角高程成果精度完全满足施工需求。

3）断面测量：监理要求现场检查RTK三维断面数据精度，经检核对比，所有RTK三维数据均符合本工程施工需求，业主同意可以使用RTK技术采集三维坐标数据生成公路断面。

4）断链技术：因业主前期采用UTM坐标系统生成的施工设计图，后期采用中方控制成果作为施工放样基准，设计图里程存在约1.5m差异，中桩位置也发生偏移。根据现场实际及线路走向提出分段求参，在分段处引进断链技术消除里程差异的技术方案。将计算方案、断链技术提交业主及监理，业主同意修改设计图建议。

至此，把成熟的平面控制、三角高程、地形断面数据采集成图、断链等技术应用于施工项目，为日常施工测量提供了可行、可靠的解决方案。

（2）处理问题的思路（以高程为例）：

1）翻译、分析业主提交高程文件，业主所谓水准高程控制：没有前后视距差、累计差要求，没有红黑面要求、没有闭合差要求、单向，完全支水准形式。

2）解释中国三角高程应用：测量条件如边长、垂直角测回数、往（返）测指标要求、往返较差、线路闭合差、高程中误差、最弱点高程中误差等。

3）把国内规范解释清楚了，让监理工程师用他们熟悉的方法验证，双方成果比对、验算。做好这些工作，日常测量中应用中国规范也就水到渠成。

5 UTM系统与高斯-克吕格

国内工程平面系统通常基于西安80、北京54、独立坐标系统，或挂靠于西安80、北京54的准系统。国外项目与国内平面系统一定不一致，若采用高斯-克吕格投影系统，目前常规仪器使用与国内一致；若采用UTM投影坐标系需要在出测前做好转化工作。

对于精度要求较高的高等级道路、桥梁、隧洞、金结等施工测量，UTM投影坐标系是不合适的，应先把UTM投影转换到高斯-克吕格投影上，然后再转换到合适的施工坐标系中。

5.1 UTM系统与高斯-克吕格关系

高斯-克吕格投影与UTM投影的近似换算关系如下：X[UTM]＝0.9996×X[高斯]，Y[UTM]＝0.9996×Y[高斯]。实测距离是通过乘以两个因子改化到UTM投影坐标系下的。全站仪实测距离必须乘以高程改化因子与比例因子网格因子才能得到UTM投影坐标下的距离。

计算结论：显然没有改化前的实测水平距离与UTM投影坐标系下水平距离相差比较大。

在用全站仪测量放样时，为了保证把距离改化到UTM投影平面上，应在仪器中输入网格因子。未进行改化的距离在应用上就会出现技术错误，如一座30m的预制梁桥，桥墩采用UTM控制点用全站仪放样出来的距离实际只有29.977m（不同区域其值不确定），而预制的箱梁长度（预制时长度用米尺量）30m，进入安装阶段是不被允许的。

对于精度要求较高的高等级道路、桥、隧、金结等施工测量，UTM投影坐标系是不合适的，为了满足投影过程中产生的变形不大于施工放样的精度要求，应先把UTM投影转换到高斯-克吕格投影上，然后再转换到合适的施工坐标系中。

5.2 UTM系统转化为高斯-克吕格其他方案

将业主提供的UTM系统下控制成果转化为高斯-克吕格系统除通过计算转化实现也可以通过如下途径实现。

对于项目施工区域不大或施工较集中区域选取施工近中心控制点为起算点，另外一点为起算方位点。就是采用零类设计，控制网边、角、气象等信息全部按国内规范要求采集，这样做今后施工测量完全等同于国内日常测量工作。建议将其他控制点与新建控制网点成果做个比较，查反算夹角是否相符、看反算边长与实测边长是否近似符合0.9996系数关系。

线性工程控制测量系统也可以采用一点一方位实现，通常将位于设计起始（或终点）区域提供控制点选为起算点，为保证设计形体基本一致选择位于线性曲线区域（线路走向较大改变处）提供控制点为起算方位点。采用无定向方案平差，由于提供控制为UTM系统而控制为高斯-克吕格系统，显然区域平差结果需要旋转后再平差。

尽可能将业主提供控制点纳入加密控制网中，而施工放样所使用的控制点为除起终点以外新坐标成果。通过CAD绘制提供控制新旧系统，判断是否与原设计阶段控制布置意图一致或者说是否需要大面积修改原设计图。

在南美圭亚那，因业主前期采用UTM坐标系统生成的施工设计图，后期采用高斯-克吕格系统控制成果作为施工放样基准，设计图里程存在约 1.5m 差异，中桩位置也发生偏移。根据现场实际及线路走向采用分段求参数，将设计里程差值引入直线段，引入断链技术消除里程差异的技术方案，通过沟通解释取得了业主的理解和支持，最终修改了设计图。

考虑所在国已有设计意图、最大程度考虑费用变更因素，把国内先进测量技术引入了施工项目，最终受益的还是项目各方。

6 结语

国内施工企业走向国际是大势所趋，相关技术紧跟走出去步伐才能为企业创造更好价值。从专业层面看，在未解决国际通用测量规范或中国规范成为国际通用标准前把成熟的平面控制、三角高程、地形断面数据采集成图、断链等等技术应用于施工项目，为日常施工测量提供可行、可靠的解决方案。

风力发电机组内置升压变压器技术方案分析

李金韬　陈　冰/中国电建集团昆明勘测设计研究院有限公司
龙云峰/云南华电福新能源发电有限公司

【摘　要】 传统陆上风力发电机组一般使用外置箱式变电站作为升压变压器，设备运行环境往往比较恶劣，对设备耐候性要求较高，设备安装运行维护成本高。本文结合云南某风电场风力发电机组内置升压变压器工程实例，从技术方案、施工调试、运行维护及系统成本等方面进行分析，并计算了内置方式减少的线损，得出与外置方式相比机组升压变压器机舱内置方案具有缩短大电流流通距离，节省电缆使用量，提高机组发电量效率，增强设备抗腐蚀性能，提高产品稳定性，节省风机建设成本等优点的结论。

【关键词】 风力发电机组　电缆线损　内置升压变压器　技术方案

1　引言

升压变压器作为风力发电机组中的重要部件之一，直接影响风电场的运行。目前，风电场机组升压变压器单元的配置有两种：第一种为常规的"一机一变"配置方案，即在每台风力发电机组的平台上配置一台箱式变压器，此方案为目前国内项目常规配置方案；另外一种为风力发电机组内置升压变压器方案，国外 GE、Gamesa 等风机厂家多采用此方案，技术较为成熟。国内的一些海上风电设备厂家已经对内置塔筒式变压器系统进行了大量的研究和改进，有效地解决了海上风电场箱变运行的一些问题，但陆上风电对风机箱变内置技术的研究还比较少，本文结合云南地区某高海拔山地风电场项目风机实例，对国产风力发电机组机舱内置升压变压器的技术方案、施工方案和系统成本等进行分析。

2　风机箱变内置技术方案

将升压变压器内置于风机机舱内，需要对机组整机载荷进行重新校核，同时完成机组整机电气系统、机舱结构、变压器及开关柜布置等方案。根据本风电场箱变内置于风机的设计方案，需将原布置于塔筒底部平台的换流柜移置于风机机舱内，塔筒底部平台布置一台升压变压器高压侧 35kV 开关柜。

2.1　箱变内置机舱电气主接线方案

内置于机舱的升压变压器采用环氧树脂浇铸绝缘升压变压器，容量 3500kVA，变比为 (35±2)×2.5%/0.69kV。变压器低压侧按发-变组接线，高压侧为线路-变压器组接线，电气接线图如图 1 所示。电气系统接线方案较箱变内置前没有改变，设备选型及布置方式改变。

2.2　设备选型及布置

环氧树脂浇铸绝缘干式变压器冷却方式选用风冷，从机舱底部进风，通过变压器室背部机舱壁加装的轴流风机将热风排出，变压器采用封闭门与其余设备隔离，保证安全距离满足规范及运行要求，为了防止机舱内湿度过高，在变压器安装舱体内应设置电加热除湿装置，其电源由风机厂家设置。

变压器过流保护由前端断路器实现，本体带温度监测，超温信号动作于前端断路器，进行跳闸保护。

本项目在风机塔筒底部平台布置一台 35kV GIS 柜，柜内配置 35kV 断路器及隔离开关、接地开关作为高压侧保护，柜内集成智能保护测控装置。GIS 柜设五防装置，保证操作安全。GIS 柜设置气体泄漏报警装置，同时上传报警信息至监控后台。

2.3　与箱变内置前方案对比

通过系统接线、变压器配置、集电线路、监控系统及电缆五个方面对比传统箱变外置方案和变压器内置机舱方案，直观比较两种技术方案的区别，对比内容及结论见表1。

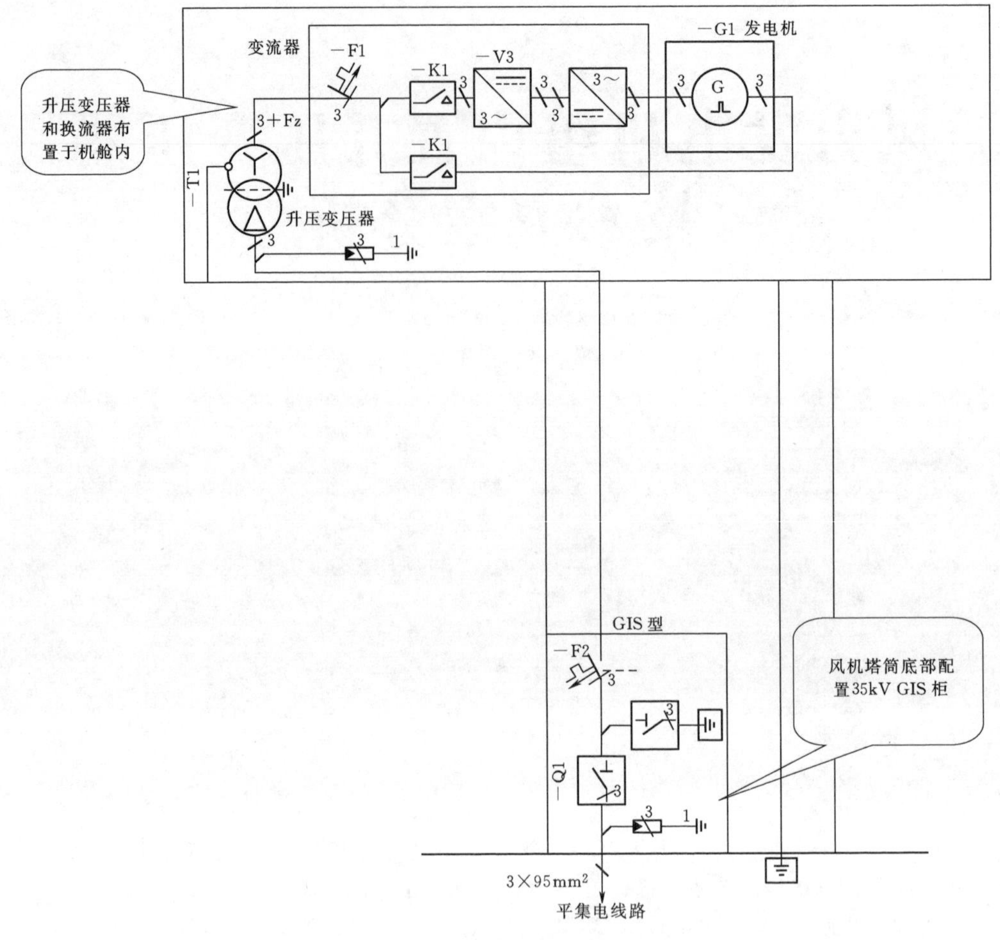

图1 箱变内置机舱电气接线图

表1 传统箱变外置方案和变压器内置机舱方案对比

方案名称	系统接线	变压器配置	集电线路	监控系统	低压电缆
传统箱变外置方案	线变组接线	油浸式变压器，布置于户外	35kV电缆接至箱变高压侧	光纤环网汇集信息后接入监控后台	1kV电缆接至箱变低压侧
机组内置变压器方案	线变组接线	干式变压器，布置于机舱	35kV电缆接至塔筒底部高压开关柜	光纤环网汇集信息后接入监控后台	—
对比结果	无变化	内置方案改为干式变压器，无须建设箱变基础	整体集电线路方案无变化	整体无变化	内置方案电缆数量变少

机组内置升压变压器方案塔筒内电缆（长度为100m左右）由24根$1\times185\text{mm}^2$电缆变为单根$3\times95\text{mm}^2+3\times10\text{mm}^2$电缆；箱变至风机的电缆（20m左右）由$11\times$(ZC-YJV22-$3\times240\text{mm}^2$)$+2\times$(ZC-YJV-$1\times240\text{mm}^2$)变为单根$3\times95\text{mm}^2$电缆。

n芯电缆的损耗功率P_s计算公式为

$$P_s=\frac{nI_c^2\rho_t L}{S}$$

式中：I_c为一条电缆的计算负荷电流，A；ρ_t为电缆运行时平均温度为20℃时电缆芯电阻率，$\Omega\cdot$mm，对于铜芯电缆，$\rho_t=0.0175\times10^{-3}\Omega\cdot$mm；$L$为电缆长度，mm；$S$为电缆芯截面，$\text{mm}^2$。

风力发电机组升压变压器内置后减少的线损P_r主要由发电机组定子侧减少的线损P_{r1}和转子侧减少的线损P_{r2}构成。

根据上述公式计算可得

$$P_{r1}=\frac{3\times2493^2\times0.0175\times10^{-3}\times100000}{185\times6}=29395(\text{W})$$

$$P_{r2}=\frac{3\times846^2\times0.0175\times10^{-3}\times100000}{185\times2}=10155(\text{W})$$

$$P_r = P_{r1} + P_{r2} = 39551(\text{W})$$

提高发电量效率：

$$\eta = 39.55\text{kW}/3300\text{kW} \approx 1\%$$

根据上述计算可得，机组内置升压变压器方案可降低电缆线损约 39.55kW，可提高 1%以上的发电量。

通过选用环氧树脂浇铸绝缘升压干式变压器，将换流柜布置于风机机舱，塔筒底部平台布置一台升压变压器高压侧 35kV 开关柜，可实现机组升压变压器内置于机舱的技术方案，可有效减少电缆使用数量，提高机组发电效率，与此同时，因机组升压变压器内置机舱后，风电机组机舱环境和电压等级发生变化，需要特别关注防潮、振动、消防、抗电磁干扰等问题和解决措施。

3 机组升压变压器内置施工维护方案分析

机舱作为风力发电机组中重量最大的单件，其运输方案和安装方案是整个风机施工方案的关键。将机组升压变压器内置于风机机舱后，对风机施工方案和试验运行都将产生一定影响。

3.1 运输方案

随着风资源情况的进一步开发，以及风机单体容量的不断增加，目前国内陆上新建风电场安装的风机单机容量有大幅度提升，本项目所在地云南地区大多数新建风力发电机组单机容量在 3MW 以上，机舱重量也随之不断增加。

以本风电场安装的 3.3MW D146 机型为例，升压变压器内置前机型的机舱总重量为 110t，尺寸为 11.35m×4.2m×3.85m（长×宽×高），采用 2 台五轴运输车辆分体拆运，运输重量最大为 56t。升压变压器内置于机舱后，机舱总重量为 125t，尺寸为 13.5m×4.2m×4m（长×宽×高），同样可以采用 2 台五轴运输车辆分体拆运，运输重量最大为 65t。机舱运输方案较升压变压器内置前未发生实质性变化，机组升压变压器内置后的机舱运输方案参数见表 2。

表 2 机组升压变压器内置后机舱分体运输尺寸及重量

分体运输部件	运输尺寸/mm（长×宽×高）	运输重量/t	备 注
传动链	13216×4400×3315	65	传动链+上机舱罩+桁架附件
机架	13074×4400×3221	62	机架+下机舱罩+发电机+变压器+变流器

3.2 吊装方案

机组升压变压器内置后，机舱吊装同样可以采用分体吊装方案，既采用传动链、机架和机舱罩顶分别吊装就位，空中组装的施工方案。机舱分体吊装方案目前在国内风电项目建设中多有应用，且吊装技术已较为成熟。采用分体吊装方案后，主吊设备选型较机组升压变压器内置前无须变化。机组升压变压器内置后机舱分体吊装方案参数见表 3。

表 3 机组升压变压器内置后机舱分体吊装方案参数

分体吊装部件	尺寸/mm（长×宽×高）	吊装重量/t	备 注
传动链	13216×4400×3315	60	不含发电机
机架	13074×4400×3221	65	机架+下机舱罩+发电机+变压器+变流器
机舱罩顶		2	机舱罩顶盖及附件

3.3 安装调试方案

升压变压器安装于风机机舱后，缩短了风机机组与变压器之间的距离，减少了塔筒内电缆的工程量，无须升压变压器至风机的电缆敷设等工作。

同时，内置于机舱的变压器采用干式变压器，结构简单、体积小、重量轻，无须进行油液检测（油温、油色）等工作，变流器、发电机及主控系统等调试方案与现场试验与机组升压变压器内置前相同；机舱内的升压变压器及塔筒平台开关柜除部件本身的出厂试验及型式试验外，现场的绝缘试验等均由主机厂进行。

升压变压器内置后，开关柜采用 GIS 柜体，采用单气箱模块通过扩展母线连接，柜体配置气体压力表并反馈至风机主控系统。

3.4 运行维护

除了每半年在风机定检时进行紧固件及连接处的检测外，内置于机舱内的干式变压器基本免维护。高压线缆的接头处与风机定检周期相同，每半年进行检查；GIS 开关柜体日常免维护。同时变压器机舱内可设计自吊方案，利用机舱内常备吊具可将干式变压器吊具吊至机舱，然后可更换机舱内的干式变压器，运行维护操作简易。

机组升压变压器内置于机舱后，机舱运输与吊装均可以采用分体施工方案，较变压器外置方案无实质性变化，其他安装调试等工程量相对减少，运行维护工作量小，与风机常规定检同时进行即可。

4 风机箱变内置系统成本分析

根据上述分析，机组升压变压器内置机舱后，风机电力系统设备选型及施工工程量将发生一定改变，风电场区建设成本也将随之改变，箱变内置前后相关建设项目成本逐一进行对比分析，详见表4。

表4　风机箱变内置前后系统造价对比分析

序号	内容	机组升压变压器外置方案造价/万元	机组升压变压器内置方案造价/万元
1	主变压器	油浸变压器（26）	干式变压器（32）
2	箱变高压柜	常规箱变配套（12）	塔筒内高压柜（20）
3	箱变低压柜	常规箱变配套（8）	与风机低压柜合并（0）
4	箱变基础成本	征地加施工（3）	0
5	塔筒段电缆	690V电缆（26）	35kV电缆（6）
6	变流器	塔基变流器（45）	机舱变流器（44）
7	地埋电缆	690V电缆（11）	35kV电缆（2）
8	机械部件增加	0	机舱增加（7）
	合计	131	111

由表4对比分析可见，尽管内置机舱的干式变压器及配置的高压柜采购成本较传统箱变增加，但由于节省了大量塔筒段电缆及箱变基础建设成本，在将箱变上移至机舱后，单台机组建设成本约可降低20万元。

5　结论

通过选用环氧树脂浇铸绝缘升压干式变压器，将换流柜布置于风机机舱内，塔筒底部平台配置一台35kV高压开关柜的方式，可将机组升压变压器内置于风力发电机组机舱内，该方案较机组升压变压器外置方案电气系统接线方式整体无变化，但大大缩短了风机机组与变压器之间的距离，节省了电缆的使用量，可减少损耗提高机组发电量。变压器直接安装在风机机舱内，防腐能力强，产品性能稳定。单台机组建设造价可节省约20万元。

本栏目审稿人：张正富

盾构隧道穿越靠船墩影响分析及控制措施

黄卫根/中国电力建设股份有限公司
许原骑/中国电建集团华东勘测设计研究院有限公司

【摘　要】 依托南通地铁1号线盾构隧道穿越桩式靠船墩的工程实例，运用三维有限元分析软件 Plaxis 3D，采用地层损失的方式模拟了盾构施工对靠船墩的影响。研究表明，当控制地层损失率在5‰以内时，靠船墩的变形满足控制标准；靠船墩的水平位移和竖向位移均随着地层损失率的增大而增大，呈线性增长的规律。结合数值计算结果，提出了盾构穿越靠船墩的施工控制措施。
【关键词】 盾构隧道　穿越工程　靠船墩　数值计算

随着城市轨道交通建设的快速发展，城市地铁盾构隧道将不可避免的穿越周边建（构）筑物。特殊情况下，将会遇到盾构隧道需要穿越内河航道船闸靠船墩的情况。桩式墩体是较为常见的靠船墩形式，盾构隧道穿越对桩式靠船墩的影响与对桥梁桩基的影响类似，国内有较多的文献研究了盾构穿越对桥梁桩基的影响[1-5]。但靠船墩有其特殊之处，与桥梁不同，靠船墩主要承水平方向的荷载，包括船舶的撞击力和系缆力，因此，盾构隧道穿越靠船墩工程应重点关注对靠船墩水平变形的影响。

本文依托南通地铁1号线江海大道站—汽车站站区间盾构隧道穿越桩式靠船墩的工程实例，分析了盾构隧道在不同施工控制条件下对靠船墩变形的影响，结合分析结果探讨了盾构施工控制措施。

1　工程概况

南通地铁1号线江海大道站—汽车站站区间长度为1805m，区间在里程SK14+436处穿越通吕运河岸边的桩式靠船墩。区间采用盾构法施工，隧道采用预制钢筋混凝土管片，强度等级为C50。管片外径6.2m，厚0.35m，环宽1.2m，采用通用楔形管片，分6块，错缝拼装，弯螺栓连接。

1.1　地质概况

隧道穿越桩式靠船墩的工程区段地形平坦，地貌类型比较单一，属于冲海积微凸状平原Ⅱ1区地貌类型。地层自上而下依次为：①填土、②砂质粉土、③-1砂质粉土夹粉砂、③-2粉砂、③-3砂质粉土夹粉砂、④-2粉质黏土夹粉土、⑤-1粉砂夹粉土、⑤-2砂质粉土夹粉质黏土，各土层物理力学指标见表1。

表1　土层物理力学指标设计参数表

层号	土层名称	重度 γ /(kN/m³)	压缩模量 $Es_{0.1\sim0.2}$ /MPa	固结快剪（标准值）		静止侧压力系数
				c /kPa	Φ /(°)	K_0 —
①	填土	18	7.00	10.0	20.0	0.40
②	砂质粉土	18.4	7.88	8.0	22.0	0.40
③-1	砂质粉土夹粉砂	18.4	10.97	5.0	27.0	0.36
③-2	粉砂	18.5	12.22	4.0	32.0	0.33
③-3	砂质粉土夹粉砂	18.4	10.27	6.0	26.0	0.40
④-2	粉质黏土夹粉土	18.0	4.91	11.0	18.0	0.48
⑤-1	粉砂夹粉土	18.4	10.73	3.0	31.0	0.36
⑤-2	砂质粉土夹粉质黏土	18.1	8.00	6.4	27.0	0.35

地下水主要为潜水和承压水，潜水主要赋存于浅部土层中，含水层总厚度大，含水量较丰富；承压水赋存于④-2层以下的砂土、粉土层中，水头埋深2～5m。

1.2 相对位置

盾构隧道穿越处靠船墩基础为ϕ500 PC管桩，桩长12m，桩底标高−12.60m。盾构隧道从三个靠船墩之间侧穿，穿越处线间距为15m，隧道轨面标高−19.88m。盾构隧道与靠船墩的剖面位置关系如图1所示，隧道与靠船墩桩基最小水平净距为2.99m，竖向净距约2.32m。隧道洞身所处地层主要为：③-2粉砂层、③-3粉砂夹粉土层，上覆土层为③-1粉砂夹粉土层，均为强透水土层。

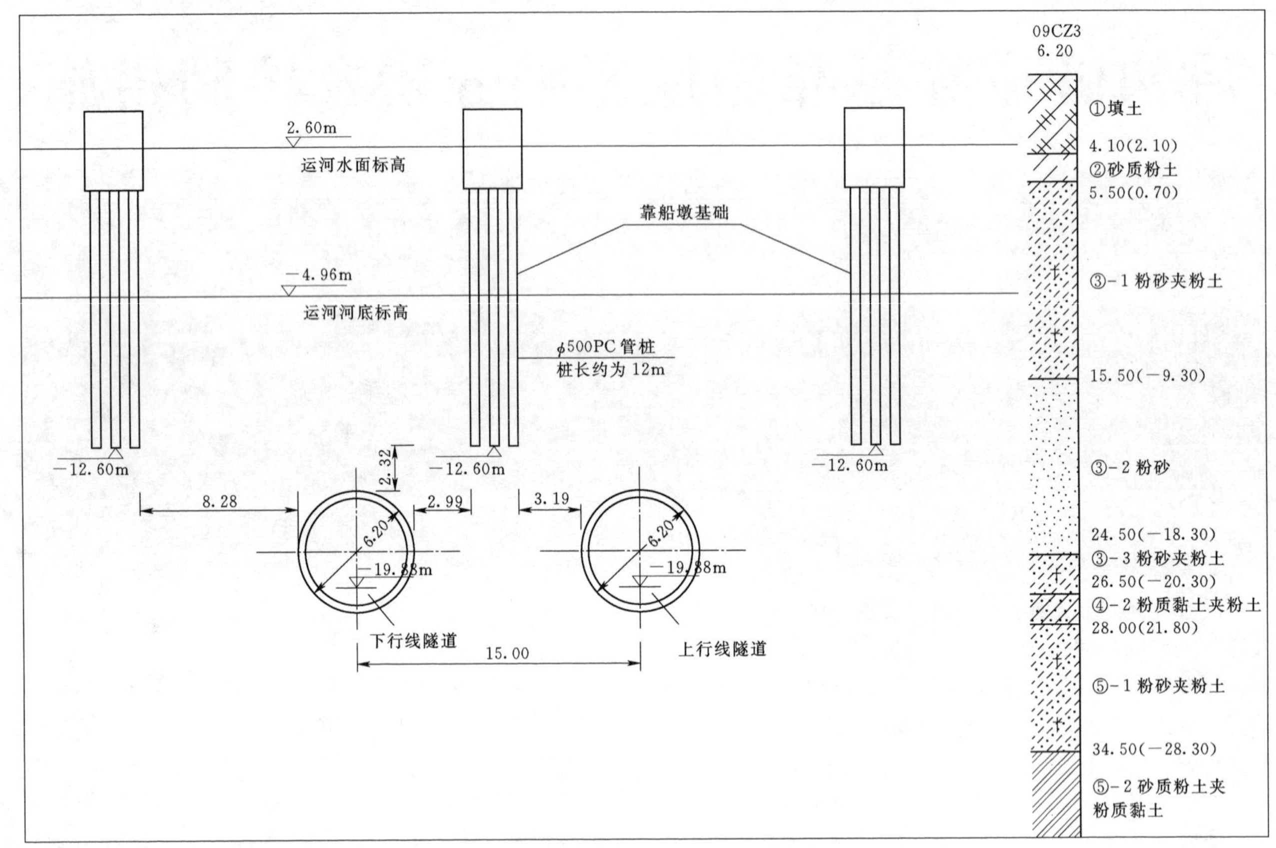

图1 隧道与靠船墩剖面关系（单位：m）

根据靠船墩产权单位的要求，靠船墩变形控制指标采用允许位移值，其主要控制指标为：沉降不大于10mm，水平位移不大于20mm。

2 盾构穿越对靠船墩影响分析

盾构穿越建（构）筑物是一项复杂工程，难以做到全面的控制，因此，在穿越施工前找出需要着重控制的关键因素尤为重要。盾构隧道施工对地层的影响主要为盾构施工引起的附加应力及地层损失引起的变形，而对于位于影响范围内的建（构）筑物，由于地基土体的变形而导致其外力条件和支承状态发生变化，而外力条件的变化又将使已有建（构）筑物发生沉降、倾斜、断面变形等现象。对于盾构穿越靠船墩工程而言，盾构施工引起的附加应力是短期的荷载作用，在盾构穿越靠船墩施工时，可以临时停用靠船墩，待盾构通过后，这部分作用的影响基本可以恢复。因此，控制盾构穿越对靠船墩影响的关键是控制盾构施工引起的地层损失，下面采用三维有限元数值计算分析盾构施工引起的地层损失对靠船墩的影响。

2.1 三维数值模型

采用三维有限元分析软件Plaxis 3D计算盾构穿越施工对靠船墩的影响，计算中考虑了与隧道邻近的三个靠船墩，建立横向80m，纵向80m，高度40m的有限元模型，如图2所示。模型土层参数根据详勘报告选取，计算参数见表1，本构模型选用土体硬化模型，靠船墩桩基采用pile单元模拟，靠船墩墩身采用实体单元模拟，盾构隧道简化为板单元，考虑管片接头的影响，将板单元的弹性模量降低20%。模型边界条件为：上表面为自由边界面，底部为竖向位移约束，各侧面为对应水平位移约束。

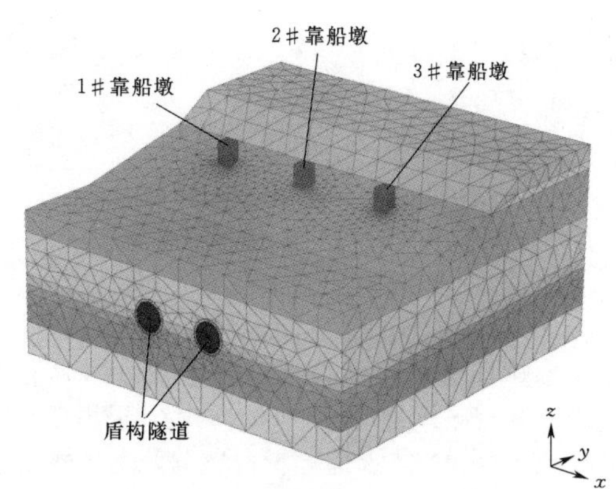

图2　盾构穿越靠船墩三维计算模型

2.2　数值计算结果分析

采用地层损失的方式模拟盾构施工的影响，地层损失是引起地面沉降最主要的因素之一，是指隧道施工过程中实际开挖土体体积和竣工隧道体积之差，工程上常用地层损失率表示[6]。参考类似地层的盾构施工经验，分析中设定的地层损失率为5‰，整体变形云图如图3所示。

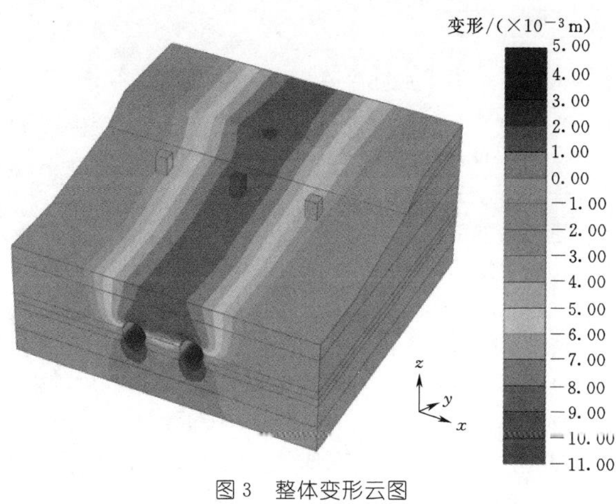

图3　整体变形云图

通过计算，靠船墩竖向位移云图如图4所示。

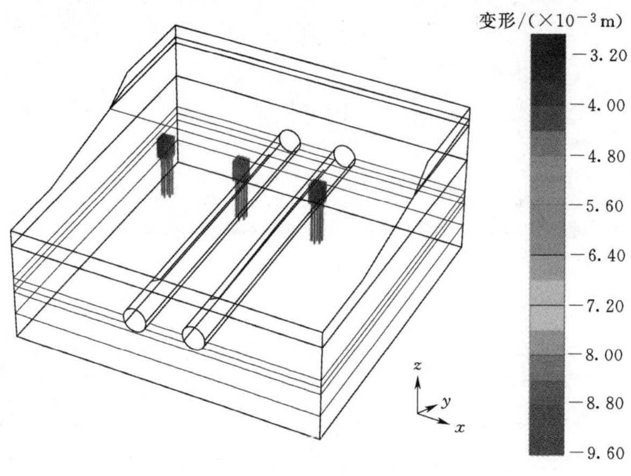

图4　靠船墩竖向位移云图

靠船墩水平位移云图结果如图5所示。双线盾构施工后，引起的最大地表沉降为9.0mm。盾构施工后，1#和3#靠船墩主要发生向隧道方向的水平位移，2#靠船墩主要发生沉降；1#、2#、3#靠船墩的最大竖向位移分别为3.8mm、9.3mm、3.9mm，最大水平位移分别为4.8mm、0.1mm、4.8mm，均能满足靠船墩的变形控制要求。

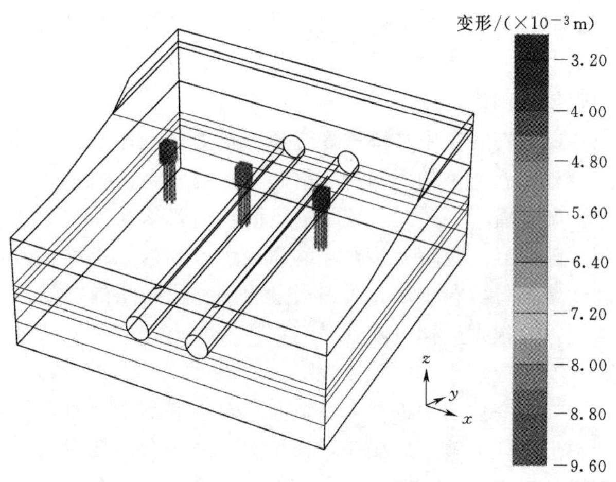

图5　靠船墩水平位移云图

2.3　不同施工控制条件下的靠船墩变形

地层损失率可以综合反映施工管理质量和施工技术水平对地面沉降的影响，因此，可以采用地层损失率来分析不同盾构施工控制条件对靠船墩的影响。设定的地层损失率分别为：3‰、5‰、7‰、10‰、15‰，不同地层损失率工况下，靠船墩的变形情况如图6所示。靠船墩的水平位移和竖向位移均随着地层损失率的增大而增大，呈线性增长的规律；当地层损失率超过5‰时，靠船墩竖向位移超过控制值。

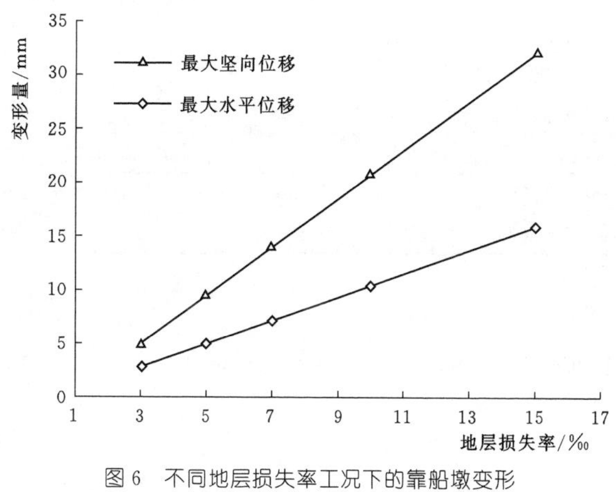

图6　不同地层损失率工况下的靠船墩变形

3　盾构穿越施工控制措施

通过前面的计算分析可知，当控制地层损失率在5‰以内时，靠船墩的变形满足控制标准，盾构穿越靠船墩的关键是减少盾构穿越施工引起的地层损失，可以采取以下措施：

（1）盾构穿越靠船墩前设置 100m 试验段，总结、优化盾构掘进参数，保证以最优的掘进参数进行穿越施工。

（2）穿越前对盾构设备进行检修，避免中间停机、漏浆或注浆系统堵管等情况发生，保证盾构能连续匀速掘进。

（3）设置系统的监测网，进行变形监测并及时反馈信息以便调整盾构掘进参数，确保靠船墩各项控制指标在限值范围内。

（4）在施工中分段计算隧道开挖处的土体压力，避免由于土仓压力的不均衡而引起大的地表隆起和沉降。

（5）盾构通过时，及时进行同步注浆使管片和土体间空隙得到迅速填充；在穿越靠船墩范围内采用增设预埋注浆管特殊衬砌环，盾构通过后的一段时间内需继续监测，并根据后期沉降观测结果，及时进行二次补偿注浆，有效控制土体的工后沉降。

（6）在盾构掘进至靠船墩前后 50m 范围时，临时停用邻近隧道的 3 个靠船墩，避免靠船墩运营荷载对盾构掘进的影响。

4 穿越效果分析

根据地层实际情况，并结合穿越前 100m 试验段总结的掘进参数，盾构穿越靠船墩过程中采用的主要掘进参数见表 2。现场监测数据显示，双线盾构穿越后，靠船墩附近地表产生的最大沉降为 5.7mm，靠船墩最大沉降为 6.3mm。对比前述分析可知，盾构穿越施工引起的靠船墩变形在可控范围内，盾构穿越采取的控制措施是有效的。

表 2　　穿越靠船墩掘进参数表

序号	项目	单位	参数	备　注
1	推进速度	mm/min	45	匀速推进
2	土仓压力	10^5Pa	2.2～2.0	比理论水土压力大（0.2～0.4）×10^5Pa
3	推力	kN	14000～15000	
4	扭矩	N·m	＜2000	
5	刀盘转速	r/min	1.0～1.2	
6	注浆量	m^3	5.5	注浆率 180%
7	注浆压力	10^5Pa	3.5～4.0	1.1～1.2 倍静止水土压力
8	泡沫剂	L	20～30	

5 结语

本文依托地铁盾构隧道穿越桩式靠船墩的工程实例，运用三维有限元分析软件 Plaxis 3D，采用地层损失的方式模拟了盾构施工对靠船墩的影响。主要得出了以下结论：

（1）双线盾构隧道施工引起隧道外侧靠船墩发生向隧道方向的水平位移，两隧道中间的靠船墩主要发生沉降。

（2）靠船墩的水平位移和竖向位移均随着地层损失率的增大而增大，呈线性增长的规律。

（3）当控制地层损失率在 5‰以内时，靠船墩的变形满足控制标准。

参考文献

[1] 王炳军，李宁，柳厚祥，等．地铁隧道盾构法施工对桩基变形与内力的影响［J］．铁道科学与工程学报，2006（3）：39－44.

[2] 李进军，王卫东，黄茂松，等．地铁盾构隧道穿越对建筑物桩基础的影响分析［J］．岩土工程学报，2010（S2）：166－170.

[3] 李松，杨小平，刘庭金．广州地铁盾构下穿对近接高架桥桩基的影响分析［J］．铁道建筑，2012（7）：74－78.

[4] 姚西平，宫全美，陈长江，等．盾构隧道侧穿高铁桥梁桩基的影响分析与措施［J］．隧道建设，2014.

[5] 周群立，张有桔．盾构隧道近距离下穿立交桥施工影响分析及控制［J］．城市轨道交通研究，2019，22（5）：47－50.

[6] He C，Feng K，Fang Y，et al. Surface settlement caused by twin－parallel shield tunnelling in sandy cobble strata［J］．Journal of Zhejiang Universityence A，2012（11）：858－869.

45m 高砖砌烟囱定向爆破拆除实践

李建强/中国水利水电第十一工程局有限公司

【摘　要】 通过对45m高砖砌烟囱定向爆破拆除实践，采用底部0.56倍周长正梯形切口、43°两侧定向窗底角和2倍壁厚切口高度的爆破参数适合本工程应用；采用自制高压风管配合钢丝网绳包裹爆破切口，可有效防止切口爆破碎块飞散；采用沿烟囱倾倒方向左右各30°范围铺填1.5m厚黄土，可有效控制烟囱触地震动和破碎块体飞溅。

【关键词】 45m高　砖砌烟囱　定向爆破

1　工程概况

太原市呼延砖厂位于山西引黄工程呼延调蓄池出水阀室位置，因工程建设需要拆除，烟囱需要拆除。烟囱高45m，底部外径3.7m，底部外周长11.6m，壁厚0.5m，为水泥砂浆砌砖结构，为缩短拆除施工时间，计划采用定向爆破方法拆除。

烟囱南侧6m处有一条通信光缆，再往南30m有一排民房，烟囱东侧距引黄内线公路最近距离约100m，烟囱西、北两侧邻紧施工道路，爆破作业环境相对复杂。

2　烟囱拆除施工重难点分析及方案选择

结合烟囱高度及爆破工程分级，属于C级爆破工程，其中南侧通信光缆、民房和东侧引黄内线公路距离烟囱较近，为烟囱爆破拆除时重点保护对象。烟囱属于高耸建筑物，应用炸药爆炸作用，破坏烟囱的局部结构，使其失稳或塌落，达到爆破拆除目的。结合烟囱高度、结构及爆破作业环境条件分为定向倾倒、折叠式倒塌和原地坍塌三种方式，本工程烟囱为水泥砂浆砖砌结构，利用水泥砂浆砖砌烟囱结构特点，在烟囱定向失稳同时可以达到烟囱解体目的，可以在短时间内实现烟囱的解体破碎，缩短烟囱拆除施工工期。

定向倾倒要求有一定宽度和长度的场地，一般不小于烟囱高度的1.0～1.2倍，场地的横向宽度不小于爆破部位直径的3.0～4.0倍，结合现场爆破作业环境条件调查，为有效避开烟囱爆破拆除对电缆、民房结构的安全影响，烟囱倾倒方向选择北偏东30°，其倾倒方向的宽度和长度均能满足定向倾倒需要的场地，因此，本工程烟囱拆除采用定向倾倒爆破拆除施工方法。

施工重难点有四个方面：一是爆破切口形式的正确选择至关重要，选择合适的爆破切口类型及切口高度、宽度尺寸，才能保证烟囱按设计方向倾倒且防止产生后座；二是爆破切口采用一次性钻孔爆破还是先进行定向窗预处理，取决于对烟囱筒身结构的检查，如对定向窗进行预处理，需采取可靠措施保证预处理过程中烟囱的稳定，防止发生安全事故；三是烟囱切口爆破时，需采取可靠的近体防护措施，防止爆破碎块飞溅，危及周边作业人员及建筑物的安全；四是烟囱定向倾倒触地时，会因产生较大的冲击震动和造成破碎块体飞溅，需制定有效的缓冲减震防护措施，防止烟囱倾倒产生过大的触地震动和过多的碎块飞溅，对临近的光缆设施结构、民房结构和附近警戒人员等产生不利影响。

3　烟囱定向倾倒拆除爆破设计

烟囱定向倾倒方向确定后，其定向倾倒爆破拆除设计包括爆破切口类型及定向窗设计、预处理设计、爆破参数设计以及爆破网路、爆破安全防护等设计内容。

3.1　爆破切口及定向窗设计

保证砖混结构烟囱定向倾倒的关键为烟囱倾倒中线线方向、爆破切口形式、爆破切口范围及切口高度的确定。爆破切口的设计需考虑在烟囱初始倾倒阶段具有辅助支撑、准确定向、防止折断和控制后座的作用，其中正梯形切口底部的三角形部分在烟囱倾倒过程中，可以起到一定的支撑作用，能保证烟囱倾倒过程准确、平稳，有效防止后坐，因此，本工程选用正梯形切口形式。

切口大小和形状应在形成的瞬间，烟囱上部筒身重力引起的倾覆力矩足够大，能克服保留部分截面本身的塑性抵抗力，使烟囱沿倾倒中心线方向倾斜和定向倾倒且不能产生后座。按现有成功的经验公式计算选取 L、H 可满足要求。参考烟囱定向倾倒爆破拆除设计理论，爆破切口底面选取距砖窑顶面 0.6m 以上的位置，爆破切口范围一般为切口处 1/2～2/3 的周长，结合烟囱结构调查按 0.56 倍周长考虑，选取正梯形底边长 $L=6.5\text{m}$，切口对应的圆心角约为 201°。

切口高度的选取需保证烟囱失稳、顺利倾倒，但过高的切口，爆破后烟囱倾倒速度过快，倾倒方向不易控制，切口高度过低，爆破时夹制作用大，爆破碎块不易抛出，切口高度 H 根据开口部位壁厚 B 选取，即 $H=(1.5\sim3.0)B$，选择爆破切口较高，可以防止烟囱倾倒过程中出现偏转，因此取切口高度 $H=2B=2\times0.5=1.0(\text{m})$，切口位置及高度如图 1 所示。

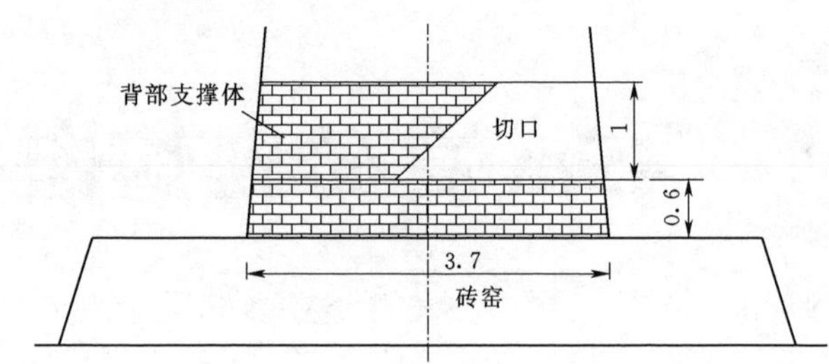

图 1　烟囱爆破切口位置图（单位：m）

在设计倒塌中心线两侧对称布置两个三角形定向窗，为正梯形爆破切口的一部分，两侧三角形切口长度各为 1.07m，两侧定向窗底角选取 $\alpha=43°$，两侧三角形切口设计如图 2 所示。

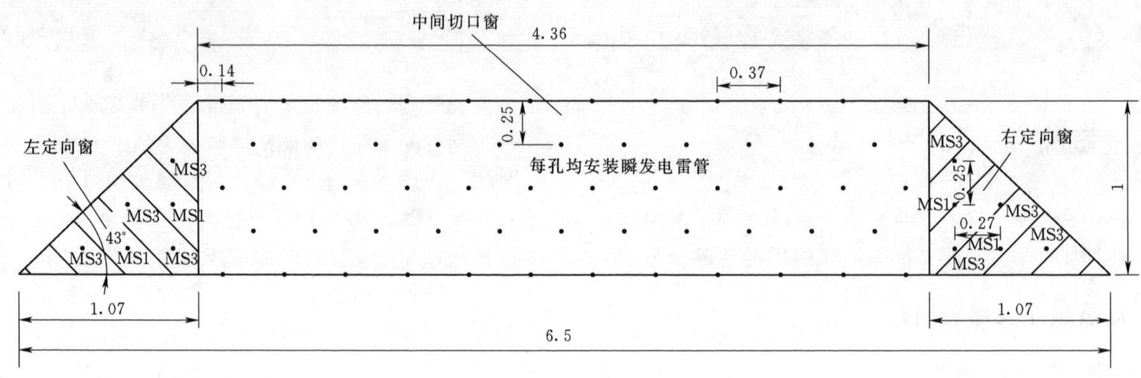

图 2　烟囱切口位置平面展开图（单位：m）

3.2　预处理及爆破试验

对筒身结构完整的烟囱，为保证烟囱定向倾倒方向准确，宜提前进行两侧三角形定向窗预处理，对筒身结构存在缺陷的烟囱，一般不进行预处理，对爆破切口采用一次钻孔爆破方式，以防止预处理期间，烟囱发生突然倒塌事故。经对烟囱表面调查，该烟囱筒身无裂缝，结构完整，按设计爆破孔位一次性钻孔后，先进行两侧三角形定向窗预处理，然后再进行中间切口装药及连网爆破。

预处理为耐火内衬和两侧三角形定向窗，先采用人工风镐法凿除耐火内衬，然后按初步计算的爆破参数进行两侧三角形定向窗爆破，三角形定向窗爆破时，夹制作用较大，钻孔布置距离三角形定向窗开挖轮廓约 15cm，在断面中间部位布置，并采用微差爆破网路，降低爆破震动对烟囱稳定安全影响，两侧三角形定向窗爆破孔采用串联方法连接在一个爆破网路内，同时进行爆破。为保证两侧三角形定向窗的尺寸符合切口设计要求，定向窗爆破后，采用人工风镐凿除方法，修整两侧三角形定向窗尺寸使其符合爆破切口定向窗的设计要求。

4　切口爆破参数

4.1　钻孔和装药参数

首先按经验式进行切口爆破参数设计，参数如下：

采用 YT28 手风钻钻孔，钻孔直径为 40～42mm，炸药采用直径为 32mm 的乳化炸药；

最小抵抗线 W：$W=0.5B=0.25\text{m}$（B 为烟囱切口位置的壁厚）；

炮孔深度 L：$L=0.67\sim0.7\text{m}, B=0.34\sim0.35\text{m}$，取 $L=0.35\text{m}$；

孔距：$a=0.8\sim0.85\text{m}$，$L=0.28\sim0.3\text{m}$，取 $a=0.3\text{m}$；

钻孔按梅花形布置，排拒：$b=0.85a=0.85\times0.3\approx0.25(\text{m})$；

炸药单耗 k 按 1450g/m^3 选取，单孔装药量 $q=kabB=1450\times0.3\times0.25\times0.5\approx54(\text{g})$；两侧三角形定向窗试爆时采用 0.25m×0.27m 间排距，相应孔深调整为 0.3m，实际单孔 50g 装药；中间切口爆破时，实际取直径 32mm 乳化炸药长度的 1/3，单孔装药约 66.7g，

相应间排距调整为0.37m×0.25m。

两侧定向窗爆破孔共12个，定向窗总装药量$Q_1=12\times50g=600g$；中间切口爆破总孔数$n=58$个，切口总装药量$Q_2=n\times q=58\times66.7=3868(g)$，烟囱总拆除爆破用药量约4468g。

两侧三角形定向窗和中间切口爆破孔按上述钻孔设计参数，布置在烟囱切口部位，其中两侧三角形定向窗爆破孔装药结构如图3所示。

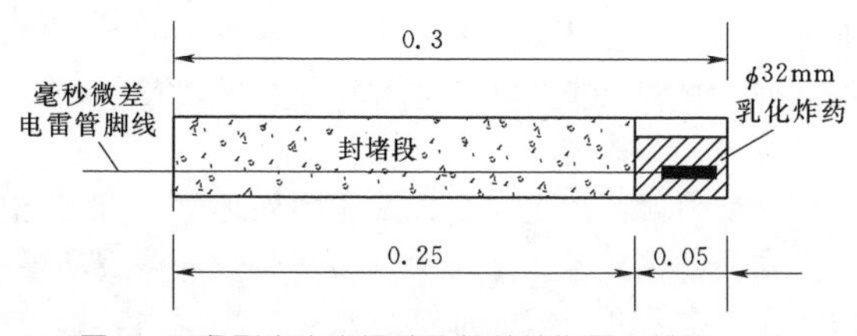

图3 三角形定向窗爆破孔装药结构图（单位：m）

中间切口窗爆破孔装药结构如图4所示。

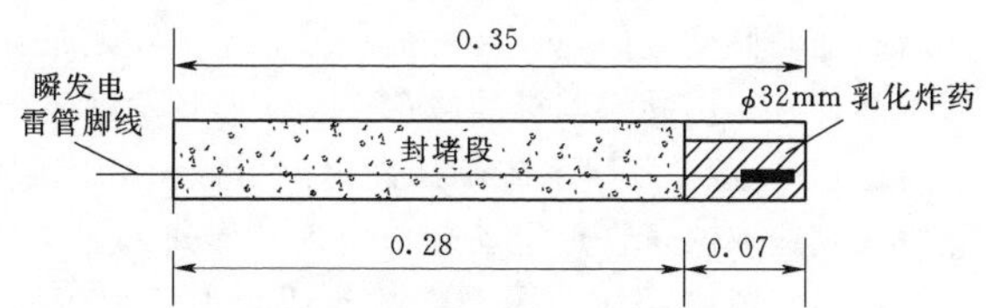

图4 中间切口窗爆破孔装药结构图（单位：m）

4.2 爆破顺序及爆破网路

三角形定向窗和中间切口爆破孔相对较少，结合爆破参数试验，烟囱两侧三角形定向窗采用两侧同时起爆方法，两侧定向窗采用毫秒微差电雷管，按串联方式组成毫秒微差爆破网路，每侧均由三角形定向窗中部向周边顺序起爆，分为2个段别（MS1、MS3）。剩余中间切口爆破时，按齐发爆破网路设计，爆破孔内均采用瞬发电雷管，电雷管采用串联方式连接。爆破孔雷管段别见烟囱切口位置平面展开图所示，其中两侧三角形定向窗微差电雷管爆破网路采用一个串联回路连接方式，中间切口窗爆破孔采用瞬发电雷管，采用串联回路连接方式。

5 爆破施工安全分析及防护措施

本工程地处野外，烟囱采用定向倾倒爆破拆除方法，爆破规模较小，爆破自身产生的震动、爆破噪声及爆破冲击波影响可以不考虑，爆破安全主要控制烟囱的爆破倾倒方向和烟囱倒地产生的震动及碎块飞溅距离，为保证爆破安全，依据《爆破安全规程》（GB 6722—2014），采用浅孔爆破控制标准及考虑烟囱倾倒解体时可能产生的碎块飞溅，每次爆破前安排人员在四周封闭交通，进行安全警戒，警戒范围200m。

为防止爆破引起内衬与烟囱之间的煤灰粉尘爆炸，影响烟囱倾倒方向，爆破前，对烟囱内煤灰进行清理。切口爆破时，为防止爆破产生的碎块危机周边建筑物和人员的安全，两侧定向窗及中间切口爆破前，均采用自制的高压风管制作的爆破防护帘遮挡切口窗爆破面，并采用钢丝绳网辅助高压风管帘的包裹固定，以有效阻挡爆破碎块溢出，单幅高压风管帘按高1.5m、宽2.5m制作。

对于水泥砂浆砖砌烟囱，先利用两侧三角形定向窗进行爆破参数试验，定向窗采用微差爆破，减小爆破震动对烟囱稳定影响，保证预拆除时烟囱的稳定安全。提前在烟囱筒壁外表面对称布置4个水平位移观测点，在烟囱倾倒反方向及一侧布置两台全站仪进行位移观测。两侧三角形定向窗爆破前后以及定向窗修凿除整过程中，随时采用全站仪检查烟囱的稳定安全情况，以保证预拆除过程中的施工安全，防止发生意外安全事故。

烟囱倾倒触地时会产生震动及碎块飞溅，铺填一定厚度的黄土，可有效缓冲触地震动和防止碎块飞溅，同时为防止烟囱倾倒时，倾倒中心线方向发生小范围的偏差。结合本工程烟囱拆除高度，在中间切口爆破施工前，沿烟囱倒塌中心线方向及左右各30°范围内，在地面上铺设1.5m厚的黄土，以有效缓冲削减烟囱触地时的冲击震动和碎块飞溅。

抑尘措施：为有效抑制烟囱拆除爆破施工产生的扬尘，在烟囱倾倒方向两侧10m左右位置，各布置一台小型雾炮，烟囱定向爆破拆除同时，开启雾炮防止扬尘扩散，烟囱倾倒后，人工配合洒水车立即洒水快速降尘。

6 爆破施工质量控制

现场布置$6m^3/min$电动空压机1台，风镐1部，YT28手风钻1台。首先人工风镐凿除烟囱切口部位内衬，一次性完成切口爆破孔钻孔，然后进行切口两侧定向窗爆破孔钻孔和装药爆破。定向窗爆破之后，采用风镐对定向窗进行修整，使其达到爆破设计尺寸要求，中间剩余切口爆破孔最后装药，采用同厂同批瞬发电雷管组成串联爆破网路，保证爆破切口在瞬间形成，在两侧三角形定向窗的作用下，使烟囱按设计中心线方向准确倾倒。为避免风向和风力对烟囱倾倒方向产生不利影响，起爆前观察风向与风力，确保风向与倒塌方向基本一致且风力较小。

由于烟囱南侧有民房及通信光缆，东侧有内线公路，烟囱定向倾倒方向必须避开这些重要保护对象。采用定向倾倒方法进行烟囱爆破拆除时，准确定向是关键，结合烟囱定向倾倒中心线方向，采用切线法找出切口中心，以此进行中间切口及两侧定向窗位置标定。

两侧三角形定向窗爆破是保证烟囱定向倾倒方向的关键，在三角形定向窗爆破后，采用风镐将其断面按设计的三角形位置、尺寸进行修整，以保证烟囱定向倾倒爆破方向准确。切口爆破孔钻孔放样误差控制在±1cm

以内，钻孔开孔误差控制在±5cm以内，钻孔方向均指向烟囱水平截面的圆心，边钻边校核，保证孔深符合爆破设计要求，确保装药位置及堵塞长度，爆破孔采用土卷封堵且保证封堵质量。

中间切口爆破时，如出现个别爆破孔拒爆，则会直接导致爆破倾倒方向不可控或出现不完全倒塌等不利现象，该工程周边环境无杂散电流，因此，采用电雷管爆破网路可以在起爆前对爆破网路起爆雷管进行准保性检查，减小拒爆的可能性。

7 爆破效果

爆破拆除过程中，两侧三角形定向窗及中间切口均无爆破碎块溢出。烟囱实际倾倒中心线与设计中心线相吻合，烟囱触地后基本上完全破碎，两侧蹦散块体在5m范围以内，堆渣比较集中，需二次机械分解的块体较少，烟囱倾倒触地时临近的光缆设施处最大振动速度监测值为0.37cm/s，临近的民房处最大振动速度监测值为0.13cm/s，烟囱自身爆破时的振动速度监测值均小于0.1cm/s（仪器无触发），依据《爆破安全规程》(GB 6722—2014)，没有对周边民房建筑物及光缆设施结构造成破坏。烟囱定向爆破倾倒和触地后的情况如图5所示。

图5 烟囱定向爆破倾倒及触地情况

8 结论

在周边爆破作业环境允许的条件下，对水泥砂浆砖砌烟囱，采用一侧倾倒的方式比较容易实现自然解体，少量二次解体也相对容易，相比人工拆除方法，烟囱拆除工艺简单且相对安全、工期节省（本次拆除共历时3天）。在进行定向爆破拆除设计时，依据烟囱爆破拆除作业环境调查，尽量选取无影响或影响较小的方向作为倾倒方向，且倾倒中心线方向的场地长度、宽度符合定向倾倒场地大小的需要。

烟囱切口两侧的定向窗拟采用预处理时，需结合烟囱筒身结构的完整性调查，并采用毫秒微差弱震动爆破辅以人工风镐修整，以保证预处理施工过程中，烟囱处于稳定状态，对于结构存在明显缺陷的砖砌烟囱，不采用预处理，其爆破切口宜采用一次性钻孔爆破方法。为保证烟囱定向倾倒方向与设计方向一致，定向中心线中间切口部分宜采用同厂同批同段雷管，保证齐发爆破。

通过45m高水泥砂浆砖砌烟囱定向爆破拆除实践，按经验式其选取的正梯形定向切口位置及形式、切口高度、水平切口范围、钻孔爆破参数等适合本工程应用；采用自制高压风管帘配合钢丝网绳包裹爆破切口，可有效防止切口爆破碎块飞散；采用沿烟囱倾倒方向左右各30°范围铺填1.5m厚黄土，可有效控制烟囱触地震动和破碎块体飞溅；采用雾炮及人工洒水有明显的防止扬尘扩散及降尘效果。

参考文献

[1] 汪旭光. 爆破手册［M］. 北京：冶金工业出版社，2010：713-717.

[2] 冯叔瑜. 城市控制爆破［M］. 北京：中国铁道出版社，1987：121-129.

[3] 田灵伟，周浩仓，龚杰. 裂缝砖烟囱爆破拆除的工程实践与技术探讨［J］. 工程爆破，2018，24（4）：25-29.

[4] 商祥民，商令国，商令文，虢成志，嵇文进. 复杂环境烟囱爆破拆除的安全防护［J］. 工程爆破，2018，24（4）：82-85.

潇河大桥钢桥面铺装关键技术

陈希刚　杜岳丹/中国电建市政建设集团有限公司

【摘　要】 随着我国钢结构桥梁的逐渐推广，钢桥面铺装成为钢结构桥梁施工的重点及难点。本文以晋中市潇河大桥为例，介绍钢桥面喷砂除锈、防水黏结体系、浇筑式沥青混凝土 GA－10 以及 SMA－13 面层铺装等的施工工艺。通过严格施工工艺，加强管理，保证了施工质量，达到了预期目标。

【关键词】 钢桥面铺装　防水黏结体系　浇筑式沥青混凝土　SMA－13 面层

1　工程概况

晋中市综合通道建设工程 PPP 项目潇河大桥为连续钢箱梁桥，全桥累计用钢量约 13600t，其宽度为华北地区同类型桥梁最宽，桥梁最宽处达 57.6m。潇河大桥桥身为 6 跨连续钢箱梁，桥梁跨径布置为 55m＋55m＋60m＋90m＋55m＋55m＝370m。其中 60m 和 90m 跨分别设置钢拱肋，是一座连续钢箱梁—异型钢拱肋组合桥。桥梁机动车道宽 16.25m，非机动车道宽 3.5m。

晋中市榆次区属暖温带季风型大陆性气候，年温差和昼夜温差均较大，且桥梁仅在两端设置 RBKF－400 型梳齿板伸缩缝，经测量桥梁单侧昼夜伸缩量可达 5cm，单侧冬夏伸缩量可达 30cm 以上。钢箱梁梁体本身的大伸缩量对浇筑式沥青施工质量提出了更高要求。同时，潇河大桥钢桥面铺装时正处于雨季（6—9 月），对喷砂除锈及摊铺沥青工作也产生制约。

2　施工工艺

2.1　铺装结构

潇河大桥钢桥面铺装结构选用钢箱梁喷砂除锈并喷涂甲基丙烯酸树脂（MMA）防水黏结层后，下部铺装沥青浇筑式混凝土 GA－10，厚度 35mm，上部铺装高弹改性沥青 SMA－13，厚度 40mm（表 1）。

表 1　　潇河大桥钢桥面铺装结构

铺装上层	高弹改性沥青 SMA－13	厚度：40mm
黏结层	改性乳化沥青	用量 300～500g/m^2
铺装下层	改性沥青浇筑式混凝土 GA－10	厚度：35mm，表面撒布粒径 5～10mm 的沥青预拌碎石
甲基丙烯酸树脂（MMA）防水黏结层	甲基丙烯酸树脂胶黏剂	用量：100～200g/m^2
	甲基丙烯酸树脂防水层	用量：2500～3500g/m^2
	甲基丙烯酸树脂底涂层	用量：100～200g/m^2
钢桥面板	喷砂除锈	清洁度：Sa2.5 级，粗糙度：50～100μm

2.2　喷砂除锈及防水黏结层施工

钢面板表面经过喷砂处理，形成干燥、粗糙、洁净的界面之后，施工甲基丙烯酸树脂防水黏结体系。防水体系原材性能指标符合《建筑防水涂料试验方法》（GB/T 16777—2008）和《公路钢箱梁桥面铺装设计与施工技术指南》。

2.2.1　喷砂除锈

（1）喷砂准备。

1）环境要求：遇下雨、下雪、结露等气候时，严禁除锈作业；喷砂除锈温度应高于露点温度 3℃，相对湿度不大于 85%。

2）磨料要求：砂粒采用钢丸、钢质棱角砂，其比例通过试验确定；砂粒必须保持干燥、清洁、不含有害物质，如油脂、盐分等。

3）外观检查：喷砂前，首先检查钢桥面的外观，确保表面无焊瘤、飞溅物、针孔和毛刺等，否则必须通过打磨加以清除，锋利的边角必须处理到半径 2mm 以上圆角，焊缝的最大高差为 1mm，焊缝边缘与钢桥面的成型角度应该不大于 45°。同时对钢箱梁表面油污、风尘、油漆等表面附着物及杂物进行清除。

（2）喷砂除锈。需对钢壳路缘石边部设备打砂不利的部位进行手工打砂。选用带吸尘装置的移动式自动无尘打砂机同时打砂作业。喷砂除锈后的钢桥面板表面应达到标准 Sa2.5 的要求。粗糙度的要求必须达到 Rz 50～100μm，需用粗糙度试纸进行质量检测。

(3) 因施工期正值雨季，需特别注意经喷砂除锈的钢箱梁表面应尽快施工底涂层，防止钢板表面锈蚀，当湿度大于 50%时，需要 4h 内完成底涂层施工。

2.2.2 防水体系

(1) 施工环境。喷涂的基面必须干燥、洁净、无油污、无异物、无灰尘。基体温度高于露点，喷涂环境温度符合－10～50℃。

(2) 防腐底涂层。喷砂除锈检验合格后，在 4h 内实施防腐底涂层。防腐底涂层采用人工滚涂，用量 100～200g/m^2。底漆的干燥时间取决于现场环境，如风速、涂布量、环境温度等，一般情况下温度为 20℃时的固化时间约为 30min。

(3) 甲基丙烯酸类树脂。待防腐底涂层固化后，喷涂甲基丙烯酸类树脂，分两层施工，总用量 2500～3500g/m^2，第一层涂完 1h（23℃）喷涂第二层。甲基丙烯酸类树脂含两种树脂组分（A 和 B）和一种催化剂，施工前先将催化剂加入 B 组分充分搅拌均匀后，再和 A 组分搅拌喷涂。

(4) 二阶反应型黏结剂。防水层彻底固化后，施工黏结层采用人工滚涂的方法施工。黏结层用量为 100～200g/m^2，约 1h（23℃）完全固化，可选择暂时搁置或进行下一道工序施工。

(5) 成品保护。防水体系涂布完成后，做好成品保护，避免人员行走，若在上面行走必须待涂层完全固化后，穿专用鞋套，车辆、设备等不得通行，严禁油、油脂和脏物等对防水层造成污染。

3 浇筑式沥青施工

3.1 工艺特点及施工工艺流程

浇筑式沥青施工是桥面铺装的关键工序，对桥面铺装整体质量的好坏起到决定性作用。以晋中市潇河大桥为例，介绍浇筑式沥青（本桥为 GA－10）关键施工技术。浇筑式沥青混凝土有较高的沥青含量，具有较好的抗低温开裂能力，同时又具有良好的密水性、耐久性、抗裂性等特点。

浇筑式沥青混凝土施工工艺特殊，拌和温度高，拌和时间长；混合料在运输过程中需持续加热保温和连续搅拌；摊铺时不需进行碾压，靠自身流动成型，并能达到规定的密实度和平整度；混合料摊铺完成后，进行撒布预拌碎石，使预拌碎石嵌入沥青混凝土中。

浇筑式沥青混凝土施工工艺流程如图 1 所示。

3.2 施工前准备

为防止混合料侧向流动，在 GA－10 摊铺前，按照

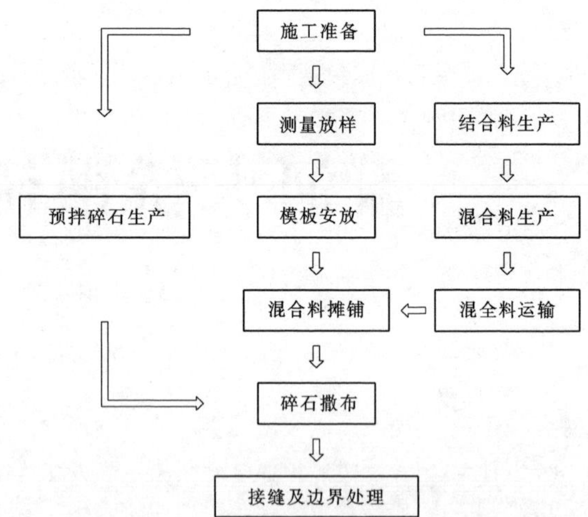

图 1　浇筑式沥青混凝土施工工艺流程图

摊铺机摊铺宽度预先摆放好钢模；根据摊铺机履带位置，将木模摆放在方钢外侧，摆放整齐、平顺，供履带前进。

3.3 GA－10 混合料拌和

采用浇筑式沥青混凝土专用拌和楼用以精确把控混合料拌和温度，石料温度约 290～310℃。混合料拌和后出料温度按 220～250℃目标控制。由于混合料中矿粉含量很大，因此混合料的拌和时间较常规拌和料偏长，干拌时间至少 15s，湿拌时间至少 90s，具体工艺参数均需现场试拌后确定。

拌和过程配备专人注意矿粉掺加、沥青用量及出料温度控制，同时冷料仓上料速度的设置应充分考虑到加热鼓风中细集料的粉料（小于 0.3mm 材料）损失。现场实际使用沥青混合料生产配合比数据见表 2。

表 2　GA－10 沥青混合料生产配合比

混合料类型	各种矿料所占比例/%				油石比/%
	6～11mm	3～6mm	0～3mm	矿粉	
GA－10	30	12	32	26	7.6

随着浇筑式沥青混凝土在我国钢桥面铺装中的广泛应用，浇筑式沥青混凝土桥面铺装的质量技术的控制运用及浇筑式沥青混合料的贯入度和贯入度增量试验检验是关键性指标。本项目 GA－10 沥青混合料贯入度和贯入度增量验收指标见表 3。

表 3　GA－10 沥青混合料贯入度验收数据指标

混合料类型	贯入度	贯入度增量
GA－10	60℃时不大于 4mm	60℃时不大于 0.4mm

3.4 GA－10 混合料运输

浇筑式沥青混合料的运输设备是一个带有搅拌系

统、加热保温系统、自动控制系统的容器（称为Cooker），施工过程中把Cooker固定在运输车上；Cooker在搅拌站装好混合料后，运输到施工现场进行摊铺，卸完混合料后到搅拌站装混合料，如此循环。

在施工前，应对搅拌罐进行清理，对搅拌和加热系统进行仔细检查，对转动轴的位置及时补加高温润滑油，避免Cooker发生故障。Cooker的加热方式可分为燃气和燃油两种，施工前应确保Cooker中油气充足。

在Cooker初次进料之前，应将其温度预热至160℃左右，装入Cooker中的混合料应保持搅拌，同时将Cooker的温度设置在220～250℃之间，确保混合料运至现场的温度为220～250℃。

3.5 GA-10混合料摊铺

浇筑式混合料是自流成型无须碾压的沥青混合料，摊铺时采用专用摊铺机。在施工前应对摊铺机进行仔细检查。检查主要有三方面：摊铺机发电和动力系统、摊铺机的液压系统、整平板的加热系统，在确保摊铺机处于正常工作状态后，方可进行混合料的拌和生产。在进行混合料的摊铺前，应提前60min对摊铺机进行预热，预热温度应达到160～200℃。运至现场的浇筑式沥青混合料进行温度测量符合要求后方可摊铺。

Cooker倒行至摊铺机前方，把混合料通过卸料槽直接卸在钢桥面上。摊铺机整平板的正前方布料板左右移动，把浇筑式沥青混合料铺开。摊铺机向前移动把沥青混合料整平到控制厚度。摊铺机行走过后，由工人使用刮板修整，并用抹平工具搓揉加热部位，使其充分结合，保证接缝处连接可靠。随后人工紧跟撒布10～15mm预拌沥青碎石，用量为5～10kg/m²。摊铺机行驶速度应根据浇注式沥青混合料的生产能力、拌和楼的拌和能力以及运输设备的运输能力相匹配（摊铺能力适当低于拌和、运输能力），根据施工经验摊铺机的摊铺速度一般控制在2～3m/min。

浇筑式沥青混凝土在220～250℃摊铺时具有流动性，需设置边侧限制，防止混合料侧向流动。一般采用钢制模板作为边侧限制挡板。边侧限制的挡板放置根据浇筑式混凝土摊铺的宽度，以及整个铺装层的总宽度确定，安排专人进行循环布置。摊铺厚度通过已设置的侧限钢模高度控制。实际施工中，施工员用插针法对摊铺厚度进行过程控制。摊铺完毕混合料达到较好的撒布温度时（碎石能够较好地嵌入浇筑式沥青混合料为宜，嵌入深度约为碎石的一半），人工撒布碎石紧随其后，并保证撒布的均匀性。在碎石撒布过程中，根据情况选用加配重的滚筒对碎石进行碾压，以便碎石与浇筑式沥青混合料能够较好地结合。在浇筑式沥青混凝土施工完毕后，扫除未粘牢的碎石。在铺装层相对冷却后拆除边侧限制，留下一个比较清晰轮廓，以便于下次摊铺的接缝。

3.6 施工缝处理

遇等料以及天气变化等原因，需设置施工缝时，按如下方法设置横向施工接缝：使用边侧限制的钢制挡板，放置于设置施工接缝的位置，将摊铺机升起少许，从横向挡板上移出，抵住横向挡板，手持人工抹板将混合料抹至紧贴挡板，并抹平敲打击实。固定横向挡板，待混合料冷却后，方可拆除挡板。最后应使混凝土具有垂直的横向截面，并敲掉松散混合料。在接缝处铺筑浇筑式混合料之前，将摊铺机高度调至铺装层相同高度，待布料板将混合料均匀铺开后，便可开动摊铺机进行正常摊铺。观察接缝处新铺的混合料，如出现松散麻面情况，立即进行人工处理。

由于桥面不能进行整幅摊铺，施工中会产生纵向接缝。用于边侧限制的挡板应涂刷隔离剂，待混合料冷却形成一定强度后，方可拆除挡板，使接缝保持光滑垂直的横截面。在进行纵向接缝的施工前，检查原沥青混凝土接缝界面，及时除去出现麻面、松散以及下层发生脱落的浇注式沥青混凝土，之后在纵向边缝处贴一条贴缝条，同时对接缝进行预热处理，保证铺装的密实性和整体性。在摊铺机后，应安排专门人员对接缝出现漏铺以及麻面的地方及时处理，如有需要可进行喷枪加热使原铺装软化，并用工具搓揉，使其表面平整。

3.7 边界处理

为了便于摊铺机的摊铺作业，浇筑式沥青混凝土铺装在靠近钢壳路缘石的位置留40～50cm宽的边缘带由人工摊铺整平。需将浇筑式沥青混合料卸至密封的斗车中，人工运至边缘带施工位置，用抹平工具人工摊铺整平，并撒布预拌碎石。

4 SMA-13面层施工

在浇筑式沥青混合料与SMA-13面层之间应洒布改性乳化沥青作为粘层油，用量为300～500g/m²。粘层油采用沥青洒布车喷洒，计算机控制洒布量，均匀喷洒。喷洒粘层油后，严禁运料车外的其他车辆和行人通过。粘层油宜在面层SMA-13施工前一天洒布，待乳化沥青充分破乳、水分蒸发完成后，铺筑SMA-13上面层，确保粘层不受污染。

采用高强高弹性改性沥青，赋予SMA-13优异的抗高温车辙变形能力、低温抗裂性能以及耐疲劳性能。生产改性沥青温度为180～185℃，改性沥青储存温度为170～180℃，最佳存储时间为48h，存储过程中应不断搅拌。

SMA-13实际配合比见表4。关于SMA-13混合料生产及运输、混合料摊铺、混合料压实等工艺为SMA沥青混合料传统施工工艺，其工艺已比较成熟，在此不再详细描述。

表 4　SMA－13 沥青混合料实际生产配合比

混合料类型	各种矿料所占比例/%					石油比/%	木质素纤维①
	11～17mm	6～11mm	3～6mm	0～3mm	矿粉		
SMA－13	19	51	7	13	10	6.0	0.3

① 木质素纤维掺量为与沥青混合料的质量比。

SMA－13 作为桥面磨耗层及铺装保护层，承受了较大的拉应力及剪应力，从而对混合料和胶结料的高温稳定性、耐疲劳性有很高要求。因此在施工中对稳定度、饱和度及空隙率的控制是 SMA－13 面层铺装质量得以保证的关键。本项目 SMA－13 沥青混合料质量验收指标见表 5。

表 5　SMA－13 沥青混合料质量验收关键指标

混合料类型	试件尺寸/mm	击实次数/次	空隙率 vv/%	稳定度 MS/kN	饱和度/%
SMA－13	101.6×63.5	50×2	3～4	≥6	75～85

在表面层 SMA－13 施工完成并清理干净后，原则上不允许任何车辆通行。行车道铺装表面层压实 3 天后，可开放 2t 以下轻型交通，5 天后可正式开放交通。

5　结语

随着我国以高速公路为代表的基础建设迅猛发展，正交异型钢桥面体系由于其独特的优势而成为钢桥建设中主流的桥面板体系，得到越来越多的应用。钢桥面铺装日益成为钢结构桥梁施工的重点及难点。本文以晋中市综合通道建设工程潇河大桥为例，对钢桥面喷砂除锈、防水黏结体系、浇筑式沥青混凝土 GA－10 以及 SMA－13 面层铺装等的施工工艺进行了总结。通过严格施工工艺，细化管理，保证了桥面铺装施工质量。旨在为钢桥桥面铺装施工提供有益参考。本桥梁为华北地区同类型桥梁中最宽，同时是晋中市第一座建成通车的钢结构景观桥。桥面铺装的高质量完成，为大桥通车奠定了坚实的基础，产生了较大的经济效益和社会效益。

津石高速公路钢混凝土梁制作及安装施工技术

付建国　赵　刚/中国水利水电第六工程局有限公司

【摘　要】 津石高速公路梁召互通A匝道钢混凝土组合梁上跨津石高速公路主线，钢梁采用工厂化施工，现场组合成桥。施工过程复杂，施工质量要求高，桥梁主体的制作和安装是整个桥梁施工中的关键步骤。

【关键词】 钢梁制作　节段划分　支架施工吊装

1　工程概况

AK0＋832.9A匝道桥位于河北省任丘市吕公堡镇境内，该桥上跨津石高速公路主线，孔跨布置为（30＋50＋30）m钢-混组合箱梁，与主线交角70°，桥梁采用斜交正做，桥梁全长118m。

匝道桥横断面由3片单箱单室截面钢箱梁，预制开口钢箱梁和现浇混凝土桥面板通过抗剪焊钉连接。钢箱梁底板宽3.1m，悬臂1.5m，箱间距2.25m，桥面板宽16.5m，钢箱梁中心线处高1.7m，桥面板厚0.3m，钢箱中心线处主梁全高2.0m。均采用T肋加劲，腹板设置竖向加劲肋。钢箱梁主要采用Q345qD钢，部分采用Q235B钢，共重约698.6t。

2　施工方案及施工工艺

钢箱梁采用厂内分段加工，分段运至现场焊接，A、B、C、D分段吊装。钢箱梁采用横向分块、纵向分段的方式在厂家加工制作，底漆涂装及箱内中间漆在厂内涂装，采用长车从公路运输，运输到现场后，用大吊车下车，并放置在箱梁平面位置最近的距离，大吊车重新摆位，在大吊车的最佳起重位置，对该段钢箱梁进行起吊，安放到位，再依次分段采用大型起重设备对局部钢箱梁分段吊装到临时支架上，在支架上进行整体段对接栓接，然后拆除该施工分段的临时支架。本桥钢箱梁制作生产工期为30天，现场临时支架搭设工期10天，可与钢梁生产同步进行，钢梁运输工期6天，安装工期30天。

2.1　节段划分

钢箱梁采用多节段连续匹配组装、焊接和预拼装同时完成，然后栓接连成一个梁体的方案。在满足《技术规范》和设计要求的前提下，综合考虑钢箱梁结构特点，供料、运输、工装设计及批量生产等因素，尽可能将板单元尺寸做大，以减少其种类、数量及拼接工作量。

AK0＋832.9A匝道桥A匝道钢箱梁纵向划各分为5个节段，纵向划分为（20＋20＋30＋20＋20）m，横向由三箱、箱间横梁，节段划分如图1所示。

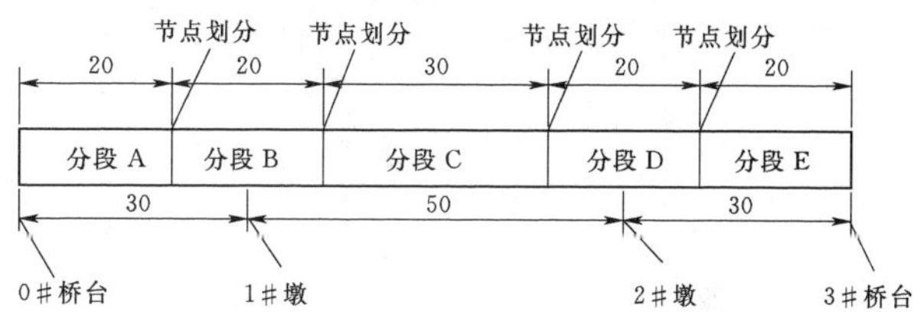

图1　钢箱梁节段划分图（单位：m）

节段是由T梁单元、底板单元、横隔板单元组成，在工厂内加工制作完毕后进行预拼装，预拼装完毕后进行分解涂装，完毕后运输至现场进行拼接吊装，钢箱梁节段划分如图2所示。

2.2　节段拼装及预拼装

根据本桥钢箱梁的结构特点，采用多节段连续匹配组装、焊接和预拼装同时完成的方案。梁段按照底板单元→一横隔板单元→底板肋板→顶板与腹板TL梁的顺序，组装时，以胎架为外胎，以横隔板为内胎，重点控制桥梁的线形、钢箱梁几何形状和尺寸精度、相邻接口的精确匹配等。

AK0＋832.9A匝道桥（30＋50＋30）m预拼装顺序，钢箱梁节段拼装如图3所示。

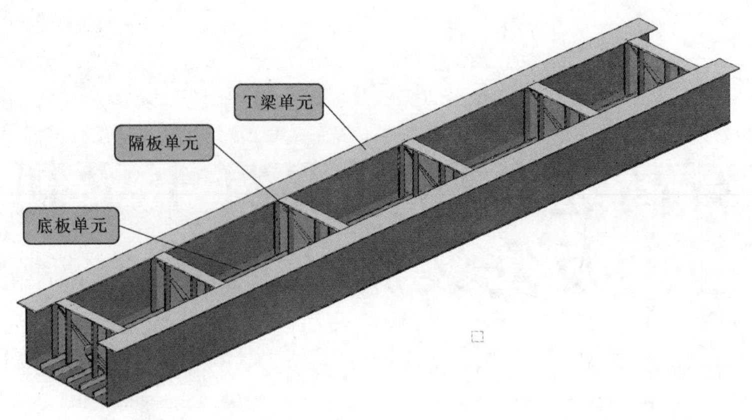

图 2　钢箱梁节段组成及划分示意图

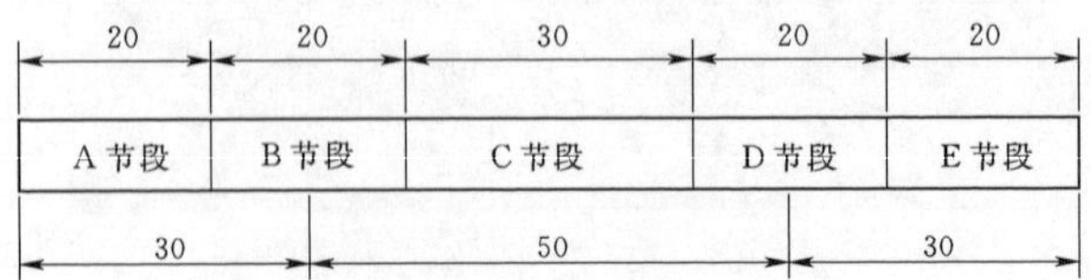

图 3　钢箱梁节段拼装示意图（单位：m）

（1）A、B节段为首轮预拼装节段，预拼结束后，调整胎架，进行下一轮次的预拼，同时B节段留下与后续C节段进行预拼。

（2）第二轮拼装由首轮预拼留下的B节段与后续C节段进行预拼，预拼结束后，调整胎架，进行下一轮次的预拼，同时C节段留下与后续D节段进行预拼。

（3）第三轮预拼装由第二轮预拼留下的C节段与后续D节段进行预拼，预拼结束后，调整胎架，进行下一轮次的预拼，同时D节段留下与后续E节段进行预拼。

（4）第四轮预拼装由第二轮预拼留下的D节段与后续E节段进行预拼，预拼结束。

2.3　加工制作

钢箱的现场拼接为高强螺栓连接，钢梁精度的误差会增加现场拼装难度甚至无法安装，钢梁的制作精度控制是重点。

钢箱梁构件的制作主要分为翼缘板、底板、腹板及其肋板等零部件的制作。钢箱梁在拼装地面胎架流水线上进行组装、焊接。钢箱梁通过胎架进行组立、焊接以及矫正。零部件加工通过数控及机械设备进行。钢箱梁结构加工制作，以最大限度地使用机械操作并利用工装夹具，以减少手工操作的随机性和不稳定性，提高构件的准确率及生产效率。

钢梁生产完成后采用钢盘尺测量梁段长度，误差不超过2mm，累加梁长不超过20mm，当累加超过20mm时，要在下段预拼装时调整。采用线锤或钢板尺检测扭曲度，每米不大于1mm，每段不大于10mm。采用钢板尺测量工地对接板错边，不大于1mm。验收合格后方可运输至施工现场。

2.4　钢箱梁运输装载与加固

钢梁构件在运输过程中应支承牢固，防止产生变形，钢梁支承点应垫置防护垫，防止油漆损伤，捆绑钢丝绳与钢箱梁接触处也应加放防护垫，防止油漆损伤。

（1）钢箱梁装车：首先找准车板的中心点，基本与箱梁中心一致；然后在车板上铺垫好枕木，防止箱梁直接与车板接触损伤油漆。

（2）捆扎加固：采用ϕ10～18mm的钢丝绳进行腰箍加固，是根据车速产生的惯性力、下坡产生的重力坡度分力、颠簸时产生的惯性力、紧急制动产生的惯性力等几种情况可能导致的产品产生位移而进行的加固。前后各箍一次，共8个点，采用5t手拉葫芦进行紧固。

（3）对于小型构件的装载可采用箱装措施，必要时应将构件固定于箱内，以防在运输和装卸时滑动和冲撞，箱的充满度不得小于80%。

2.5　油漆涂装工艺

钢箱梁全部在涂装厂房内进行喷砂和喷涂作业，即完成喷砂除锈、底漆涂装、中间漆涂装和面漆涂装，以充分利用车间通风良好，遮风挡雨的优势，保证涂装质量。

钢梁安装完成后，焊缝部位去油打磨除锈达到St3级，周围涂层打磨成坡度，磨出不同漆层的层面，周边涂层进行保护，并按修补位置相应的涂装体系进行补涂。

2.6　钢梁现场安装

由于分段拼装整体架设到位，现场安装时，既要保证节段间端口达到内场预拼装状态，又要保证箱间连接横梁对位准确，施工难度较大。

钢箱梁安装在节段钢箱梁两端设置临时支架，临时支架应有足够的刚度、强度和稳定性，以防支架变形。临时支架主要采用钢管为支墩柱搭设而成，设置在钢箱梁节段接口处。在跨越高速公路时，应在保留最少一侧车道，以确保交通车辆通行。箱梁节段采用1台260t汽车吊装，应对其吊装半径、吊装能力进行检算，确保安全。钢箱梁拼接后应调整位置、标高至设计要求，再进行焊接。在支架处设置操作平台及检测平台，便于操作，焊接质量应进行探伤检测。

钢箱梁节段运输至现场后，采用吊车将钢箱梁吊装就位。分段吊装钢箱梁至临时支架，调整线形及高程；在临时支架上完成钢梁节段间的栓接；完成钢梁间的横向连接。

2.6.1 临时支架

钢梁节段临时支架基础根据钢梁重量计算采用4m×3m×0.5m的C30混凝土基础，支架体系是由螺旋焊管和型钢组成的桁架结构组成，立杆采用ϕ426mm螺旋焊管，钢管之间横撑采用16a槽钢，斜撑采用∠100×10mm角钢连接形成桁架结构，钢管上分别放置2根40a工字钢，桥纵向布置，工字钢上放置砂箱。

支架制作完成后，按照相关技术规范对支架进行验收，验收项目主要包括临时支架的形位尺寸的验收、焊接或栓接质量验收等，尤其对组合支架的螺栓连接需进行逐段验收，保证支架连接牢固可靠，防止在施工过程中支架自身出现变形。

2.6.2 吊车选型

据钢箱梁分段具体参数，最大吊装段重量为48.2t（根据梁召互通A匝道桥设计图纸S6－2－5－2－11），其他一般段为35t左右。钢梁C长度为30m，重量为48.2t，吊装高度普遍在9m左右，根据260t汽车吊起重能力，作业半径10m、臂长36.3m时，额定起重量为65t，满足使用要求。

2.6.3 现场吊装顺序

钢梁吊装时从小桩号依次向大桩号方向进行吊装，横向吊装时，先吊装吊车远侧钢箱梁，再吊装近处，待吊装钢箱梁与吊车同侧放置。整体吊装顺序：GLA→GLB－a→GLC→GLB－b→GLD如图4所示。

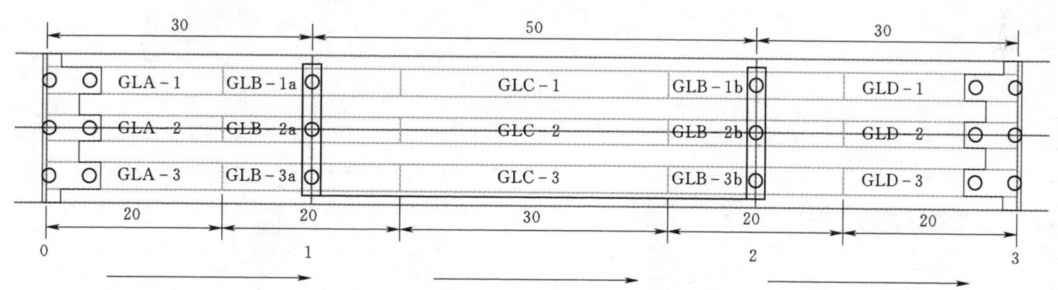

图4 钢箱梁吊装顺序示意图（单位：m）

2.6.4 钢梁节段安装步骤

根据钢箱梁分段具体参数，最大吊装段重量为48.2t，选择260t汽车吊作为吊装机械。钢梁吊装时按照吊装顺序依次进行，此部分钢箱梁吊装场地条件较好，钢箱梁左右两侧可以进行吊车站位。

吊装前对钢箱梁的支墩及临时支墩的顶部标高进行复测，在两端支墩及钢梁分段上划出吊装对样线，并在分段上系设好2根防风麻绳，以控制分段在空中时的状态。当分段挂钩与钢梁顶板四个吊点挂好结束后，安全员对其进行检查验收，合格后，再由吊装指挥员指挥吊车司机将分段缓慢起升。

试吊：在吊装第一片钢箱梁时应在地面做负荷试验，静止试验2min，吊起回落试验两次，起吊高度不得大于200mm，观察梁段是否水平平稳，吊车司机确认吊车机械性能无异常后开始吊装。

起吊：起升过程中用缆风绳牵引，防止构件水平转动。到高于桥墩标高1m的位置停止动作。待构件静止后，再次观察基础情况。

旋转：在旋转过程中保持起升机构不动，并用缆风绳牵引构件，防止构件摇晃。待构件位于桥墩上方时，停止动作，利用缆风绳对构件方向进行初步定位。

落梁并线形调整：将梁段缓慢放置于桥墩与临时支撑上，桥墩及临时支撑上设置限位挡块，在落梁就位的时候，两端桥墩分别安排两组起重工辅助梁段精确就位。

五节A、B、C、D梁段吊装步骤相同，首先进行中间箱室的吊装，然后进行左右两侧梁体吊装就位。A梁段吊装如图5所示。

2.6.5 钢箱梁焊接

全桥主要杆件主焊缝优先采用埋弧自动焊；次要焊缝优先采用CO_2气体保护焊，以提高生产效率，减小焊接变形。

工地梁段焊接待环缝的主要焊缝焊接完成后，再进行加劲肋嵌补的焊接。加劲肋嵌补的焊接时，先焊接嵌补对接，后焊接嵌补角接；加劲肋嵌补的焊接应从梁段中心向两边对称施焊。

对接焊缝除应用超声波探伤外，尚须用射线抽探其数量的10%（并不得少于一个接头）。探伤范围为焊缝两端各250～300mm，焊缝长度大于1200mm时，中部加探250～300mm。当发现裂纹或较多其他缺陷时，应扩大该条焊缝探伤范围，必要时可延长至全长。进行射线探伤的焊缝，当发现超标缺陷时应加倍检验。用射线

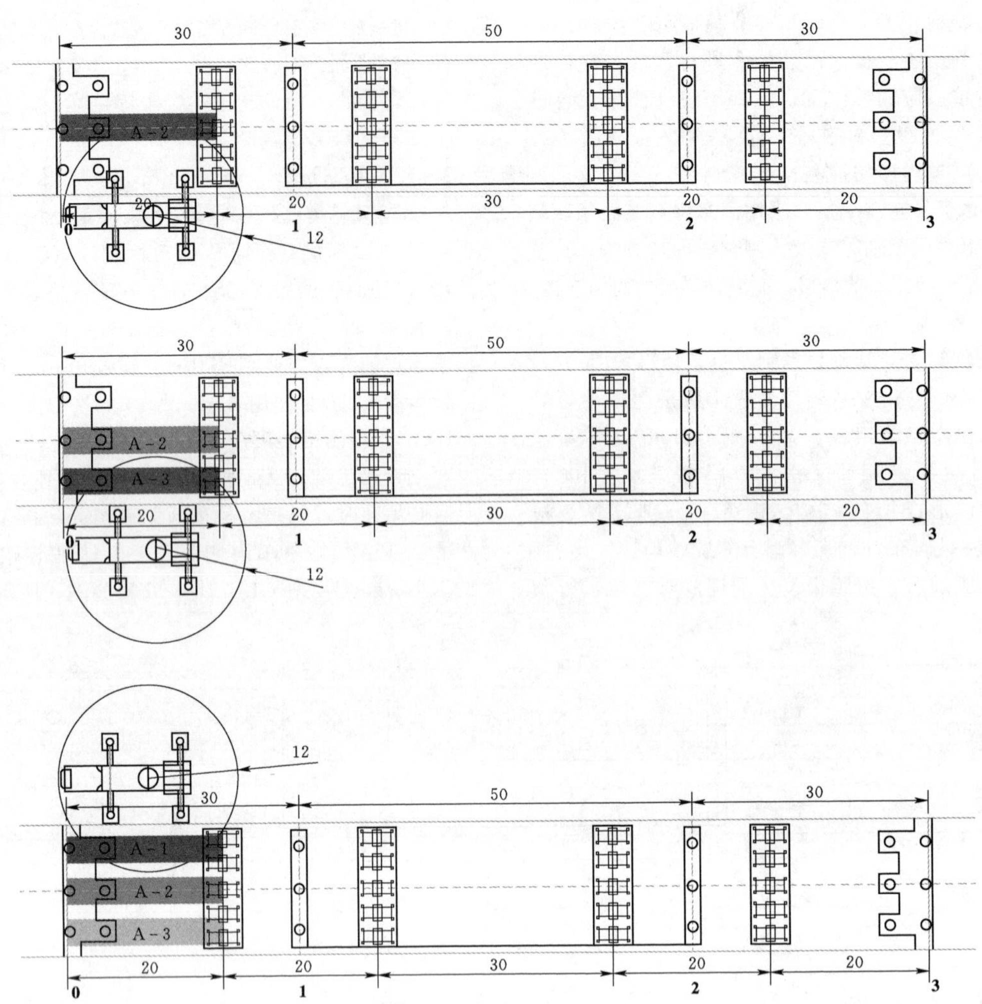

图5　钢箱梁吊装示意图（单位：m）

和超声波两种方法检验的焊缝，必须达到各自的质量要求，该焊缝方可认为合格。如焊缝经检测不合格，按返修工艺进行返修并复检。

2.6.6　监控量测

为实时监测主梁在整个施工过程中的线形，更好地对该桥的施工过程中主梁标高进行监控，全桥主梁标高测试控制截面3个，在箱梁每截面底板布置6个监测点，全桥共18个监测点。采用全站仪对点进行轴线、高程测量。控制架设标高误差不超过5mm，成桥后控制点高程与设计高程之差不超过2mm，轴线偏差不超过10mm。

通过对已吊装的钢箱梁轴线和高程的数据整理，可以看出梁召互通匝道桥轴线偏差最大为6mm，高程偏差最大9mm，均符合设计及规范要求。

2.6.7　临时支撑拆除

本桥临时支撑采用钢管立柱及工字钢横梁，横梁布设砂箱调整梁底高程。待跨中桥面板强度大于100%且不小于14天后，遵循对称同时原则，同时对支墩两侧的支架进行卸载，拆除临时支撑，完成体系转换。

3　结语

津石高速公路梁召互通A匝道钢混凝土组合箱梁施工步骤烦琐，钢梁的制作质量要求高，现场安装节点多，安装精度控制对后期桥梁成型至关重要，吊装过程中的安全组织是施工的一个重点。为保证施工的顺利安全进行，施工前必须精心策划，制定详细的钢梁施工安全专项方案，以保证在万无一失的情况下进行施工。现场做好精心组织，吊装和安装之间要求配合密切，安装的施工质量必须引起高度重视。

隧道下穿高架桥桩基托换施工关键技术

龚妇容/中国水利水电第十一工程局有限公司

【摘　要】郑州市107公路辅道隧道下穿商鼎路高架匝道桥中墩，设计临时托换与永久托换正交布置，临时托换受力体系由钻孔灌注桩与系梁加临时托换梁形成；永久托换利用隧道侧墙、中墙、底板共同受力，托换经过两次受力体系转换，多次同步顶升施工，保证了原有桥墩平稳受力作用在下穿隧道顶板上，托换工艺技术控制复杂，可作为类似工程借鉴。

【关键词】隧道　下穿　桥墩　托换　受力体系转换　同步顶升

1　工程简况

郑州市107公路辅道下穿隧道北起金水东路，南至商都路。其中在隧道K12＋609位置有已建成的商鼎路高架匝道桥墩位于下穿隧道内，需要完成桥梁桩基托换后进行隧道施工。该桩基托换桥梁为三跨（36m＋44.5m＋36m）变截面预应力混凝土连续箱梁，桥面宽9.0m，桥梁中墩桩基在下穿隧道施工范围内，设计采取二次托换技术解决隧道施工期桥梁中墩的安全稳定，以保证在隧道施工期间桥梁的正常运行。其中，一次托换采取钻孔灌注桩与系梁结构布置临时垫石与顶升平台作为托换梁的临时支承体系，并将托换梁与桥梁中墩临时固结承载桥梁运行荷载。完成临时托换体系转换后，开挖隧道工程基坑，进行隧道结构施工，并在隧道顶板施工永久托换梁，利用隧道侧墙、中墙、底板共同受力形成二次永久托换，保证原有桥墩能够平稳受力在下穿隧道顶板上。

2　施工总体部署

商鼎路高架桥中墩桩基托换采取两次托换受力体系转换，一次（临时）托换桩设计为双排4根ϕ1200mm桩基础，均按摩擦桩设计，施工时桩长采取进入持力层深度和标高双控的原则，即桩尖进入持力层的同时，必须满足桩底标高的要求；而当桩尖达到标高而未进入持力层时，则延长桩孔深度，使桩尖满足在持力层的埋深要求。同时现场取样桩底岩土的力学指标必须高于或等于详勘地质报告中相应岩土的力学指标，否则应加长桩长至合适的持力层。4根ϕ1500mm托换桩桩长63m；按2排布置，桩顶设置5.65m×1.5m×1.5m系梁，系梁同时兼作临时支座及顶升的工作平台，系梁顶部临时支座垫石尺寸为1.0m×1.0m×0.4m。托换桩采用C30水下混凝土灌注，桩基超声波检测合格后利用声测管进行桩底后注浆以减小桩基沉降。

临时托换梁采用预应力混凝土结构，中心跨径11m，全长12.9m；中心位置梁宽4.0m，梁端扩大至5.65m，梁高3.0m。临时托换梁与桥梁中墩通过咬合、界面处理和植筋连接，即在托换梁梁高范围内，把原桥墩表面凿毛，凿出25mm（深，露出钢筋）×200mm（宽）的切口，并进行界面处理；沿被托换桥墩周围植筋，钢筋和桥墩之间的缝隙用A级锚固胶充填。

基坑开挖完毕，施工下部隧道结构和永久托换梁，永久托换梁长39.2m、宽4.0m、高3.5m。托换梁与隧道结构顶板同时施工，永久托换梁完成并达到设计强度后开始进行受力体系转换，受力体系转换完成后，搭设支架拆除临时托换梁及托换桩基，完成顶板、底板及桥墩后浇带浇筑，完成桥墩外观处理。高架匝道桥中墩托换二次转换如图1所示。

3　关键施工技术控制

3.1　临时托换桩桩基托换采用Midas Civil 2015进行建模计算

托换体系计算模型考虑基坑开挖后桩基悬臂外露，并根据建模计算入土后的桩基内力。本工程通过建模对托换梁、系梁、桩基内力计算，托换设计桩基、系梁及临时托换梁均满足要求，托换体系整体稳定系数为4.6。主要计算过程如下。

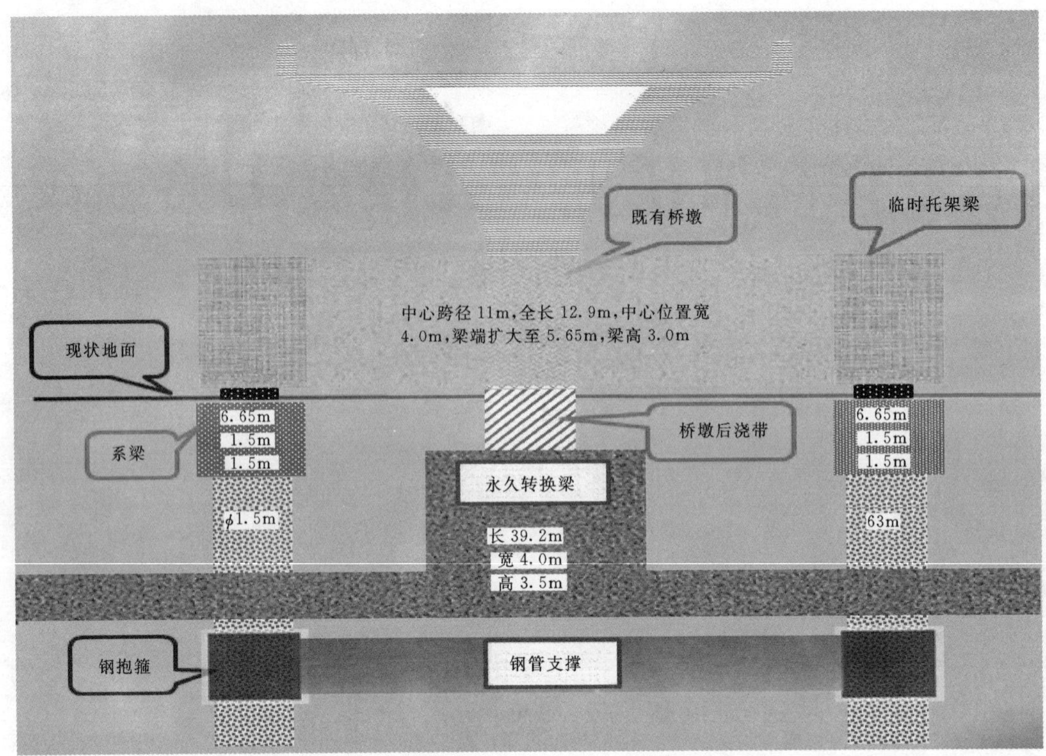

图1　高架匝道桥中墩托换二次转换图

3.1.1　桩基托换桥墩墩顶反力计算

3.1.2　隧道结构计算

验证在桥墩竖向力、结构自重、顶板覆土、地面活载和重力组合荷载作用下，桥墩处顶板挠度和桥墩处顶板总竖向变形是否符合设计要求。

3.1.3　上部结构计算主要技术标准及荷载取值

（1）结构重要性系数 $\gamma_0=1.1$。

（2）一期恒载为梁体自重。

（3）二期恒载考虑桥面铺装和防撞护栏。

（4）汽车荷载取城-A 级，多车道加载时考虑横向折减，并计入汽车荷载偏载系数 1.15；汽车冲击荷载按《公路桥涵通用设计规范》第 4.3.2 条规定计算。

（5）预应力荷载：预应力筋与管道的摩阻系数 $\mu=0.17$，孔道偏差系数为 $k=0.0015$，单端锚具变形及钢筋回缩量 $\Delta L=6$mm。

（6）支座沉降：不均匀沉降量 10mm；H9（托换墩）位置额外计入±10mm 竖向变形影响。

（7）截面梯度温度：正温度梯度 $T_1=14$℃，$T_2=5.5$℃；负温度梯度 $T_1=-7$℃，$T_2=-2.75$℃。

通过模拟计算，在原设计基础不均匀沉降 10mm，H9 墩额外发生±10mm 变形条件下，主梁承载能力满足规范要求；短期组合下主梁最大拉应力 1.2MPa，小于规范限值 1.86MPa；最大主拉应力 1.28MPa，小于规范限值 1.325MPa。

3.1.4　桩基托换后桥墩受力状态检算

（1）静力计算。H9 墩下部结构变化后，基础刚度增大，桥墩最大水平力为 734kN（标准值），桥墩顺桥向配置 15 根 28mm 直径 HRB335 钢筋，验算桥墩配筋满足规范要求。

（2）抗震验算。地震烈度为Ⅶ度，地震动峰值加速度为 0.15g，场地类别为Ⅲ类场地，分区特征周期为 0.55s，阻尼比：0.05；反应谱根据《城市桥梁抗震设计规范》（CJJ 166—2011）确定。

横向内力采用 MIDAS-2015 杆系模型计算，托换墩底固结，其他墩承台底考虑桩基柔度，以弹簧支承模计算，计算结果表明，墩柱强度满足规范要求；换算剪力小于抗剪设计值，满足规范要求，墩顶横向最大位移 13.1mm，小于容许值 55mm，满足规范要求。

3.2　临时托换桩基预埋声测管检测并进行桩基大小应变检测

桩底预设灌浆管采用后注浆技术加固，减少桩基沉降变形。

3.3　临时托换桩系梁及垫石施工

对临时托换梁支架采取预压处理，消除基础非弹性变形。被托换桥墩抱箍范围内凿毛、植筋完成后，浇筑临时托换梁；待临时托换梁混凝土强度达到设计强度的 95%，且施工期不小于 10 天后，张拉托换梁第一批预应力钢束，安装监测、顶升设备。

3.4 采用千斤顶控制临时托换梁反力及墩顶标高

初步消除托换桩基沉降值后，在系梁顶部每个垫石侧安放2个600t千斤顶，共计8个千斤顶，其中4个备用。顶升液压系统采用定制生产的PLC多点同步顶升液压系统（含自动保压装置），以保证其双向作用8点同步，同步精度不大于±1mm。

按设计提供的总荷载（1550t）进行分级加载顶升，加载至总荷载的80%时停止加载，沉降稳定后锁定千斤顶。顶升过程中应确保桥墩墩顶标高不发生变化、临时托换梁不发生变形、移位、开裂。临时托换桩基沉降稳定后锁定千斤顶（3天累计回缩量不超过1mm）。沿系梁顶面切割桥墩，张拉第二批预应力钢束，分级加载、逐步顶升临时托换梁至基准标高，完成后对第一批、第二批预应力钢束进行注浆。待沉降稳定后采用钢板将临时托换梁底与垫石间揳紧并焊接，千斤顶锁死机械锁，逐步回油卸载，完成系一次体系转换。

3.5 基坑开挖

基坑开挖至地面－6.8m，施工托换桩横向支撑体系及隧道底板、中墙、侧墙。然后满堂搭设永久托换梁支架并进行预压消除支架非弹性变形，施作隧道顶板及永久托换梁。

在桥墩周边临时托换梁底与永久托换梁顶之间放置千斤顶，分级加载第二次次顶升桥墩，对隧道体系进行第一次反压，分级加载至设计总反力（1100t）时锁定千斤顶，静压，注意静压时控制总反力不变，并随时补压。变形监测同时开始，当单日累计沉降值小于1mm时，停止静压，锁定千斤顶。

在临时托换梁与系梁垫石间放置千斤顶，第二次顶升桥墩，分级加载桥墩至基准标高以上3mm后，锁定千斤顶。分级加载总荷载以第一次顶升实测的数据为参考值进行计算（设计提供值为1550t）。

利用桥墩周边临时托换梁底与永久托换梁顶之间放置的千斤顶，对隧道体系进行第二次反压，分级加载顶升桥墩，锁定千斤顶，静压，注意静压时控制总反力不变。分级加载至设计总反力（1100t）时锁定千斤顶，静压，注意静压时控制总反力不变，并随时补压。当连续3日累计沉降值小于1mm时，停止静压，锁定千斤顶。

复核桥墩基准标高是否保持未变，若有沉降，应进行再次顶升。浇筑托换桥墩和永久托换梁之间的低收缩混凝土。千斤顶回油，首先拆除桥墩周边千斤顶，然后拆除系梁上千斤顶，完成第二次受力体系转换。

4 临时托换梁顶升

临时托换梁顶升前，清理系梁与托换梁连接部位，垫上规格尺寸为下部长×宽×高＝50cm×50cm×1cm、上部长×宽×高＝50cm×50cm×3cm的钢板。在每个系梁垫石内侧分别布置两个自锁千斤顶（其中1个备用），共计8个。

千斤顶个数的配置根据现场安装的实际个数的双倍配置，以防发生意外无法及时更换。千斤顶选型根据设计要求，选择合适的带自锁装置的同步顶升千斤顶。千斤顶每侧系梁上各摆放两个正常工作顶、两个备用顶，摆放于系梁中心线，工作顶置于近垫石侧部位，备用顶置紧临工作顶内侧。

4.1 同步顶升

（1）检查并安装千斤顶和位移传感器及压力传感器等设备，千斤顶的安装要确保地上平坦，位移传感器设备要确保拉线笔直。

（2）依据千斤顶的分布，分别将各个千斤顶串联一起再和液压顶升泵站的油路出口用液压软管连接上。

（3）将总电源插头跟泵站连接，然后依据千斤顶的分布，分别将千斤顶位移传感器和液压泵站上的压力检测口用信号电缆连接上。

（4）同步顶升之前，先检查一下位移传感器读数是不是正常，拉出位移传感器拉绳，显现屏上读数是不是与现场拉绳拉出的位移读数相同。

（5）同步顶升之前先进行贴合功能的按钮操作后，千斤顶开始顶升，当压力到达贴合压力值时，千斤顶会自动中止顶升。贴合压力的设定值为实际载荷的50%左右。

（6）贴合完毕后，先设定目标位移量，按下同步上升按钮这时千斤顶就自动上升，上升到设定的行程（位移量）时自动停止上升。

（7）千斤顶同步下降操作，贴合完毕后，先设定目标位移量，按同步下降按钮这时千斤顶就主动降低，降低到设定的行程（位移量）时自动停止下降。

（8）设定所要控制的千斤顶标号，按千斤顶单独顶升、单独下降按钮。如需中止按下停止按钮。

（9）千斤顶的位移同步精度、压力（负载）同步精度、千斤顶最大位移、最小位移、最大压力、最小压力均可设定。

（10）具有同步误差超过设定的要求时，控制系统会主动报警，确保顶升重物和顶升系统本身安全要求。

4.2 顶升注意事项

（1）千斤顶的安装必须保证地面平整，位移传感器安装要保证拉线垂直。

（2）同步顶升之前，先检查一下位移传感器读数是否准确，安排现场人员拉出位移传感器拉线，显示屏上读数是否与现场拉线拉出的位移读数一样。

（3）预顶采取分级加载原则，共分10级加载，每级荷载增量为千斤顶加载上限值的10%，逐步加载到最大值。

(4) 每级加载需保持30min，等结构稳定后方可加次级荷载，被托换梁的上抬量不能大于1mm。

(5) 在加载过程中同时应严格监测托换梁裂缝的产生及发展，最大裂缝宽度大于0.2mm时，停止加载。

(6) 预顶时，必须严格控制千斤顶的顶升力和托换梁两端的位移，使得各千斤顶顶升力达到控制值而梁端位移未达到位移范围值以内。

(7) 预顶过程中应以桩基基本无沉降为控制标准。

(8) 预顶过程中发现托换梁两端有上抬趋势时，为顶升临界点应停止顶升。

(9) 第二次顶升过程中发现墩柱达到控制标高仍有上抬趋势时，为顶升临界点应停止顶升。

(10) 通过严密的监控系统，分析反馈来的信息，根据信息控制油泵的工作系统，来达到托换梁两端的顶压平衡，消除或减少托换梁在顶升过程中所产生的纵向位移。

(11) 确定每个千斤顶允许顶升压力，对压力根据施压过程进行分级，在每级顶升操作中严格控制油泵的工作流量和压力。

(12) 在每级顶升过程中，通过对上一级出现差值，在下一级进行调整，让每一级顶升都控制在差值范围内，防止差值累计超过规定范围。

(13) 在顶升过程，连续记录监测数据和加载记录。

(14) 张拉完后第二次顶升托换梁至基准标高+2mm后停止顶升，待沉降稳定后将托换梁与垫石间缝隙用钢板揳紧。千斤顶逐步回油卸载，完成第一次体系转换。

(15) 顶升过程中备用顶始终保持贴合状态以便及时更换。

(16) 在隧道结构施工过程中，应由第三方始终监测桥墩墩顶标高。当桥墩墩顶标高低于基准标高-2mm时，再次对桥墩进行顶升施工，顶升至基准标高。

5 永久托换梁顶升

永久托换梁顶升施工为本工程重中之重，其目的是提前消除隧道结构的绝大部分自身沉降变形及完成第二次受力体系转换，具有顶升次数多、施工时间长等特点。

5.1 一次顶升

在永久托换梁达到设计要求的100%强度，并且养护时间不少于10天后准备第一次顶升，对隧道结构自身沉降进行第一次反压。

(1) 在永久托换梁顶部桥墩周边按设计文件指定位置安放千斤顶，摆放位置位于托换梁前后左右四个方向，摆放均衡，与桥墩中心等距且不影响后续连接段施工。每个位置安放1个600t千斤顶，共计安放4个。

(2) 根据设计提供总反力（1100t）分级加载顶升桥墩，每级加载持续时间30min。监控测量同步进行。

(3) 加载至设定值后锁定千斤顶静压。当单日永久托换梁累计沉降不大于1mm后，开始进行桥墩顶升施工。

5.2 二次顶升

本次顶升目的是将桥墩顶升至基准标高3mm上，施工过程与临时托换梁顶升施工基本一致，完成顶升后锁紧千斤顶进行24h不间断监测。

(1) 在系梁顶部安放千斤顶，每个垫石侧安放2个600t千斤顶，共计安放4个。备用千斤顶直接采用桥墩周边4个千斤顶。

(2) 千斤顶均上升至托换梁底，保持贴合状态。监控测量同步开始。

(3) 分级加载顶升桥墩至基准标高以上3mm，监控测量同步进行。

(4) 待沉降稳定后锁紧千斤顶，加强监测，保持桥墩基准标高以上3mm不变。

5.3 三次顶升

在将桥墩顶升至基准标高3mm上，稳定后准备第三次顶升，对隧道结构自身沉降进行第二次反压。

本次顶升施工过程及准备工作与第一次隧道结构反压施工过程一致。当加载至设定值后锁定千斤顶，静压。当连续3天永久托换梁累计沉降不大于1mm后开始进行桥墩连接段施工。

6 施工监测

桥梁桩基托换是一项高风险的施工现场，工艺复杂，在施工过程中，必须密切监测桥梁结构、土体的变形，并保存原始资料，根据这些变形的发展情况及时调整施工工艺，实行信息化施工，确保原桥梁结构安全。

6.1 监控流程

监控内容主要包括收集基本资料、现场调查、编制监测方案布置测点、监控量测、数据采集分析、信息反馈、完善设计或施工方案。同时，监测工作必须做好与工程施工的协调，保证监测工作顺利进行。

6.2 施工监测项目

托换工程监测等级为一级，应对基坑及影响范围内，施工可能产生的地表及建（构）筑物的变形、支护结构的应力应变和地下水的动态变化，进行监控量测。本工程的检测重点为商鼎路匝道桥，主要监测内容包括墩身、匝道桥梁顶、墩身顶、临时托换梁、地下水位、地面沉降、混凝土支撑轴力、钢支撑轴力、立柱沉降、周边管线沉降、基坑内外巡视。监测控制值见表1。

表1　监测控制值一览表

序号	监测项目	累计值	变化速率
1	既有墩柱竖向位移	5mm	1mm/d
2	既有墩柱水平位移	4mm	1.5mm/d
3	临时托换梁应力	上下缘钢筋应力控制值为0.6倍设计值（HRB400抗拉强度设计标准值），其他为0.8倍设计值	
4	托换梁相对挠度	0.7mm	—
5	新桩竖向位移	6mm	—
6	托换桩应力	3.0MPa	—
7	桥梁路面沉降	5mm	1mm/d
8	桥梁腹板应力	该监测项供设计单位分析桥梁受力情况，无报警值	
9	永久托换梁应力	缘钢筋应力控制值为0.6倍设计值（HRB400抗拉强度设计标准值）	
10	裂缝监测	托换梁裂缝宽度0.2mm，既有桥梁不允许出现裂缝	

6.3　监测点测量的精度要求

施工期间，地表的沉降、隆起观测，建筑物的沉降监测、倾斜监测等，都严格按照国家《国家二等水准测量规范》（GB/T 12897）的精度进行；其余量测项目参照国家相关规范确定，监测项目精度控制见表2。

表2　监测项目的精度表

序号	监　测　项　目	量测精度
1	墩身水平位移	±0.3mm
2	匝道桥梁顶部沉降	±0.3mm
3	地面水平及地下管线的位移、沉降	±1.0mm
4	桩身水平位移（变形）	±0.2mm/0.5m
5	混凝土支撑轴力	±0.5/100（FS）
6	立柱沉降和隆起	±1mm
7	地下水位	±5mm
8	周边建筑物	±1mm

7　结语

郑州市107隧道工程下穿商鼎路高架匝既有高架桥墩，通过采取主动顶升和两次体系转换施工，施工过程中严格制定托换施工实施方案，并对关键施工技术进行严格管控，对工程施工动态进行实时监测和反馈，及时处理和落实相关技术标准。自2018年5月12日开始监测，至2019年6月9日数据稳定结束，监测数据显示：在整个桥墩托换施工期间，桥墩竖向位移、桥墩水平位移、桥上路面沉降、托换梁内力等主要监测数据变化在控制值范围内；现场巡视未发现既有桥梁、托换结构有破损现象，施工风险处于可控状态，桥梁中墩累计监测最大沉降量为4.3mm，满足设计了要求，确保了隧道施工期间桥梁安全。按照节点目标保质保量完成了所有施工内容，确保了项目的施工工期。

潇河大桥钢结构线形及应力、索力监控技术

王　永　陈希刚　杜岳丹/中国电建市政建设集团有限公司

【摘　要】钢结构桥梁线形及结构应力、索力监控对于钢结构桥梁施工安全尤其重要。潇河大桥作为高次超静定结构，其成桥后的梁拱线形与施工过程和施工方法紧密相关，在众多因素的影响下，施工过程的分析与控制比较复杂。为了保证其在施工结束时能够达到设计的理想成桥状态，就必须对每个施工步骤进行全过程的控制，同时对每个施工步骤主要参数进行现场监测，及时对出现的误差进行纠正。确保组合桥梁在建造过程中其内力和线形总是在规范允许的范围内，保证桥梁结构的安全。同时，监控工作的总结及主要监控数据汇总，也便于管理方验收归档后续管理单位接收时对大桥的状态有全面的了解。

【关键词】钢结构桥梁　应力　索力　钢箱梁　钢拱肋　监控

1　工程概况

晋中市综合通道建设工程PPP项目潇河大桥为异形单拱肋超宽连续钢箱梁组合桥，全桥累计用钢量约13600t，其宽度为华北地区同类型桥梁最宽。桥梁跨径布置为55m＋55m＋60m＋90m＋55m＋55m＝370m。其中，在60m和90m跨分别增设钢拱肋，60m跨处拱肋中心高15.2m，矢跨比为1/3.95，90m跨拱肋中心高22m，矢跨比为1/4.09。拱肋采用六边形断面。

2　现场施工条件

根据《潇河大桥主桥工程工程地质勘察报告》拟建场地地貌单元位于潇河冲洪积平原，微地貌为潇河河漫滩。潇河属于黄河流域汾河水系，汛期为6—9月。地下水位类型为孔隙潜水和微承压水的混合水，地下水主要接受潇河侧向补给。场地土主要由第四系全新统至中更新统沉积的粉土、粉质黏土、砂类土构成。根据本工程钢箱梁特点，结合现场工期要求，确定采用原位满堂支架法安装。本工程上部钢结构重量高，临时支撑先进行地基处理，支撑体系分为两部分，包括桩基础部分和支架部分。现场施工条件的制约也对潇河大桥桥梁线形及应力、索力监控提出了更加严格的要求。

3　技术措施

3.1　钢结构变形及标高测量控制

钢结构入场前应对每段钢结构的尺寸进行测量，确保钢梁尺寸符合允许偏差。在钢拱进场后，对拱肋测量控制点进行标记，粘贴反光镜。对钢拱肋吊点加劲结构进行研究并确认，保证吊点可靠，吊装变形最小。

3.2　钢结构应力测量及控制

考虑到采集数据的方便快捷，主梁、拱肋采用表面应变计进行现场测量，测量精度高，可靠性好，用人工非连续采集数据。现场安装时将应变计按要求焊接在测点处，焊接好后应采取措施对应变计及导线进行保护。由于施工工期较长，现场条件受气候影响较大，因此要求测试元件必须具备长期稳定性好、抗损伤性能好、设置定位容易及对施工干扰小等性能。应变传感器应具备精度高（$<1.0\mu\varepsilon$）、量程大（$3000\mu\varepsilon$）、抗干扰能力强、能在严寒条件下工作、可长期观测、可同时量测测点的应变和温度的特点（图1）。

以潇河大桥为例，根据计算结果在主梁上选取4个断面、在拱肋上选取4个断面，全桥共计8个断面进行应力测量。主梁上6－6、7－7、8－8断面每个断面布设4个纵向应变计，5－5、7－7断面布置一个横向应变计；拱肋上2－2、3－3、4－4每个断面布设2个纵向应变计，其中3－3断面为不共面断面3，在主拱拱脚位置。拱肋上1－1断面下底板布置一个纵向应变计（图2）。

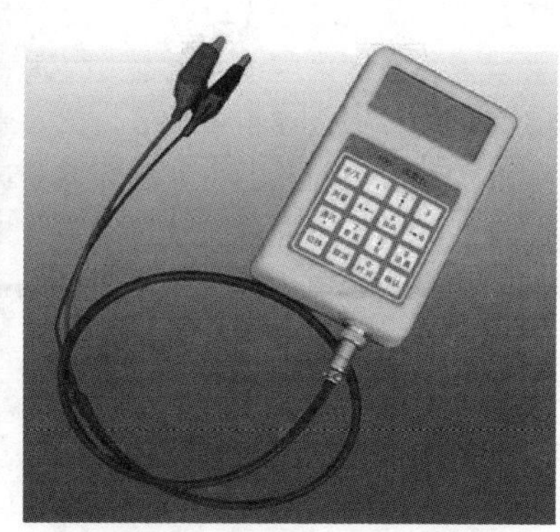

图1 振弦式钢结构表面应变计及手持式振弦式读数仪

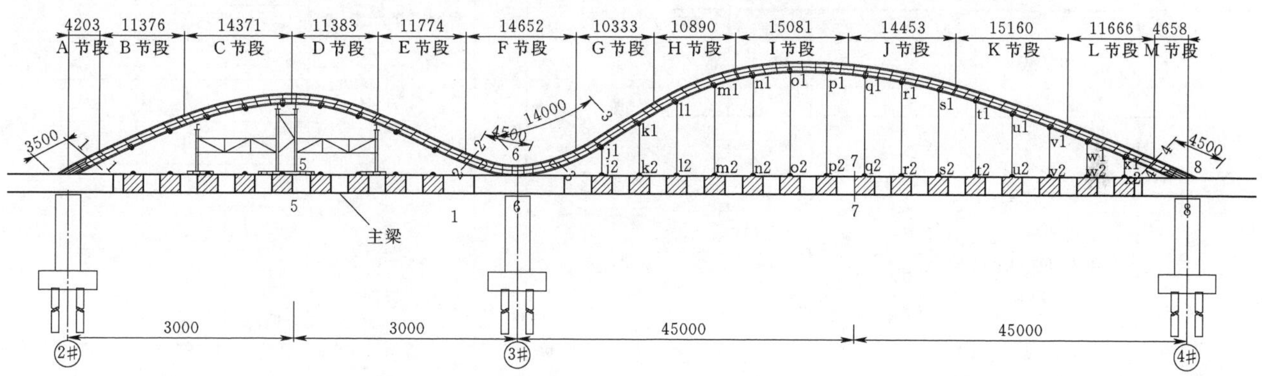

图2 全桥应变计布置、主梁纵向节段划分、拱肋吊点编号示意图（单位：mm）

对于结构关键断面应力的测量，一方面可实时验证主梁和拱肋的受力安全，另一方面可以验证理论计算的准确性。主梁应力测点共4个断面，分别为正弯矩最大断面和负弯矩最大断面，及横向弯矩最大位置，具体位置见图2。应变计编号从上游侧开始，先纵向应变计编号，分别为1＃、2＃、3＃、4＃，横向应变计按该断面纵向应变计顺序编号。应变计编号原则为先断面号，加应变计横向编号，如7－4，即为7＃断面4＃纵向传感器，其他依次类推。拱肋应变计编号命名规则与主梁命名规则一致。

拱肋线型及主拱预拱度配合采用棱镜或其他光学测量装置监测拱底几何测点的纵、横、竖三维位移。潇河大桥的钢拱肋沿纵桥向共划分为13个节段。主梁施工线形的基准控制点定在3＃墩处最内侧腹板的梁顶面，每个节段沿梁顶纵桥向选2个点作为控制点，每个节段纵向两端测点编号小里程为1点，大里程为2点；沿梁顶横桥向选9个点作为控制点。具体为：纵桥向以顶板切口处为准，沿里程前后各偏移500mm作为各节段的控制点（图3）。

A节段、Y节段作为首尾节段，非梁段切口处的控制点为距梁边缘1600mm的位置；横桥向以梁片切口位置作为控制测点。

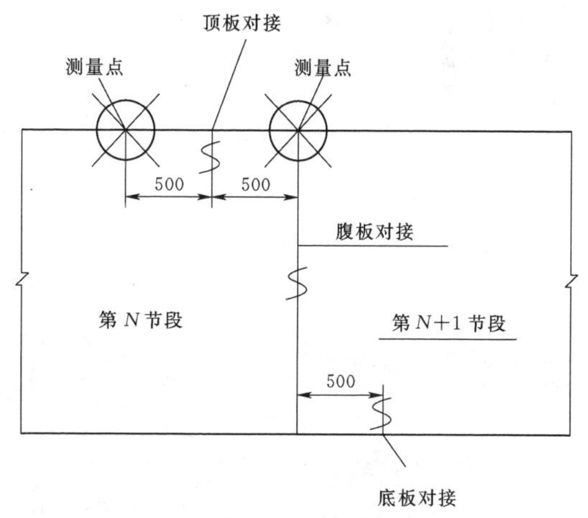

图3 梁顶纵桥向控制点示意（单位：mm）

3.3 索力施工监控操作技术

本桥的特点属于强梁弱拱，拱肋结构对索力的变化比较敏感，因此在施工过程中必须对索力进行精确的控制，防止对拱肋结构造成损害。吊杆安装是本桥施工的关键，由于本桥拉索的特点，是两端铰接并带有较长接长杆的拉索结构，常规的振动测量索力的方式测量误差较大，并不是十分适合，监控采用无应力状态法控制，无应力状态法即以吊杆的无应力长度为控制因素，争取不进行张拉及索力调整工作。为保证张拉精度及避免操作失误，挂索时，采用千斤顶油压表读数与无应力索长双控的方式进行，并对部分长索采用频率法索力仪进行校核，实际操作建议采用多种方法互相校核。弦振式索力仪是目前工程界索力测试常用的仪器，虽然具有测试速度慢、精度较低、受环境干扰较大的缺点，但其价格低廉且安装及拆除均较为方便，便于现场操作，因此在诸多拱桥的施工监测中获得广泛使用。本桥施工监控过程中，利用弦振式索力仪，对索力吊杆索力进行测量校核。监控内容为全部 24 根拉索的索力，使得实际索力与设计索力在误差允许范围内（表 1）。

表 1　各主要施工阶段拱肋、主梁应力理论、实测监控数据表

施工步骤		施工步骤说明	应力测点编号	计算应力/MPa	实测应力/MPa	备注
拱肋支架拆除前	第 1 步	拱肋支架拆除所有测点前进行初始读数记录				初始数据归零
拱肋支架拆除	第 2 步	由中间到外侧，对称拆除小拱肋所有支架	1-1下	−2.5	−2.63	
			1-2上	−2.5	−2.23	
			2-1下	−0.2	−0.24	
			2-2上	−4.9	−3.11	
	第 3 步	由中间到外侧，对称拆除大拱肋所有支架	3-1下	3.9	3.15	
			3-2上	−12.4	−11.39	
			4-1下	−14.5	−12.9	
			4-2上	4.5	4.12	
挂吊杆	第 4 步	按先小拱后大拱的顺序挂吊杆，对吊杆进行初张拉	1-1下	−9.2	−9.21	该阶段开始拱顶部分应变计损坏
			1-2上	−6.2	−6.39	
			2-1下	−2.9	−2.76	
			2-2上	−13	—	
			3-1下	4.1	3.1	
			3-2上	−12.5	—	
			4-1下	−16.5	−14.4	
			4-2上	6.3	—	
拆边跨、次边跨支架	第 5 步	先拆除两侧最边跨拆支架 1，再拆除两侧次边跨支架。从中间向两侧逐排拆除				
分两步拆除小拱支架	第 8 步	对称拆除小拱中间 3、4 支架，再拆除两侧 5、6 两个支架	1-1下	−16.5	−11.41	5-5 为小拱跨中梁顶横向应变计
			1-2上	−13	−8.49	
			2-1下	−6.1	−6.64	
			2-2上	−30	—	
			5-5	18.1	6.27	
			6-6(3#墩梁顶)	16.9	5.63	
分三步拆除大拱支架	第 11 步	对称拆除大拱中部 7、8 支架；在拆除两侧 9、10；最后拆除最外侧 11、12 两个支架	3-1下	23.2	16.85	5-5 为小拱跨中梁顶横向应变计
			3-2上	−74.5	—	
			4-1下	−23.0	−20.94	
			4-2上	−23.0	—	
			6-6(3#墩梁顶)	29.1	23.14	
			7-7(大拱跨中梁顶)	−33.2	−21.74	
			8-8(4#墩梁顶)	43.1	37.52	
			1-1下	−13.1	−10.47	
			1-2上	−1.7	−1.38	
			2-1下	−15.9	−12.55	
			2-2上	−0.5	—	
			5-5	18.1	5.51	
横梁	第 10～11 步	90m 跨跨中梁顶横向受力	7-5	18.1	7.73	
二期	第 12 步	人行道、铺装、护栏	1-1下	−9.0	−7.22	该阶段梁顶所有应变计全部拆除
			1-2上	−20.0	−18.77	
			2-1下	−30.6	−33.67	
			2-2上	—	—	
			3-1下	11.7	10.66	
			3-2上	—	—	
			4-1下	−35.9	−30.36	
			4-2上	—	—	

由表 1 中数据可见，钢拱肋及钢主梁在支架拆除、拉索张拉、二期荷载施加的过程中实测数据与理论计算数据基本吻合。在所有的工况中，理论数据基本上都大于实测数据，说明结构的实际刚度与理论计算模型的刚度相比要大，一般说来是由于钢板实际厚度要大于理论值，使得截面的实际抗弯惯性矩要大于理论抗弯惯性矩，这给结构提供了一定的安全富裕度，对结构是有利的。在某些理论计算应力较小的工况中，理论数据与实测数据有较大偏差，这是由于在理论应力较小的情况下，由于系统测量精度导致的偏差及测量误差对数据的影响会偏大，由于这些工况下结构应力较低，对结构的安全影响很小，因此该偏差值可以忽略。

张拉时，同时采集主梁、拱肋变形量及应力。张拉拉索时，采用了小步多轮的方法进行拉索的张拉，即每根拉索的索力不一次张拉到位，根据索力大小及相互干扰情况分级张拉，逐步逼近目标索力，虽然增加了张拉次数，但保证了拉索张拉精度，实际效果还是比较理想的（表 2）。

表 2　铺装完成后理论索力与实测索力监控数据表

位置	拉索编号	拆架后理论吊杆力/kN	调前实测索力/kN	误差/%	需调整索力值/kN	调整后最终索力/kN	误差/%	规范允许误差
60m 跨	1dg1	132.4	140.57	6.2	−8.17	132.10	−0.2	±5%
	1dg2	174	157.83	−9.3	16.17	173.80	−0.1	
	1dg3	225.6	226.29	0.3	−0.69	225.60	0.0	
	1dg4	224	210.23	−6.1	13.77	223.60	−0.2	
	1dg5	258.8	271.23	4.8	−12.43	258.60	−0.1	
	1dg6	260.7	236.23	−9.4	24.47	260.40	−0.1	
	1dg7	224.9	217.42	−3.3	7.48	224.90	0.0	
	1dg8	222.8	232.71	4.4	−9.91	222.30	−0.2	
	1dg9	200.7	185.65	−7.5	15.05	200.20	−0.2	
90m 跨	2dg1	223.5	203.68	−8.9	19.82	229.50	2.7	
	2dg2	426.9	448.36	5.0	−21.46	433.40	1.5	
	2dg3	741	686.23	−7.4	54.77	746.70	0.8	
	2dg4	882.9	796.89	−9.7	86.01	888.20	0.6	
	2dg5	934.4	833.00	−10.9	101.40	938.30	0.4	
	2dg6	899.8	836.29	−7.1	63.51	902.30	0.3	
	2dg7	813	766.39	−5.7	46.61	813.20	0.0	
	2dg8	712.7	638.05	−10.5	74.65	710.00	−0.4	
	2dg9	625.2	628.02	0.5	−2.82	619.80	−0.9	
	2dg10	450.3	414.02	−8.1	36.28	442.00	−1.8	
	2dg11	342.5	370.16	8.1	−27.66	331.60	−3.2	
	2dg12	257.7	232.82	−9.7	24.88	245.30	−4.8	
	2dg13	188	169.93	−9.6	18.07	179.70	−4.4	
	2dg14	133.9	121.72	−9.09	12.18	128.20	−4.3	
	2dg15	96.1	85.04	−11.50	11.06	92.40	−3.9	

在索力调整的过程中发现异形拱的索力非常不均，拉索间索力差异较大，最大索力与最小索力相差 9 倍，与常规拱桥索力规律有较大不同，这是由异形拱的受力特点决定的。二期荷载施加后对索力进行通测后，进行最后一次调索。调索完成后再对拉索进行通测，大小拱肋实际拉索索力与目标索力误差很小，索力差值最大的误差为−4.8%，索力调整均达到精度要求，调索过程中，未发现拱肋及拉索构件有异常情况发生，为后续通车验收打下了良好的基础。

4　监控成果应用效果

开展钢结构桥梁线型及应力、索力的施工过程中安全监控，为钢结构桥梁的建设期安全施工，运维期高效运营都发挥了较大的安全效益、经济效益和社会效益。

（1）钢结构桥梁成桥后的梁拱线型与施工过程和施工方法紧密相关，在众多因素的影响下，施工过程的分析与控制比较复杂。科学有效的钢结构桥梁线型施工过程中监控，有助于及时纠偏，确保了成桥线型符合设计要求，保证在施工结束时能够达到设计的理想成桥状态。同时，成桥线型最大限度接近设计值，可避免或大幅减少焊接错台发生概率。有利于保障钢结构桥梁桥面沥青摊铺质量，减少脱落与鼓包病害发生；有利于桥梁护栏、人行道、路灯及景观等后续附属工程的施工质量，还提升了乘车舒适度。提高钢结构桥梁施工质量，保证了后续工序的实施。

（2）科学有效的钢结构桥梁线型施工过程中监控，

立足桥梁施工过程分析，对施工偏差及时进行纠正，确保每个阶段支架与支座的脱空、梁拱的应力、拱肋的位移、主梁的高程、吊索的索力等都在设计的安全范围内，保证组合桥梁在建造过程中其内力和线形总是在规范允许的范围内，进而保证桥梁结构的安全，极大地降低了施工过程中质量安全事故发生概率。

(3) 监控工作的总结及主要监控数据汇总，便于管理方验收归档，利于后续管理单位接收时对大桥的状态有全面的了解。

(4) 在监测安全施工技术保障下开展高效快捷，质量事故和安全事故均较低的钢结构桥梁施工，有利于钢结构桥梁大范围推广，符合国家“消化钢铁产能”宏观经济政策，产生显著社会效益。

5 结语

本文以晋中市综合通道建设工程潇河大桥为例，阐述了钢结构线形及应力、索力监控技术。通过应用该技术可降低钢结构桥梁安全事故发生率。提高钢结构桥梁施工质量，保证了后续工序的实施。桥梁线形和索力等监控数据又为使用有限元程序分析桥梁结构提供了原始数据，间接服务桥梁运维期养护，提高桥梁使用寿命。大桥已于 2020 年 1 月 14 日顺利通过成桥检测与竣工验收，同时获得了中国工程建设焊接协会优秀焊接工程奖。证明本钢结构线形及应力、索力监控技术的实施是成功的，可为类似工程施工提供参考。

非开挖水平定向钻地下电力管道施工

郑恩梅/中国水利水电第九工程局有限公司

【摘　要】 水平定向钻施工是一种采用定向钻机和导向仪器，在预先确定的方向上通过导向钻进、扩孔、拉管等工艺过程实施管线敷设的非开挖施工方法。其基本原理是施工时在钻杆前加一个传感元件，通过对传感元件的地面跟踪，准确控制导向钻头的走向和深度。待导向钻头按预定位置出土后，卸掉导向钻头，换上回扩器，对导向孔进行分级扩孔，并针对不同地质条件配置不同的泥浆，对孔道进行泥浆护壁，以形成待敷设管道口径的1.2～1.5倍的泥浆孔，最后进行管道的回拖的一种先进施工工艺。由于其施工速度快、对周围环境影响小、可穿越地下障碍物和地面建造物等特点得到了广泛的应用。本文通过对水平定向钻预埋地下电力管道施工进行分析总结，为后续类似项目施工提供经验参考。

【关键词】 水平定向钻　导向孔　回拉扩孔　铺管

1　工程概况

电建泛濠公馆项目占地面积54376m²，总建筑面积19.5万m²，小区用电采用当地供电局提供的10kV电源变电站配电，项目设计总用电量9000kVA，供电局电源变电站至小区开关房采用两路ZRC-YJV22-8.7/15kV-3×300电缆，总线路长度约580m，其中小区红线内长度221m，红线外长度359m。因进入小区开关房的主电缆走向为原厂房基础，且穿过整个项目的办公区，采用明挖施工需要拆除办公区的设施，影响范围较大，成本较高，结合现场地质条件，地面以下除了已有原先建筑基础外，其他的均是粉砂淤泥，决定采用非开挖水平定向钻施工预埋电缆套管，套管采用6根直径160HDPE高密度聚乙烯管（设计4根，另外加设2根防止出现意外情况堵管无法穿通电缆），通过钻机钻孔、扩孔后一次性回拉预埋到位。

2　导向钻孔设计

导向孔设计是否合理对管线施工能否成功至关重要。钻孔设计主要是根据工程要求、地层条件、地形特征、地下障碍物的具体位置、钻杆的入出土角度、钻杆允许的曲率半径、钻头的变向能力、导向监控能力和被铺设管线的性能等，给出最佳钻孔路线。本项目红线内采用钻机从中间往两头施工。设置三个工作井，钻机由中间往两边引孔，设计最大埋深2.5m，入土角度8°～20°。

3　施工计划

场内施工因不受其他外界因素干扰，现场13天完成施工，其中现场地质情况和地下管线勘探一天完成，线路平面和竖向设计两天完成。正常土质情况下不受到特殊地质干扰，钻机每天施工进度80m左右，从钻导向孔开始，接着的扩孔、拉管，场内221m长的6根PE管整体安装完成10天。

4　钻孔施工

钻孔施工是所有工作中的关键环节，开始前要根据设计参数选择好合适的钻机，并组织好人员根据前期的勘察资料将地面走向和地下障碍物的具体位置标识出来，在所有工作准备充分后方开始施工。

4.1　钻机的选择

水平定向钻机无论大小，操作与用途都是相似的。对水平定向钻进穿越铺管的钻机来说，回转扭矩和回拖力是其主要参数，它们是根据工程大小及要求选择钻机的重要依据。可以参考以下公式计算：

$$F_{拉}=\pi Lf[D^2/4\gamma_{泥}-d\delta_1(D-\delta_1)]+K_{黏}\pi DL$$

式中：$F_{拉}$为计算的拉力，kN；L为穿越长度，m；f为摩擦系数，$f=0.1\sim0.3$；D为埋管直径，m；$\gamma_{泥}$为泥浆密度，kg/m³；δ_1为埋管壁厚，m；$K_{黏}$为黏滞系数，$K_{黏}=0.01\sim0.03$。

施工所用水平定向钻机额定回拖力可按设计回拖力计算值的 1.5～3.0 倍进行选取。本项目钻机采用 XZ320D 水平定向钻机，发动机功率 154kW，最大回拖和进给力为 320kN，最大输出扭矩 12kN·m，工作质量 11.5t，钻杆直径 75mm，单根钻杆长度 3m，并配有专用导向仪器及不停钻射流循环泥浆搅拌系统，可快速制备钻进用泥浆。

4.2 施工准备

开钻前先开挖好工作坑，工作坑长度一般 3m 左右，宽度 1.5m，深度至少 1m。工作坑开挖完成后准备好泥浆搅拌桶，采用聚合物加强性泥浆，由优质膨润土泥浆加少量聚合物制成，膨润土和聚合物添加量约占泥浆质量的 2%，扩孔拖拉中也采用同样比例的泥浆。工作坑完成后组装好钻头，校准好导向仪，检查导向仪显示的距离是否准确。将导向仪远离导向钻头，用卷尺实测导向仪同钻头之间的距离是否同导向仪显示相同，反复检测几次。如果两者距离相同则表示导向仪显示准确，可以开始钻孔施工，如果不一致则找出原因处理后方可施工。施工现场钻机所在工作坑周边场地要求长度不大，但另一端工作坑场地必须有足够的长度来连接管道，至少能同两个工作坑之间的距离一样用来作为连接管道的工作场地。

4.3 钻孔施工

导向钻孔利用造斜原理，在地面导向仪引导下，按预先设计的铺管线路，由钻机驱动带导向钻头的钻杆，从入钻点至出钻点钻一个与设计轨迹尽量吻合的导向孔。钻导向孔的关键技术是钻进过程的监测和控制。在钻进导向孔时能否按设计轨迹钻进，钻头的准确定位及变向控制非常重要。

4.3.1 监控方法

钻进过程中对钻头的监测方法主要通过随钻测量技术获取孔底钻头的有关信息。一般采用电磁波法，即在导向钻头中安装发射器，通过地面导向仪接收器测得钻头的深度、鸭嘴板的面向角、钻孔顶角、钻头温度和电池状况等参数，将测得参数与钻孔轨迹进行对比，以便及时纠正。地面接收器具有显示与发射功能，将接收到的孔底信息无线传送至钻机的接收器并显示，以便操作手能控制钻机按正确的轨迹钻进。目前，电磁波法在中小型钻机上应用较多，缺点是必须随钻跟踪监控。电缆法在长距离穿越中，特别是地形复杂的工程中应用较多。优点是抗干扰能力强，不需要随钻跟踪；但其操作复杂，选用的信号线必须强度高（不易拉断）、耐磨、绝缘性能好。本项目采用电磁波导向线仪来进行控制。钻直孔时给进加回转，造斜时只给进不回转。利用造斜或稳斜原理，在地面导航仪引导下，按预先设计的铺管线路，由钻机驱动带楔型钻头的钻杆，从 A 点到 B 点（图 1）钻一个与设计轨迹尽量吻合的导向孔。

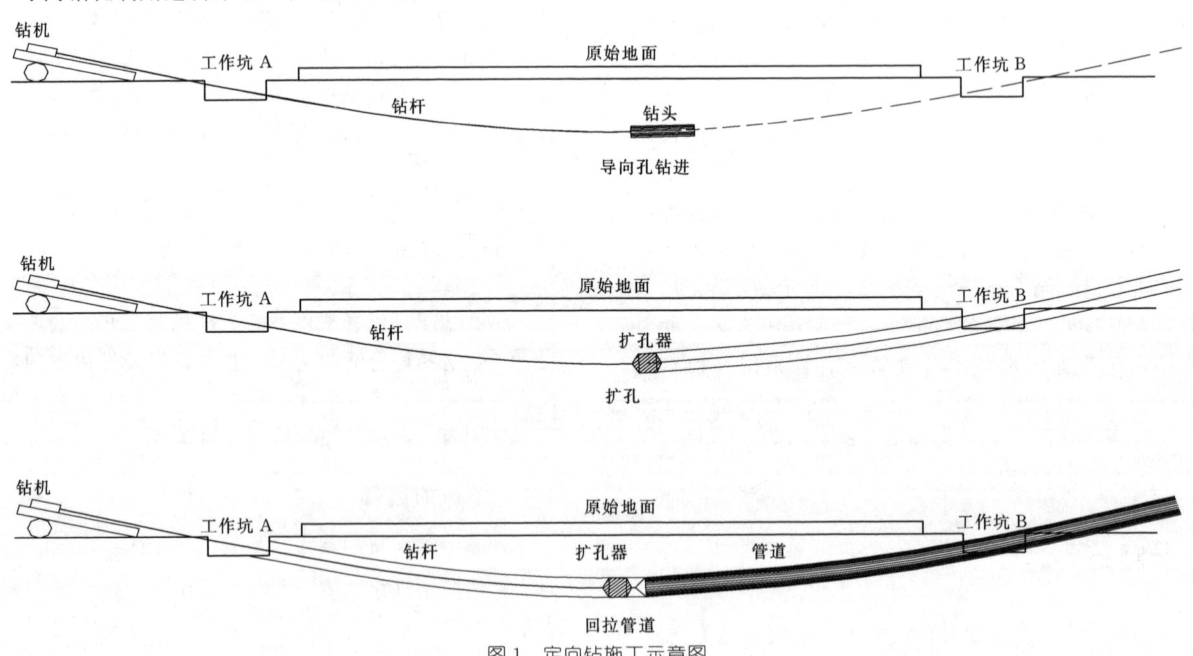

图 1　定向钻施工示意图

4.3.2 钻导向孔

开钻时采用轻压慢转，进入平直段采用轻压快转以保持钻具的导向性和稳定性。根据地层变化和钻进深度，适时调整钻进参数。施工过程中，密切注意钻进过程中有无扭矩、钻压突变、泥浆漏失等异常情况，发现问题立即停止施工，待查明原因并采取相应措施后再施工。钻进导向孔时，每 2～3m 应进行一次测量计算，做出实际钻孔轨迹曲线图，发现与设计轨迹有偏差，及时进行纠偏钻进。曲线段钻进时，一次顶进长度宜小于 0.5m，同时应观察延伸长度顶角变量且该变量应符合钻杆极限弯曲强度要求。施工中应采取分段施钻，使延伸长度顶角变化均匀。

4.3.3 导向孔纠偏

纠偏钻进是通过使用斜面钻头或定向高压水射流来实现的。纠偏钻进时，钻杆柱不转动，当钻具面向角调整到位后，钻机传到钻头的只有向前的推力，钻头斜面接触的土体被挤密，因而土体会给钻头斜面一个反作用力，反作用力使钻头偏斜。高压水射流纠偏钻进是由两种作用来控制的，一是斜面钻头的偏压导向作用，二是高压水射流的定向冲蚀作用。纠偏钻进时，钻杆柱不转动，高压水射流仅向一个方向射出而冲蚀土体，同时钻头斜面上受到的反作用力使钻头方向改变，从而实现定向钻进。

4.4 回拉扩孔

回拉扩孔过程中必须根据不同地层情况以及现场出浆状况确定回扩速度和泥浆压力，确保成孔质量。导向孔钻成孔后，卸下起始杆和导向钻头，换上适当尺寸和符合地质状况的特殊类型的回扩钻头，使之能够在拉回钻杆的同时，又可将钻孔扩大到所需尺寸。一般采用逐级扩孔。预埋管径以内采用排土法扩孔，以外采用挤压法成孔，以保证铺管后地面不至于沉降，不留隐患。在回扩过程中和钻进过程一样，自始至终泥浆搅拌系统要向钻头和回扩钻头提供足够的泥浆。回扩过程中始终保持合适的泥浆量，对泥浆各性能参数进行不定期检测，以调整泥浆性能指标。

扩孔器类型有桶式、飞旋式、刮刀式等。穿越淤泥黏土等松软地层时，选择桶式扩孔器较适宜，扩孔器通过旋转，将淤泥挤压到孔壁四周，起到很好的固孔作用。当地层较硬时，选择飞旋或刮刀式扩孔器成孔较好。一般要求选择的最大扩孔器尺寸按下述分级考虑或按铺设管径的1.2～1.5倍，这样能够保持泥浆流动畅通，保证管线能安全、顺利的拖入孔中。同径铺设时，导向孔完成之后，可直接回拖铺管。终孔孔径一般应为管线外径的1.2～1.5倍。不同地层应采用不同的扩孔器，分级扩孔原则：一级ϕ200mm、二级ϕ250mm、三级ϕ300mm、四级ϕ400mm、五级ϕ500mm等。根据设计的成孔直径，由小到大分级扩孔，直至扩到工艺要求的孔径。扩孔时钻机不断拆钻杆回拉，另一头工作坑位置不断加接钻杆直到扩孔器从钻机所在工作坑露出。

在钻进回扩过程中，应及时做好施工原始记录，发现钻进时间、轴线角度、扭矩、顶拉力等异常情况，应立即停止施工，待查明原因并采取相应措施后再施工。

4.5 管道安装和端头处理

本工程采用8根直径160mm的HDPE管作为电缆的预埋管，管材连接要严格按电热熔施工要求施焊，回拖前应检查电热熔焊接质量，待焊接自然冷却、检查合格后方能进行拖管。

铺管采用钻机的钻杆连接管道从另一端一直拖到钻机所在位置。拖管采用管道发送沟减阻，实施前根据地形、出土角等确定发送沟开挖深度和宽度，发送沟的下底宽度宜比穿越管径大500mm，管道发送沟内应注水，最小注水深度宜大于穿越管径的1/3，应在回拖前将穿越管段放入发送沟。当扩孔器回拖到钻机所在工作坑以后，扩孔完毕，拆掉扩孔器重新接上钻杆，另一头工作坑一端的钻杆上，装上扩孔器与管前端通万向接、特制拖头等连接牢固，启动导向钻机回拉钻杆进行拖管，将预埋管线拖入孔内，完成铺管工作。在回拖管道过程中，密切注意孔内情况，钻机操作手应密切注意钻机回拖力、扭矩的变化。回拖应平稳、顺利，严禁蛮拖。管材要一次性拖入已成形的孔洞中，中途尽量避免停顿以减小回拖的阻力。在拖管的同时加入专用膨润土进行泥浆护壁。在条件许可的情况下，可将全部管线一次性连接全部一次铺装到位。

当拖管结束后，采用挖掘机将扩孔器及管前端挖出，拆除扩孔器及万向接，处理造斜段，施工电力检查井，恢复原有场地，清场。

5 施工注意事项

5.1 管道与建筑物或既有地下管线的安全距离

当敷设在建筑物基础上方时，与建筑物基础的水平净距不应小于1.5m。当敷设在建筑物基础下方时，与建筑物基础的水平净距应大于持力层扩散角范围，扩散角不应小于45°。在建筑物基础下敷设管线时，应经过验算后确定深度。与既有地下管线平行敷设时，管道外径大于200mm时，净距应为最大扩孔直径的2倍以上；管道外径小于200mm时，净距不应小于0.6m；从既有地下管线上部交叉敷设时，垂直净距应大于0.6m；如在淤泥质地层中穿越，垂直净距应大于1.0m。

5.2 质量控制

5.2.1 泥浆质量控制

泥浆不仅可以保持孔壁稳定，防止坍塌，还可以对铺管起到很好的润滑作用，大大减小管线与孔壁之间的摩擦阻力，因此铺管过程中孔内要始终充满足够的泥浆。非开挖泥浆的pH值一般应该保持在9～11，根据砂层、黏土层等各种不同的土层情况，应采用不同的配合比，确保泥浆的黏度满足施工需要，不同管径泥浆黏度定向钻进施工过程应保持稳定的泥浆环流，泥浆应在专用搅拌容器或搅拌池中配制（表1）。

表1　泥浆黏度表

项目	管径/mm	地质					
		黏土	亚黏土	粉砂细砂	中砂	粗砂砾砂	岩石
导向钻孔	—	35～40	35～40	40～45	45～50	50～55	40～50
扩孔及回拖	ϕ426以下	35～40	35～40	40～45	45～50	50～55	40～50
	ϕ426～711	40～45	40～45	45～50	50～55	55～60	45～55
	ϕ711～1016	45～50	45～50	50～55	55～60	60～80	50～55
	ϕ1016以上	45～50	50～55	55～60	60～70	65～85	55～65

5.2.2　管道施工质量控制

非开挖施工预埋管道的关键质量控制主要体现在两个方面：一个是材料本身要求，确保所采用的PE管的物理性能满足表2要求。另一个是PE管的连接、安装质量必须满足设计要求，选用的焊接材料和焊接设备应与选用管材相匹配。铺设后管线纵、横断面位置应符合设计要求。

表2　PE管材物理力学性能

序号	物理力学性能		要求
1	断裂伸长率/%		3350
2	纵面回缩率（110℃）/%		W3
3	氧化诱导时间（200C）/min		320
4	耐候性（管材累计接受N3.5GJ/m^{2}老化能量后）	80C静液压强度（165h）	不破裂不渗透
		断裂伸长率/%	3350
		氧化诱导时间（200C）/min	310
5	静液压强度（环向压力）/MPa	20C 1h	11.80
		80C 170h	3.90
6	质量/(g/cm^3)	—	30.93

5.3　验收与检测

（1）复测导向钻孔起讫点的平面位置和高程。导向孔轨迹测量应采用导向仪随钻测控深度、顶角、方位角、工具面向角等基本参数。实钻导向孔轨迹应符合设计轨迹要求，偏差应在设计允许范围内。

（2）PE管连接的质量应符合相关技术标准的规定。

（3）根据定向钻铺设的生产管类型，应按相应的检验方法进行质量验收。

铺设通信管和电力管（管内径不小于98mm）的工程，宜选用定径（长）试通棒检测验收：定径试通棒可选用木质或铁质材料制作，定径试通棒的直径可用D为1.25d确定，其中D为生产管的公称内径，d为试通棒直径，定径试通棒长度为0.45m。

5.4　塌孔预防

塌孔的原因分析主要有两个因素：①地质因素：非开挖施工在不稳定地层中施工时，当泥浆压力不能平衡地层压力时，就会发生塌孔。土层被钻具钻开时，孔壁被挤压产生的应力与泥浆液柱压力产生压差，当压差大于岩土屈服强度时就会产生剥落、塌孔，泥浆浸泡下这些现象会更加严重。②物理因素：扩孔速度过快，泥浆泵压力过大，钻孔内泥浆压力骤增；导向孔曲率半径过小，钻杆或扩孔器旋转挤压孔壁，带动泥浆冲蚀孔壁；导向孔上部地层漏失，地层压力释放，孔内泥浆液柱压力降低，导致塌孔。

塌孔的预防措施应首先满足两个条件：泥浆液柱压力大于等于岩土孔隙压力；尽量减少水渗入岩土或孔壁四周的水渗入。对于地质因素造成的塌孔预防措施有：增大泥浆密度，提高泥浆液柱压力以平衡地层压力；使用较大动塑比值的泥浆来保护孔壁。对于物理因素造成的塌孔预防措施有：开关泵避免过快，让钻杆尽量保持在恒定张力下工作，以避免液柱压力骤增以及钻具对孔壁的猛烈撞击。根据地下障碍物分布情况做好钻孔轨迹设计和扩孔程序，以避免因导向孔曲率过大引起的钻具回转挤压孔壁。合理控制泥浆密度和流变性能，使泥浆具有一定的液柱压力，保持泥浆的低返速，呈平板流型的状态。提高钻进速度，减少泥浆浸泡冲蚀的时间，同时保持泥浆均匀、性能稳定，严禁出现泥浆性能大幅度变化的情况。

6　结语

本工程进入小区开关房的主电缆安装通过采用非开挖管线施工方法，极大地降低了电缆施工对现场道路的影响，完全没有影响到现场其他专业施工，保证了施工进度，同时减少了地面开挖及临时设施的拆除增加的成本。而且通过实际施工方案对比，此方法在施工安全、进度及经济效益上都要比采取普通开槽施工都要好，经济效益和社会效益比较显著，因此除了电力管道施工以外，在满足相关条件下，其他专业工程如通信、给排水、燃气、供暖、输油等均可以采用此工艺施工。

本栏目审稿人：张建中

"一带一路"国际项目施工设备管理研究与探索

许 超/中国电力建设股份有限公司

【摘 要】 近年来我国建筑企业积极响应国家"一带一路"倡议，承建了大量国际工程。但是由于国际环境与国内环境差异较大，建筑企业在施工设备管理上存在不少挑战。本文通过分析总结"一带一路"背景下的国际环境以及容易出现的问题，提出了加强国际设备管理的措施，以供相关企业参考。

【关键词】 "一带一路" 国际 设备 管理

1 引言

自从2013年我国提出"一带一路"倡议以来，短短的7年时间，"六廊六路多国多港"的互联互通架构基本形成，一大批合作项目落地生根。基础设施是互联互通的基石，当前，中国正与"一带一路"沿线国家一道，构建以铁路、港口、管网为依托的互联互通网络。我国建筑企业紧紧抓住"一带一路"建设这一历史机遇，在沿线国家精耕细作，一大批标志性的大工程大项目正在建设或计划建设，我国建筑企业以特有的中国速度、中国质量，在"一带一路"建设中发挥着重要作用。

由于"一带一路"国家绝大多数为发展中国家，其市场发育、基础设施、人员素质等与国内相比有一定差距，存在许多问题，因此，为建筑施工带来了较大的挑战，对设备管理而言尤其如此。下面从中国电力建设集团有限公司（以下简称"中国电建"）的施工设备管理实践出发，探讨一下国际项目施工设备管理存在的问题与解决的措施。

中国电建是国务院国资委管理的特大型建筑央企，近年来，中国电建积极响应国家"一带一路"倡议，在120个国家和地区设有453个驻外机构，在"一带一路"沿线65个重点国家中的48个国家执行项目合同1863份。中国电建国际施工设备共有4.7万台（套），原值160亿元，具备"高、精、尖"的特点，是保障各项重大工程顺利履约的物质基础。

2 国际项目设备管理环境特点

国际项目所在国的政治、经济、社会环境是做好设备管理工作的基础和出发点，只有深入了解、准确把握各项环境因素，才能科学制定决策、顺利推进工作流程、完成既定目标。从多年的实践来看，"一带一路"国家的设备管理环境有以下特点。

2.1 当地工程机械制造企业较少，施工设备基本靠进口

"一带一路"国家的工业基础普遍较差，制造业薄弱，工程机械生产能力很低。工程施工中用的推土机、挖掘机、装载机、自卸车、混凝土设备等通用设备以及钻爆设备、大型起重机械、大型岩土掘进等专用设备几乎全靠进口。这些设备大多数来自中国、日本、美国、瑞典、德国等一些制造业强国。

由于设备主要靠进口，那么在设备的采购、生产、运输、出关入关等过程中，需要周密策划，一方面要保障设备能够如期抵达项目所在地，另一方面要降低采购物流成本。

2.2 不同国家的设备进出口政策不同，需要认真分析

若设备运抵工程所在国时，有些国家需要提供原产地证，对不同原产地证可以享受不同的进口税率优惠政策，例如，货物出口国是 WTO 成员，则可以享受目标国的最惠国待遇。反之，如果不能提供原产地证，不仅无法享受特定优惠，甚至存在无法进入该国的风险，给项目造成巨大损失。

在某些国家进口货物时，需要通过 COTECNA 检验，即非洲、孟加拉等一些经济不发达的地区在出口国设置的商检机构，对所需要出口的产品进行检验、评估等工作，并出具相关证书至进口国。在办理该项目设备出口时，需要提前联系 COTECNA 机构驻华办事处，办理证书，保证货物清关，节约时间。

有些国家在项目结束后，由于在进口时享受了税收优惠，不能随意进行设备的处理，需要将设备运出国外，否则将补交高额关税或罚款，因此在设备进口前就应统一策划，以免在项目结束后陷入窘境。

2.3 当地维修保养社会力量缺乏，难以对设备的维护保养提供良好的保障

由于“一带一路”国家长期处于不发达状态，其工程机械的维修、保养机构、人员等比较缺乏，没有成型的设备维保体系。近年来，虽然一些国际企业包括中国的三一、中联、潍柴等在一些国家进行了布局，但总体来说，设备维修保养力量仍十分缺乏，难以满足企业的需要。设备一旦出现了大的故障，往往需要较长时间才能解决，且成本较高。这对我们施工设备的配置、使用、管理来说存在较大的影响和挑战。

2.4 当地二手设备市场发育不完善，设备资源难以优化配置

与国内成熟的二手设备交易、租赁市场相比，“一带一路”国家二手设备市场较为初级，不仅大型关键设备资源匮乏，即使推土机、挖掘机、装载机、运输车辆等通用类设备也较为缺乏，难以充分实现社会化配置，设备资源优化配置空间小。同时，由于二手市场不发达，有些项目完工后，大量的设备无法处理，设备资源的闲置浪费严重。

2.5 当地员工管理操作设备的能力偏低

随着企业国际化程度的不断深化，项目部员工的本土化程度越来越高，有的项目除了少量的管理及技术人员，其他员工均聘用当地员工，大多数设备均由当地员工操作。由于当地员工受教育程度不高，专业技能和专业水平参差不齐，不规范操作时有发生，在一定程度上降低了设备的完好率和使用率。

2.6 设备安全管理的监管力度偏弱

相对于国内较为成熟的设备安全管理体系，“一带一路”国家的设备安全监管普遍偏弱，许多国家在特种设备安全管理上缺乏制度规定，缺乏安全监督管理机制，没有相关的检验检测机构，客观上助推部分项目放松了设备安全使用的要求，弱化了对设备的安全管理，存在较大的安全隐患。

2.7 当地政治、社会环境复杂

由于有些国家经常出现政权更迭或政治事件等原因，项目进度会受到影响，有些项目还会被迫暂停或下马；有些国家因为战争或恐怖袭击的原因，项目取消或中途放弃。这些都给设备的使用、管理带来了困难。

3 国际项目设备管理中易出现的问题及原因分析

综上所述环境因素，普遍存在于“一带一路”国际项目中，这无疑给设备管理带来了直接的影响和挑战。总之，“一带一路”项目在设备配置、采购、下场处置、日常管理、安全管理等环节影响较大，容易出现的问题及原因如下。

3.1 设备配置方案不合理，采购成本高

“一带一路”部分国际项目在设备资源配置策划时，存在“求新求洋”的倾向，大量配置新设备、国外设备。客观原因是国际设备调剂困难，旧设备维修成本高、保障性不好，国外设备性能高于国产设备等原因。这固然能够提高设备的使用保障率，但是实际上存在过配、超配的问题，增大了项目的设备采购成本。当前，在旧设备调剂环境已经发生变化、国产设备质量有了较大提升的情况下，如果能认真策划，适当调整新旧设备比例、国产国外设备比例，设备采购成本将有很大的下降空间。

3.2 采购的计划性差，“豆腐盘成肉价钱”

采购计划工作是做好采购工作的前提，“一带一路”部分国际项目存在采购计划不及时、不合理等问题，最后“豆腐盘成肉价钱”。例如，有的项目计划混乱，设备临到使用时才突然要采购，导致寻源难、现货交易价格高；有的设备型号、配件的类型报错，千里迢迢运去后无法使用；有的没有采购合理数量的零配件，设备损坏后只能紧急空运配件，增加了设备使用成本，也有的采购零配件超多，项目结束后还有大量的配件库存。

3.3 设备下场后处置困难，闲置浪费严重

国际项目设备下场后，存在储存难、调剂难、转让

难等问题，究其原因，主要有以下几点：一是部分项目在前期未做好策划，在项目完工后，不能变卖或继续使用，只能按照政府要求将设备运出项目所在国，浪费人力、财力、物力；二是项目所在国当地二手设备市场不发达，设备难以在当地变卖转让消化；三是项目设备实物价值下降较快，但设备折旧方式沿用国内直线式折旧，设备转让调剂时出现按照账面价值评估的价格与实际价值背离较大的情况，其他项目不愿意调剂使用；四是设备的维修保养体系差，造成设备机况不好、保障性差，难以再调剂使用，只能闲置。

3.4 设备管理水平不高，性能难以充分发挥

"一带一路"部分国际项目的设备的投入产出比较低，设备完好率和使用率不高，设备易损坏，难以充分发挥出设备的应有的功效。主要原因是：项目对设备管理相关规章制度执行力度较差，设备管理使用不科学，维护保养不及时、不到位；项目当地员工操作水平不高、熟练程度不够，难以充分发挥设备性能，不按规程操作、野蛮操作，设备易损坏；项目的维修力量薄弱，社会维修支撑力量不够，设备损坏后难以得到及时修复等。

3.5 设备安全管理存在弱项，有一定安全风险

"一带一路"国际项目设备安全管理水平参差不齐，有的项目对特种设备、关键设备疏于管理，存在一定的安全风险。主要原因是：部分国际项目所在国对特种设备监管没有要求，没有特种设备检验机构，导致项目部对特种设备管理松懈；项目部对特种设备使用人员培训、设备安拆、使用、检查等不重视、不专业，存在安全风险；当地员工的安全教育不够，安全意识不强，违章操作时有发生；厂内机动车辆和交通运输车辆的管理易被忽视，易发生事故。

4 加强国际设备管理的措施

为解决上述问题，应在深入分析问题原因的基础上，结合国际与国内设备管理环境的差异，从体制机制、平台抓手、工作流程、人员管理等角度出发，整合优势资源、创新方式方法、采取有针对性的措施，主要体现在五个方面。

4.1 优化管控机制，解决影响设备资源利用的基础性问题

为加强"一带一路"国际项目设备管理，从源头优化设备资源配置，应在集团总部建立大型设备管控平台，针对包括国际大型设备，控制设备增量，盘活设备存量，杜绝设备的无序、无效增长，引导设备在新进入领域、关键领域科学有序增长，优化设备资源配置；针对设备在国际项目内部调剂转让中价格与实际价值背离的情况，应出台企业统一的管理规定，采用加速折旧法（年数总和法）对国际设备价值进行评估，作为调剂转让基准价格，同时规定调剂转让中双方的责任、义务，转让的程序等内容，从而，解决国际项目间调剂转让中存在的基础性问题。

4.2 加强采购能力建设，促进企业降本增效

为提升"一带一路"国际项目采购能力，应加强机制和平台建设。一是应实施重大项目策划机制，发挥集团及子企业两级总部在项目采购策划、采购计划中的指导作用，优化资源配置方案，克服项目部的"求新求洋"的惯性，加强采购的计划性，减少随意和盲目性；二是应充分发挥信息化的作用，针对国际项目打造集中采购电子平台，实现采购计划、采购招标、合同管理、供应商管理等采购主要环节和要素的全流程在线，有效提升国际项目采购计划的及时性、准确性，增强寻源能力，提高采购效率。

4.3 加强设备精益化管理，充分发挥设备效能

根据"一带一路"国际项目的特点，应进一步从制度执行、重点培训、维修保障等方面加强管理。一是应强化制度刚性。如安哥拉某项目将国内成熟的设备日常管理制度移植到国际项目，形成日常工作标准，并加强检查考核，引导当地员工按照规程操作、按标准管理。二是应重点培训、提高素质。如赞比亚某项目建立培训学校，批量培训当地员工，将设备的基本知识、日常管理、操作方法等重点教授，重要设备操作岗位培训后方可上岗。三是应重视维修保养、保持良好机况。如某公司不仅强化了项目部设备的日常保养，延长了设备使用寿命，并且设立了区域设备维修中心，集中、及时维修设备，减少了备品备件储量，同时免去了下场设备再利用的后顾之忧，进一步促进了资源优化配置。

4.4 加强检查检验，提高设备安全管理水平

应针对"一带一路"国际项目设备安全管理特点，进一步加强设备的安全检查和特种设备监督检验。一是应建立"点、线、面"相结合的多层次设备安全整治机制。在国际项目日常周检、月检的基础上，各子企业要进行重点检查，集团公司要开展典型抽查，螺旋式提升安全管理水平。二是应加大项目部设备安全管理人员的教育培训和取证力度（国家特种设备安全管理和作业人员证），提高专业化能力和水平。三是应因地制宜加强特种设备检验。按照项目所在国法律法规有规定的，按要求请本地机构进行检验检测，没有规定的，要主动聘请国内检验检测机构进行检验取得相应证件。如东南亚、非洲某些项目群聘请国内具备资质的专业特种设备检测机构集中进行了设备检测，有效提升了设备安全管

理水平。

4.5 加大国际项目间设备协调力度，提高设备利用率

应创新和规范“一带一路”国际项目间设备协调机制，进一步加大设备协调力度。一是应发挥集团总部大型设备管控平台的作用，为子企业提供信息和协调服务，推动设备在不同子企业的国际项目上有序流动；二是应形成区域设备调剂机制，如某子企业实行设备国际区域化集中管理，在安哥拉、中西非、东非等区域内设备、配件和材料物资实行“先调剂，后采购”的集中管理原则，某子企业根据赞比亚内三个项目的不同工期阶段，灵活共享通用类设备，均大幅减少了设备及配件采购量；三是应探索不同区域间的设备调剂机制，不同区域间涉及地理距离较远、国家法律法规不同等问题，调剂起来比同区域的难度大，如某子企业将乌干达的设备调剂到赞比亚、贝宁的设备调剂到以色列等，提高了设备利用率。

5 结语

“一带一路”建设是我国的重大战略决策，也是大型建筑施工企业的发展机遇。如何在“一带一路”的复杂国际环境中管好、用好施工设备，中国电建做了深入的探索与实践，取得了良好的经济和管理效果。但是，施工设备管理仍然面临国际政局不稳、市场环境落后、资源短缺、文化差异等方面的挑战，如何有针对性地解决存在的问题，在国际工程建设中科学高效的管理庞大的设备资源，需要企业进一步的研究与探索。

政府付费模式下PPP项目长期应收款资产证券化探析

时建厅/中国电力建设股份有限公司

【摘　要】近年来，政府和社会资本合作（PPP）模式的推行促进了国内企业投资，增强经济活力，减少地方政府债务风险，但也推高了建筑企业的资产规模和资产负债率，降低了企业的再投资能力。本文通过对政府付费模式下PPP项目长期应收款资产证券化方案进行探析，论述了第三方增信的合法合规性要求，分析了开展资产证券化的优势与劣势，并对开展资产证券化进行了展望，以期为企业破解再投资瓶颈提供借鉴。

【关键词】PPP　长期应收款　资产证券化　担保

自推行政府和社会资本合作（PPP）模式以来，PPP模式广泛应用于建筑领域。据财政部政府和社会资本合作中心统计，截至2020年10月20日，全国PPP综合信息平台项目管理库项目9727个，管理库项目金额达150670亿元，其中共有6822个项目进入执行阶段。随着众多项目进入执行阶段，受PPP项目投资回收期长的影响，建筑企业资金使用效率与效益不高，而政府付费模式下的PPP项目可以通过将长期应收款资产证券化的方式，达到提前收回投资的目的，可以更好地落实"降杠杆、减负债、防风险"要求。

一、资产证券化的应用

资产证券化是指以基础资产所产生的现金流为偿付支持，通过结构化等方式进行信用增级，在此基础上发行资产支持证券的业务活动。

（一）合同债权构成基础资产

PPP项目长期应收款是指项目公司（原始权益人）依据与政府方签订PPP项目合同等协议而对政府方享有的合同债权。在政府付费模式下，长期应收款为基础资产能够产生独立、可预测的现金流作为偿付支持。合同债权应当权属清晰，具有可转让性，不得附带质押等担保负担或其他权利限制，如已经存在担保负担或其他权利限制的，应当能够通过征求质权人或权利限制方同意予以解除。

（二）资产证券化的方案设计

首先，由证券公司、基金管理公司子公司作为管理人，发起设立资产支持专项计划（以下简称"专项计划"）。项目公司再将享有的长期应收款转让给专项计划。其次，证券公司与项目公司签订《承销协议》，并对专项计划承担余额包销责任（如有）。由担保方向专项计划提供《差额补足承诺》《流动性支持函》等外部增信，会计师事务所、评级机构、律师事务所分别就专项计划提供评估、评级和法律尽职调查等鉴证服务，托管银行提供资金监管服务。再次，证券公司、基金管理公司子公司通过寻找投资人募集资金，专项计划管理人将募集资金扣除管理费、财务顾问费、评级等鉴证费用后的余额支付给项目公司。最后，项目公司将募集资金归还项目固定资产贷款、支付股东收益。项目公司收到长期应收款后用以按期偿还资产证券化本金、利息及费用。

（三）资产证券化的法律实质

简言之，PPP项目长期应收款资产证券化是项目公司通过转让将有的应收账款至资本市场以实现提前收回投资的行为，其法律实质是债权转让，适用《民法典》第三编"合同"第六章"合同的变更和转让"有关规定。

二、资产证券化增信安排的法律可行性

金融创新的法律关系主要涉及借贷或担保。PPP项目长期应收款资产证券化方案的关键也在于担保，即增信安排。增信分为内部增信和外部增信。内部增信是从基础资产的结构设计角度出发，主要包括结构化分层、

超额抵押、超额利差、现金储备账户等；外部增信则是以主体信用担保为主，主要包括原始权益人差额支付承诺、第三方担保、土地/房产抵押、股权质押等。一般情况下，外部增信往往要强于内部增信。本文主要从实践中常见的第三方担保的角度出发，论述担保需要重点考虑的担保对象、担保比例及限制、担保程序的合法合规要求。

（一）担保对象

担保方提供差额补足、为资产支持证券的回售提供流动性支持均属于对专项计划层面提供的增信。前文已述，项目公司与专项计划之间的实质是债权转让。根据《民法典》第五百四十六条规定“债权人转让债权，未通知债务人的，该转让对债务人不发生效力”。因此，判断担保方担保对象的依据是项目公司是否通知债务人已将债权转让给专项计划。如项目公司未就该专项计划通知债务人，则债权转让对债务人不生效，从交易实质上看，担保方是对项目公司提供担保；如项目公司已经就该债权转让通知债务人，则发生了债权转让的事实，担保方就是对专项计划的债务人提供担保。论述担保对象的意义在于，如担保方为中央企业，按照国资委《关于印发〈国务院国资委授权放权清单（2019年版）〉的通知》要求，不得向中央企业以外的其他企业提供担保。因此，如属于对专项计划债务人的担保，则可能涉嫌违反国资委上述规定。

一般而言，专项计划兑付资金最终来源于项目公司转让的基础资产项下的现金流回款，如专项计划未发生信用风险，债权转让通知没有送达债务人，债务人付款路径没有改变。因此，未发生债权转让的事实，可以理解为担保方是对项目公司提供的担保。

（二）担保比例及限制

PPP项目公司股权由社会投资人和政府授权的出资代表共同组建。如担保方为上市公司，原则上应当按照实际持有的项目公司比例进行担保。如对项目公司发行专项计划提供担保，则会超过股权比例。在此情况下，应根据《上海证券交易所临时公告格式指引——第六号 上市公司为他人提供担保公告》要求，就上市公司为参股或控股公司提供超出股权比例的担保是否公平、对等、其他股东没有按比例提供担保的原因等发表意见。

担保方可以通过说明政府出资代表在项目公司的权责利，阐述其他股东没有按比例提供担保的原因。例如，政府出资代表是否参与了项目公司管理，是否参与项目公司分红，从实质上论述其不会主观能动地考虑社会投资人的实际需求，而只是会从同意产品发行角度给予决策支持等形式方面的配合，客观上不会以小股东身份提供同比例担保。

（三）担保程序

从投资人角度看，按照《全国法院民商事审判工作会议纪要》（法〔2019〕254号）规定，在为其直接或者间接控制的公司开展经营活动向债权人提供担保时，即便债权人知道或者应当知道没有公司机关决议，也应当认定担保合同符合公司的真实意思表示，合同有效。从资本市场要求和担保人依法合规经营出发，担保方对项目公司的担保应当按照担保方公司章程规定的治理结构履行相应决策程序。如中国电建（601669）、中国交建（601800）分别在2019年年度股东大会审议通过2020年度在不超过240亿元、300亿元额度内资产证券化产品发行及增信相关事项的议案。

三、开展资产证券化优劣势分析

对于建筑企业而言，以PPP项目长期应收款开展资产证券化业务机遇与挑战同在，优势与劣势并存。

（一）优势

从优势上看，主要表现在以下三个方面：①从现金流角度看，资产证券化可以提前回流资金、压降长期应收账款规模，提高企业资金利用效率，优化公司资产结构；②从项目投资角度看，资产证券化可以缩短项目投资周期，提升公司投资容量，提高资产的流动性和周转速度；③从降杠杆角度看，会计师根据《企业会计准则23号——金融资产转移》的相关规定，从“是否实现资产转移”“是否实现金融资产所有权上几乎所有的风险和报酬转移”“是否已放弃对所转移金融资产的控制”三个方面判断，可以认定资产会计出表，项目公司在将融资款项偿还固定贷款后，可以降低公司带息债务规模和资产负债率。

（二）劣势

从劣势上看，主要表现在以下两个方面：一是资产证券化实质上放大了融资规模，发行证券化利息、费用总额将高于项目固定资产贷款，项目可能损失部分投资收益；二是如担保方为项目公司实际控制人，一旦发生信用风险，将会导致风险上移。为此，项目公司应进一步加强运营管理，加大与政府方沟通力度，确保长期应收款按时回收，以规避化解信用风险。

四、结语

总体上看，政府付费模式下PPP项目长期应收款资产证券化增强了资产流动性，有利于盘活存量高资产、提高资金运作效率，也为参与基础设施建设的社会资金提供了提前退出的路径。目前，按照中国证监会、国家发改委《关于推进基础设施领域不动产投资信托基金（REITs）试点相关工作的通知》（证监发〔2020〕40号）精神，沪深交易所已就公开募集基础设施证券投资基金（REITs）业务办法、发售指引征求意见，这将进一步拓宽融资途径，有利于降低债务风险，降低实体经济杠杆，推动基础设施投融资市场化、规范化健康发展。

浅析PPP投资决策和未来发展趋势

刘小华/中国电力建设集团有限公司总部

【摘　要】 近年来，随着国家各部委对基础设施领域投资项目政策法规的不断出台，PPP模式已然成为当下基础设施和公共服务最佳的商业模式选择。文章结合PPP项目决策要点和PPP项目具体案例，提出新形势下应对行业发展的几点思考。

【关键词】 PPP　投资　商业模式

自2014年以来，国务院、财政部、国家发展改革委等国家部委陆续发布多个政策文件，力推基础设施领域采用PPP模式。2016年以来，随着政府发行债券额度受限，政府购买服务方式禁止实施工程项目建设，FEPC模式又涉嫌违规举债，较难得到金融机构的响应。通过政府与社会资本合作模式不仅解决了资金来源，还有较好项目管理模式。PPP模式逐渐成为当下基础设施和公共服务最佳的选择模式，得到各级政府广泛应用与实施，已成为基础设施领域的"新常态"。随着，《关于推进政府和社会资本合作规范发展的实施意见》（财金〔2019〕10号）等政策的出台，未来PPP市场必将更加规范化、专业化、精细化。

1　PPP市场从疯狂回归理性

1.1　PPP市场从爆发式增长到逐步规范化

2013年前，国内基础设施领域盛行BT模式，2014年11月，国务院印发《关于创新重点领域投融资机制鼓励社会投资的指导意见》，明确要求要建立健全PPP机制，之后PPP项目大规模爆发。2016年2月，全国PPP综合信息平台项目库正式上线，实现全国PPP项目线上统一管理，使得PPP项目全周期流程公开、透明。

1.2　国家部委颁布的关于PPP的最新文件

2019年财政部颁布《关于推进政府和社会资本合作规范发展的实施意见》，该文件从项目运营、固化支出责任、财政支出来源等方面进一步规范化，PPP项目逐步回归理性发展。2019年7月，《政府投资条例》正式生效，国家发展改革委随之发布《关于依法依规加强PPP项目投资和建设管理的通知》明确，PPP项目要严格执行《政府投资条例》《企业投资项目核准和备案管理条例》，依法依规履行审批、核准、备案程序。PPP模式的发展拥有了更高层级的政策指导，PPP模式的发展将更趋于理性和规范。

2　PPP项目的把控要点

2.1　PPP投资业务发展形势

受国家PPP市场整体调控的影响，近几年PPP投资业务呈现出先扬后抑的特点。中国电力建设股份有限公司（以下简称股份公司）PPP投资业务也在经历了持续增长后进入到一个较为平稳的阶段。近年来PPP投资规模和占比详见表1。

表1　近五年股份公司PPP投资规模及占比情况表

年度	投资计划/亿元	占比（占当年总投资计划的比例）/%
2016	374	41
2017	633	54
2018	714	52
2019	688	57
2020	504	57

在降杠杆、减负债、防风险的经营压力下，为了确保投资业务不推高资产负债率，实现高质量发展，股份公司主动调减了投资计划规模。对资产负债率高于90%的子企业不再新增投资PPP项目（含单独或参股投资），资产负债率高于85%但低于90%的子企业，不再新增单独投资PPP项目。重点支持主业范围内并且能够带动EPC业务的水资源与环境、轨道交通、市政、交通工程

等PPP投资业务。

2.2 PPP项目决策的把控要点

股份公司在PPP项目的评审和决策上重点关注以下内容：

2.2.1 项目合法合规性

一是项目已完成物有所值评价、财政承受能力论证和PPP实施方案审批通过，即完成“两评一案”；二是纳入财政部PPP综合信息平台，项目储备清单阶段不作为已入库评价标准。这也直接关系到未来项目付费来源的保障。

2.2.2 项目财务效益指标

在项目管理中，严格控制效益不达标的PPP投资项目。对于PPP项目的资本金财务内部收益率、全部投资税后财务内部收益率、动态投资回收期（税后）和施工利润率都有明确的控制指标。规定资产运营类经营型PPP项目资本金财务内部收益率大于等于$i+3$（i为股份公司相同或相近期限债务融资成本、项目实际融资成本和银行中长期贷款利率中的较大值）；政府购买服务或者使用者付费+补贴的项目资本金财务内部收益率大于或等于i，同时施工利润率大于或等于10%；小比例参股获得EPC的项目资本金财务内部收益率大于i，同时施工利润率大于或等于10%且考核施工净收益大于资本金额。

2.2.3 项目建安合同占比

基于带动股份公司传统施工业务的考虑。PPP项目利用投资拉动施工总承包业务也成为PPP项目评审的重要考量因素，因此在项目决策过程中会关注建安合同占比，项目建安费不得低于65%。股份公司批复的PPP项目建安合同平均占比约为70%。

2.2.4 投资回收保障

对政府购买服务、政府付费或者使用者付费+缺口补贴的PPP项目。主要关注的是项目所在区域和地方政府的财力及信誉，原则上只投资政府履约能力强、投资环境好、偿债能力强的地域，包括近三年GDP全国排名前十名省（自治区、直辖市）的县级及以上城市和其他省（自治区、直辖市）的地市级及以上城市。从严控制不属于上述区域的其他地域的PPP项目投资。对于使用者付费项目或部分使用者付费项目核心是项目自身运营收益，决策中会重点关注有关运营绩效考核机制的设置是否苛刻，要确保投资回收有保障。

2.2.5 其他敞口风险

比如政府付费能力不足、使用者付费没有兜底、项目资本金和融资来源不明确，未拟定明确的项目退出方案等，实际操作中根据项目不同会存在不同的风险因素。对这些敞口风险要求落实应对措施和实施方案，确保项目各环节的完整闭合。

3 PPP项目操作实例分析

结合郑州107辅道快速化工程项目PPP项目（以下简称“107项目”）操作实例进一步探讨PPP项目商业模式的经验教训。

3.1 项目概况

“107项目”概算总投资约79亿元，投资范围包括快速路和铁路代建工程两部分，项目建设期2年，运营维护期12年，是郑州市在基础设施领域首个采用PPP模式合作的项目。

该项目列入了《财政部第二批PPP示范项目清单》，郑州市政府将项目购买服务资金纳入郑州市本级政府财政预算。项目收益和支付能力较有保障。目前项目已完工并且2019年已按期收回可用性服务费。

3.2 项目运作模式

电建路桥集团、上海浦桥企业管理合伙企业和郑州城建集团投资有限公司（政府方代表）以45%、35%和20%股比出资成立PPP项目公司，并与郑州市建委签订了PPP项目合同，由项目公司采用DBOT方式进行项目优化设计、投融资、建设、运营维护、移交等工作。政府方依照相关规定及合同约定条件进行政府采购，支付服务费。合作期满后，项目公司将相关项目设施及为项目配置的资源等完好无偿移交郑州市人民政府指定机构。

3.3 项目实操成功经验

（1）项目以“股+债”模式引入金融机构，上海浦东发展银行股份有限公司北京分行作为实际出资人委托上海浦桥企业管理合伙企业代持股权，金融机构负责相应股比的资本金投入以及融资资金的解决，保证了资金的及时到位，同时在项目竣工验收合格后，无须股东向融资机构提供任何担保和承诺，大大降低了项目整体投资风险。

（2）项目建设施工一体化的管理模式是介于项目制与职能制之间的矩阵制管理模式，充分发挥了人力资源优势、生产技术优势和管控标准优势，实现更大范围的组织资源整合，更为符合项目规模大、工期长、子项目集成等特点的实际操作需求，提高了工作效率。

（3）项目建管实施介入后期运营，长周期模式优化了有关风险分配的权责机制，项目具备长期稳定的现金流优势，确保了项目的财务可持续性。

3.4 项目吸取的主要教训

“107项目”工程线路长、跨度大，涉及征地拆迁、管线迁改等任务重、难度高，由于该问题在PPP合同的约定较为含糊，项目公司对该事项的可控程度低，是该类项目实施的重要可预见风险因素。“107 项目”实施过程中表现出的征拆、迁改受阻问题反映出项目实施机构在风险控制上对项目关系人管理策划有所不足，同时在进行 PPP 实施方案的设计或谈判时，管线迁改工作最好交由政府部门负责，充分发挥好双方的优势所在是 PPP 商业模式的原始初衷。

4 未来 PPP 项目投资发展趋势

4.1 建立专业化运营平台，挖掘项目运营的潜在价值

目前大多数 PPP 项目所谓运营，更多属于“运维”的范畴，主要是设施本身维护、大中修等，本身不能产生增值和现金流。但在政府推动产城融合的背景下，经营性 PPP 项目的市场规模将进一步扩大，政府将把更多的公共服务和职能推向社会，市场需要建筑企业从单一的施工转型为“投融资＋建设＋运营”综合性服务商。随着近几年 PPP 项目大力推广，中央企业 PPP 项目规模也在逐渐增大，集团公司之前在建的 PPP 项目也有大批即将陆续进入运营期，单一项目组建运营团队不利于资源调配和集约利用，因此在总部层面有必要建立专业运营平台，更利于规模化统筹所有 PPP 项目运营管理。

4.2 灵活的商业模式将为 PPP 创造更多的商业价值

近年，建筑业总体规模增速将逐步趋缓，市场同质化竞争严重，政府更青睐于建筑企业作为一体化服务商提供增值服务，需要建筑企业依靠政府提供政策和资源支持，能够实现项目自身造血、而非全部外部输血。因此，能为地方政府提供更多增值服务将成为核心竞争力之一。目前，市场已经有中央企业在探索认购基金份额＋EPC 模式，片区整体开发运营（ABO 模式）、资源开发等新的商业合作模式，更加灵活的商业合作模式必将开启 PPP 新进程。

4.3 优化资产结构，通过多种渠道盘活存量资产

截至 2019 年 7 月，据不完全统计全国累计实施 PPP 项目 9949 个，总合同金额约 15 万亿元，按 20％资本金比例计算，项目资本金投资至少在 3 万亿元。PPP 项目运作周期通常都在 10～30 年，周期较长，造成社会资本方在项目投资的资金占用时间久，大多呈现严格的重资产、低周转等问题，资产负债率不断攀升。近几年，随着国资委对中央企业资产负债率的重点监控，股份公司同样面临降杠杆、减负债、防风险的经营压力。因此，加强与基金、银行、保险、信托等金融机构合作，通过资产证券化、运作上市等方式，盘活存量资产，优化资产结构是当前政策环境下促进 PPP 循环良性发展的重要渠道。

5 结语

随着 PPP 市场更加规划范化、专业化，竞争也将更加激烈，在今后的 PPP 项目投资中应着眼于政府方对 PPP 项目规则设置和服务要求上，在合同谈判阶段或者初设阶段通过条款约定或者制度设置规避项目建设期和运营期的各种风险，同时，积极创新商业模式，挖掘运营的潜在价值，实现 PPP 项目的可持续性发展。

浅析黑臭水体综合治理措施及应用研究

梁　雨　沈文丰/中国水利水电第十二工程局有限公司

【摘　要】随着工业化和城镇化不断发展，使得城市黑臭水体问题日益凸显，周边居民生活环境变得日趋恶化。城市黑臭水体的综合整治关系到城市水环境的良性发展以及城市经济社会是否能够可持续发展，关乎城镇居民能否真正享有良好的生活环境。本文以深圳市光明区马田街道消除黑臭水体项目为依托，通过对城市黑臭水体的成因进行摸排溯源、调查研究，提出城市黑臭水体治理思路及相关措施，达到正本清源的目的，对城市水环境治理，美化城市生活环境有一定的借鉴意义。

【关键词】黑臭水体　成因调查　治理措施　应用研究

1　工程概况

光明区全面消除黑臭水体治理工程（公明核心片区及白花社区）EPC（设计采购施工总承包）项目（以下简称“本项目”），主要工程范围为公明核心片区及白花社区，涉及光明、公明、马田三个街道。马田街道主要涉及合水口排洪渠、公明排洪渠、马田排洪渠三大流域，施工过程中对上述三大流域的水体黑臭问题采取正本清源、雨污分流管网（干支管网完善）、黑臭水体治理、初雨及面源污染治理、存量管网修复、暗涵管道清淤疏浚、生态补水、厂站建设、内涝治理及智慧水务等十项治理措施进行综合治理。

2　治理思路及总体目标

治理“以污水厂为分区域、以河道为中心、以管网为基础”的原则，建立“三水”分离系统，针对水源、路径、处理站之间的全部径流管路进行具体摸排溯源，并采取针对性措施，确保污水经污水管道流入污水处理厂、雨水经雨水管流入河道水系，初雨水经初雨系统调蓄流入污水处理厂或经处理后使用泵站返补上游水系。

3　黑臭水体治理问题梳理

马田街道在治理前期，主要存在如下问题：城市内涝仍未完全消除，明渠暗涵仍存在安全隐患；雨污分流和正本清源覆盖不全面，合流制长期存在；黑臭水体仍未完全消除，治理后河道在雨季仍有污水溢流现象；城市快速发展，基础设施建设标准偏低且不完善；河道生态基流尚未完全剥离，流域补水尚未形成系统；河道周边面源污染管控力度有待加强。通过对上述问题进行系统梳理，马田街道主要问题可以归结为四类，分别为河、网、源、厂。

3.1　河

河类工程目前存在问题主要有：

（1）内源河道淤积严重，影响河道行洪能力，且黑臭泥严重影响水生态循环，底泥的分解会产生大量氨氮体，消耗水体大量溶解氧，导致水体发黑发臭。

（2）外源初雨中溶解了较多的有害气体，随后冲刷地表，携带了地表的污染物质，经过雨水系统直接排入河道水系，造成初雨面源污染。部分企业或者私人就近偷排废水污水至雨水网或直接入河，部分管道因施工困难，接驳难度大，直接将污水接排至雨水网，最终打破水系原有平衡，破坏水系正常循环。

（3）河道系统支渠与主渠之间存在倒流，且部分接驳口高程位置存在一定等级不匹配问题，难以保障水系顺流，局部倒坡处淤积严重，水系长期没有水源，河道系统底部逐渐淤积严重进而导致水体发黑发臭。小微水体中明渠、小河汊、小沟渠主要分布于建成区市政道路旁或住宅小区工业区周边，承担的主要任务为区域排水，受降雨影响较大，河道系统周边过流断面不一，整体强度及抗洪能力不足，部分河道水系原有结构破损严重，局部受洪水冲刷，水土流失严重。城市局部河道地下水氨氮超标，通过水体交换，影响河内水体。河道长期无活水注入，即使河道通过治理，在短期内能达到消除黑臭的目的，但长期无流动水补给，河道内水经与地下水的交换及水体内溶解氧的减小，水体逐步发黑发臭。

3.2 网

老旧城区因管道建成时间较长，各管道及井室局部淤积严重，严重影响过流断面。个别管道因异物穿入，破损等原因，出现塌陷、破损、瓶颈等问题。部分城市管网缺少整体规划，导致污水流向与规划流向不一致。上述原因导致管道整体淤积严重。同时由于排水管网的结构层次不一，排水暗渠和管道并存，长年累月淤积，个别管道交叉渗漏，再加之外部荷载增多、管道材料差、施工质量差及后期管网养护意识淡薄，排水设施与管道迅速进入老化、受损阶段，管道的设计寿命锐减，管道排水能力受到严重影响。

3.3 源

源类主要存在的问题是小区内的错接乱排以及面源污染。

由于居住人口集中程度、建设年代以及建设标准不同，有些小区只有一套合流排水系统，有些小区有雨污两套排水系统，有些小区有条件新建雨水立管且有条件新建一套小区排水管道，有些小区无条件新建类似系统。

面源污染区域主要为垃圾处理站、农贸市场、商业餐饮街。主要包括各类降水所携带的污染有害物质等直接进入到雨水篦子中，排入雨水系统最终进入河道，对河道水质影响较大。

3.4 厂

城市发展速度过快，城市整体规划不足，导致片区污水处理能力不能满足需要，管道及厂站长期负荷过重，对厂站及管道的耐久性是严峻的考验。

生活污水、初雨水未彻底分离，汛期集中入厂，未实现污水处理厂的均衡生产，严重影响污水处理厂的使用寿命，且因上游、有雨水未剥离，导致污水进场BOD浓度不高。

4 黑臭水体治理措施

4.1 河道治理措施

通过复核现状水系的过流能力及堤岸的稳定性，对河汊两岸护岸进行改造，并清淤疏浚河汊，保证河汊过流能力，使河汊防洪标准达到20～50年一遇。

（1）明渠治理。明渠段进行全线清淤、岸线进行整治、按照破损程度以及防洪要求对挡墙进行拆除重建或修复加固，对岸坡采取生态框等方式进行固土。摒弃原有封堵截断思维，治理时考虑生态化固土及景观提升相结合。

（2）暗涵治理。暗涵段通过CCTV检测或其他方式检测，对现状暗涵进行结构分析复核，对不同结构不同破损程度采取不同的治理措施。例如，破损严重不能满足防洪要求的，进行拆除重建；破损较轻的，进行可修复加固等。并对暗涵底部进行清淤、疏浚，保障排水顺畅。

（3）截污工程。基于规划及污水干支管网现状，结合区域雨污分流及正本清源建设，通过对沿河排污口溯源，完善市政管网，同时新建沿河截流系统，实现河汊水质改善。

（4）生态补水。分析目前大系统运行情况，利用光明水质净化厂、分散式污水处理措施尾水进行多源补水。利用处理后的尾水，新建补水管路，通过使用高扬程水泵将尾水回补至渠系上游。

（5）生态修复。结合本项目水体的环境条件和治理修复要求，采用集多种工艺于一体的综合性水生态修复净化技术。本设计采用底泥清淤、底泥固化、水下草原、强化生态浮岛（碳纤维填料）等技术措施改善周边水生态。

4.2 管网治理措施

对片区内管网进行普查，使用CCTV及QV等内窥方式对管网缺陷或破损情况评定等级并制定方案，针对管网存在的问题，采取非开挖修复、开挖修复两种方案。

（1）非开挖修复。为减少对环境的整体影响，采用垫衬法，拉入式（CIPP）紫外线固化法、不锈钢双胀环法、点状原位固化法、化学灌浆法、土体固化灌浆法等非开挖修复方式进行修复。

（2）开挖修复。根据开挖深度选择支护方式，从浅到深主要使用撑板支护、槽钢支护、拉森钢板桩支护、桩基支护等支护方式。根据开挖宽度、预埋管线情况、是否有空间限制等情况选择合理的土工作业方式。

4.3 水源治理措施

根据排水小区存在的五类问题，分别制定雨污分流措施。

Ⅰ类：只有一套合流排水系统，有条件新建雨水立管且有条件新建一套小区排水管道的建筑与小区。将原有建筑合流系统改为污水系统，直接接入市政污水系统；新建建筑雨水立管及小区内部雨水系统，接入市政雨水系统。

Ⅱ类：只有一套合流排水系统，无条件新建雨水立管且有条件新建一套小区排水管道的建筑与小区。小区内新建雨水系统接入市政雨水系统，原有建筑合流立管末端设溢流设施接入新建小区雨水系统内；原有小区合流系统作为污水系统。

Ⅲ类：有雨污两套排水系统，有条件新建雨水立管的建筑与小区。将原合流立管接入小区现状污水系统，新建雨水立管接入小区现状雨水系统。

Ⅳ类：有雨污两套排水系统，无条件新建雨水立管的建筑与小区。原有建筑合流立管接入小区现状污水系统，立管末端设溢流设施接入小区现状雨水系统。

Ⅴ类：只有一套合流排水系统，内部无法新建一套排水管道的建筑与小区。在小区出户管接入市政管道前设置限流设施进行截污。

4.4 污水厂治理措施

（1）分散调蓄，减轻污水厂负荷。以源头治理、逐级调蓄为基本思路，优先考虑在支流新建调蓄池，并结合污水处理现状，在有需要的区域增加处理设施，在所有渠系设置截污管，分散调蓄，分散处理。根据用地规划、初雨规模及收集效果，新建马田调蓄池，处理区域污水及初雨，同时减轻燕川污水处理厂的工作负荷。

（2）提标扩容，提升污水厂处理能力。对于进厂污水浓度不足，通过对上游做好雨污分流，对干支管网进行完善，对错漏排进行重点整治，大幅度提升污水浓度。同时结合城市规划及发展对片区污水处理厂处理能力及规模进行扩建，大幅度提升污水处理厂处理能力。

5 结语

城市黑臭水体依然是现代化城市建设及其可持续发展的重要阻碍因素，黑臭水体治理作为一项艰巨的系统化工程，必须坚持流域统筹、系统治理、标本兼治的原则，按照控源截污、内源治理、生态修复、活水保质、监控与管理的治理思路，保证在治理过程中不会造成水体返黑返臭。同时，要加强黑臭水体监督与管理，完善城市水体的长效保护机制，以保障治理水体的“长制久清”，最终实现水清岸绿、鱼翔浅底。

目前，深圳市光明区马田街道消除黑臭水体项目已进入尾工阶段，黑臭水体的治理达到了预期的效果，为光明区人民提供一个水清岸绿的生产生活环境，得到了光明区乃至深圳市有关领导的肯定。该项目从措施的制定到方案的实施效果来看，对黑臭水体的成因调查是全面准确的，对黑臭水体采取的治理措施方案是可行的，对其他城市水环境治理，美化城市生活环境有借鉴意义。

能源电力投资建设项目质量管理探析

王建伟/中国电力建设股份有限公司

【摘 要】 投资能源电力建设项目是中国电力建设集团（股份）有限公司近几年来调整产业结构、主营业务转型升级的重要途径。能源电力投资建设项目建成投产后作为优良资产，担负着中国电力建设集团（股份）有限公司持续健康发展的使命。在工程项目建设过程中，各参建单位应牢固树立工程建设质量优先的观念，落实主体责任，狠抓过程控制，确保工程建设合法合规，建设有序，质量可控。本文就能源电力投资建设项目存在的主要问题、质量管理特点等方面进行探讨。

【关键词】 电力投资 建设项目 质量管理

1 引言

按照中国电力建设集团（股份）有限公司（以下简称“股份公司”）统一部署，承担股份公司产业结构调整升级的电力投资专业平台公司和一些子企业，积极开展或参与能源电力等领域的工程投资项目建设，截至2020年6月，股份公司投资的能源电力工程控股投产装机容量1632.1万kW，为社会提供了源源不断的水电和新能源等清洁、优质电力产品。

能源电力工程项目建设阶段的质量管理直接影响工程建成后的建筑物、构筑物的安全稳定，直接影响电力生产运营的质量，从近两年国家能源局派出机构和股份公司组织的电力建设工作质量监管、检查中，一些专业平台公司和子企业投资建设的工程项目在质量监督、落实质量责任、过程质量管理上还存在不少薄弱环节和问题，需要工程项目建设各方认真分析，狠抓过程控制，确保工程建设有序，质量可控。

2 电力投资建设项目存在的主要问题

2.1 工程建设程序化认识不到位

一些投资建设单位未严格按照工程建设程序要求，及时履行开工质量监督注册、过程质量监督等手续，造成第三方质量监督程序环节缺失，工程建设重要阶段的实体工程情况得不到及时监督和指导。一些风电、光伏、水电投资建设单位急于实现发电目标，未及时组织有关部门、质检机构及参见各方开展工程验收、注册、办理移交生产交接手续就仓促投入运营，不符合工程基本建设程序和验收规程。重进度、仓促投产，无法完全保障工程项目合规投入运营，为后期工程投产后安全高效的运行埋下质量、安全隐患。

2.2 建设单位首要责任落实不到位

一些建设单位工程依法招标程序不规范、不严格，在对投标文件审核时，对设计、施工、监理等承建单位超越资质范围承接工程的现象缺乏监督和管理；工程建设过程中对承建单位现场派驻人员资格未动态审核、把关和现场管理，特别是对施工单位的违规分包等行为缺乏有效的管理。部分工程存在边设计边施工、压缩合理工期的现象，导致施工单位为加快工程进度，降低工程建设标准，缩减工序，埋下工程实体质量隐患。

2.3 工程建设强制性标准执行不及时

在工程建设初期，一些建设单位没有全面建立和明确工程建设技术标准清单，未动态组织设计、监理、施工等单位检查、落实国家、行业规范、规程和强制性条文。部分设计、监理、施工等参建单位采用的强制性标准、规范不清晰，执行标准滞后、更新不及时等问题。近几年的检查中，混凝土工程、电气设备接地和检测试验方面存在未严格落实工程建设强制性标准的问题偶有发生，建（构）筑物实体质量达不到高标准要求，观感质量差。

2.4 参建单位主体责任未全面落实

一些设计单位在开展工程设计时，设计标准规范选用不全面、不严格，交底不彻底，个别部位存在设计不足或遗漏；一些监理单位现场监理制度不健全，未制定有针对性的现场监理实施细则，监理人员素质差，存在无证上岗现象，部分监理项目部未配置必要的检测仪器和设备；一些施工单位的质量管理组织体系、制度体系不健全，质检等专业管理人员配置不足，管理人员现场监管、服务不完全到位，对分包商员工的质量意识和操作能力培训不够，导致质量责任意识层层衰减。

2.5　工程分包管理责任不到位

一些建设单位对参建单位工程转包、分包行为疏于管理，未制定有效的审核、准入、退出机制；施工单位对分包队伍资质把关不严，存在超资质分包的现象，没有完全把分包队伍纳入项目体系管理范围，并实施有效的过程管控，质量、安全管理责任和指令在工程分包施工现场未得到及时有效的落实和执行，存在以包代管的现象；部分分包队伍管理混乱，管理难度大，人员素质不高。

2.6　工程质量检测、验收不到位

一些电力投资建设项目，施工、监理单位对原材料、中间产品的验收、现场见证取样、检测等环节的质量管理薄弱。一些施工单位没有编制有针对性的施工检测试验计划、抽样检测比例不合格，检测频次、指标不全面；施工单位部分工序质量验收等管理资料与现场不符，现场质量验收“三检制”形式化，监理单位终检不严格，旁站不到位。

3　电力投资建设项目质量管理特点

3.1　依法依规组织工程建设

建设单位要严格遵守工程建设各项法律法规，深入学习、研究能源电力工程建设程序、质量监督、工程验收等相关政策要求，主动将新建、改建、扩建工程纳入国家能源局派出机构和当地质监机构的监管范围，及时履行工程质量监督注册职责，主动接受工程建设重要阶段的过程质量监督；要按照工程验收、移交的要求及时组织政府主管部门、能源管理部门、质监机构，工程设计、监理、施工等单位开展工程专项验收、竣工验收工作；要在验收合格、条件具备的情况下组织设备运行和电力生产。

3.2　落实工程建设各方主体责任

建设单位要强化工程建设质量管理首要责任，按照工程建设程序，规范发包行为，严禁压缩工期，要加强对工程建设全过程的组织领导，明确工程建设技术标准和强制性条文并组织实施。其他各参建单位要落实质量主体责任，切实提高各级领导和技术、质量、生产管理人员对国家、行业规程规范和强制性条文的法治遵从意识，强化培训和落实，杜绝规程规范、强制性条文更新不及时、执行不严格的问题；要加强质量责任体系和制度体系建设，配齐满足符合要求的现场管理人员；要通过层层签订责任书、强化评价、考核等方式抓好过程管理，落实主体责任。

3.3　加强分包队伍的管理

工程建设各参建单位要按照“谁审查谁把关、谁批准谁负责”的要求组织工程分包。建设单位要在合同签订时严格审核施工、监理等单位的资质和人员资格，严禁肢解工程、指定分包；要建立对承建单位分包商的准入、考核、退出机制；施工单位要按照分包管理规定，做好分包策划，严把准入关和审查关，严禁违法转包、违规分包，要把分包单位和劳务人员统一纳入本单位的管理范畴，统一标准、统一要求、统一培训、统一考核，加强作业过程的管控，切实提高分包员工质量意识和确保工程质量的能力。

3.4　规范试验检测和验收工作

工程建设单位要严格主材、主机设备、备件的选型和进厂验收，加强对外委设备、产品的质量监造，加大重要设备、主要原材料的源头监督和检验工作，确保质量受控。监理单位要规范监理现场旁站和见证取样试验、检测工作，确保试验、检测满足规程、规范要求。施工单位要将规范工程试验检测工作，作为确保工程实体质量的关键，要建立合格的现场检测试验室，配置合格的试验人员和符合要求的检测设备；要按照规程、规范制定试验检测计划，严格检验原材料、半成品和成品材料，严禁造假、漏检、少检等行为；要严格遵守单元工程、检验批质量验收“三检制”，确保工程验收资料的真实性。

3.5　抓好达标创优，创建精品工程

建设单位要根据股份公司质量品牌战略要求，充分与各参建单位沟通，建立明确的精品工程、优质工程创建目标，要结合工程特点，制定切实可行的质量创优计划。各参建单位要以创建优质、精品工程为抓手，实现质量管理和工程实体质量、外观质量的提升，要按照总体部署，制定工程质量创优实施细则和保障措施，重点做好过程控制和过程创优；要通过建立首仓验收、首件认可、样板引路等先进质量管理方法，明确和固化施工程序、工艺标准；要大力实施开展标准化建设，用统一的标准和流程提升工程建设的规范化、标准化程度，确保创优目标实现。

4 结语

能源电力工程投资是股份公司调整产业结构的重要方面，是股份公司持续健康发展的重要支撑，在工程建设阶段，工程项目参建各方要切实落实质量主体责任，依法依规组织实施工程建设，强化过程控制和管理，确保工程实体质量优良，创建优质工程、精品工程，为后续高效生产运营打下坚实基础。

创新驱动企业高质量发展探讨

黄　诚/中国电建集团公司江西装备有限公司

【摘　要】 创新是企业健康发展的不竭动力，同时也是推动企业持续高质量发展的重要举措。在新时期、新形势下，企业要积极响应国家的政策，以科技创新、管理创新和商业模式创新作为重要抓手，不断增强企业自身的核心竞争力，为企业能够稳定和长远的发展提供有力保障。本文立足于企业的创新内涵和必要性，对促进企业创新水平提升，实现装备制造类企业高质量、高效益发展的有效策略进行探讨分析，希望能够为企业管理创新起到一些参考和借鉴意义。

【关键词】 创新驱动　创新人才　企业文化　高质量发展

纵观当今世界正在经历百年未有之大变局，创新形势发生了深刻变化，中美经贸摩擦进一步强调了创新在国际竞争中的关键作用，有效贯彻实施创新驱动发展战略，具有重大而深远的意义。企业要实现高质量发展，唯有坚持创新发展，不断提高企业管理水平，提升重点业务领域竞争优势，才能抢抓发展机遇，妥善应对新挑战，加快发展步伐，进一步支撑企业高质量、高效率发展，实现企业的战略目标。

1　实施创新驱动的重要性、紧迫性

重视创新就是重视未来，创新就是未来。因此，创新是企业发展的第一驱动力，也是企业发展的形势所迫。当前，在经济发展新常态下，传统发展动力不足，必须依靠创新打造企业发展的新引擎，才能使企业持续健康发展。在创新的过程中要紧扣企业发展战略，以科技创新引领全面创新，以管理创新激发创新活力，以商业模式创新提升价值创造能力，以企业创新文化建设促进全员参与，不断提高企业管理水平和发展动力，推动发展方式向依靠持续的知识积累、技术进步和劳动力素质转变，实现从要素投入驱动向创新驱动的根本转变，进一步提升企业整体发展质量。

2　认清现状，狠抓重点，进一步明确当前创新工作的重点

（1）强化问题导向。紧扣产业发展转型升级需要，把准创新着力重点和突破口，明确企业创新发展的主攻方向。在企业内部进一步深入调查研究，实事求是，找准问题、深挖根源；坚持刀刃向内，深入查找企业创新管理工作中存在的堵点和难点；进一步明确企业当前创新工作的差距，将有针对性的调研成果，转化为推动创新工作提高的硬招实招，解决企业各项工作中的实际问题，明确企业创新发展的主攻方向。

（2）要尽快补齐创新工作中的“短板”。面对新形势新挑战，许多企业的创新工作与新形势要求相比还存在不小差距，创新意愿不强、创新活力不够、创新水平不高，主要表现在：科技创新型人才相对短缺，企业家精神没有充分激发，企业科研投入不足且利用率不高，激励创新的环境氛围还有待完善。要尽快在高端人才聚集、管理创新、体制机制创新等方面补齐短板。围绕企业发展战略，聚焦关键问题推动体制机制创新，更好发挥创新驱动引擎作用，增强企业持续引领的能力。

3　实现企业高质量创新发展的策略

面对市场竞争日益激烈，装备制造企业要想在市场上赢得一席之地，一定要树立创新意识，及时转变企业的经营发展理念，才能顺应社会和时代的发展。创新不仅仅是产品创新、技术创新，创新是把所有生产要素转化成具有更多附加值产品的过程，在此过程中任何一点的改变我们都称为创新，更重要的是创新观念、创新心态和创新素养的高低，创新工作已经成为现代企业发展的主旋律。

3.1　科技创新引领全面创新

随着新一轮科技革命和产业变革孕育兴起，创新已经成为企业发展壮大、提升全球竞争力的决定性力量。

装备制造业是为国民经济建设提供高端生产技术装备的制造业，是制造业的核心组成部分，是国民经济发展的基础，其市场化与国际化的水平始终引领着我国经济的发展方向。我国经济现已进入高质量发展阶段，单纯依赖传统要素驱动的时代正在成为过去，企业应加快从要素驱动向创新驱动转变，从追求速度、规模升级为追求高附加值、高品质、高效率的发展，提高企业的全要素生产率。企业只有紧跟时代步伐，不断增强自身实力和全球竞争力，不断增强企业创新驱动力，加快新旧动能转换，才能增强综合竞争力，实现企业高质量、可持续发展。

3.1.1 加强产品技术创新，增加产品的附加值

装备制造企业产品创新是一个包括新创意或概念的形成、研究与开发、产品试样分析、生产线的开发和制造、商业化和技术成果推广的企业创新客观规律过程，其意义在于为企业创造更大的价值。企业应建立以市场需求为导向的创新体系，充分发挥行业市场对企业创新工作的导向作用，重视客户需求的调研，促进商业模式创新与科技创新的深度融合，不断提高创新成果的转化率；面向主要市场，充分利用企业的研发资源，注重智能化、自动化生产设备的改造和更新，加快智能和数字化车间的构建等，通过提供专业化、差异化、定制化的服务，加速企业由单一产品提供商向综合方案解决商的转变，开展满足产品性能差异化和功能要求的研发，改变企业价值生存方式，降低客户购买成本，转变赢利来源和成本摊销方式，提高企业产品附加值，降低客户使用的风险，实现企业在发展中创新，在创新中发展。

3.1.2 完善体制机制创新

加快有利于科技创新的机制创新。调整不适应企业创新驱动发展的生产关系，最大限度释放企业的创新活力。持续加大创新资源的投入，进一步优化企业科技创新资源的投入结构，不断提高科技创新管理水平和质量，强化成果转化应用体制机制建设。完善创新评价考核指标，建立健全突出创新导向的考核评价机制，建立与科技创新成效挂钩的考核机制；同时，改进人才招聘制度，优化人才内部流动机制，加大创新人才的引进、培养力度，建立鼓励创新的分配激励机制，制定高层次人才收入分配激励制度、奖励报酬制度，加强创新组织管理，特别是科技创新管理组织和能力建设。

3.2 强化企业管理创新

意识决定行为，理论指导行动。企业创新是一个包括新思想或新发现产生、概念形成、研究与开发、试制评价、生产制造、首次商业化和技术扩散的过程，其意义在于创造价值。因此，企业管理者要主动学习新的企业管理思想和管理知识，摆脱传统企业管理理念的束缚，一定要具备敏锐的洞察力，认清社会及行业市场的发展大形势，主动参与企业管理创新成果的鉴定和推广。同时，要对好的管理创新实施并加以引导，在企业内部要加大宣传力度，使好的管理创新理念能够深入到企业的每一位员工内心，同时要求员工积极参与其中，加强群众化创新，为企业的管理创新推进提供好的想法。

3.2.1 积极推进企业创新文化建设

创新精神是创新工作成败的关键所在，思路观念的创新是企业管理创新的先导。企业的创新意识和创新精神是创新文化建设的核心，并具有强大的凝聚力和导向作用。在日益激烈的市场竞争中，企业只有具备了勇于创新、宽容失败、积极进取的企业创新意识和精神，才能支撑企业的高质量可持续的发展。所以企业要通过多种方式营造出一种激励员工能够不断创新的适宜氛围，鼓励员工自发地进行学习与交流，增强对知识价值的认识，不断提高员工综合素质，着重于提高员工自主创新的参与意愿、精神品质和知识技能，构建企业自己的、合适的创新文化。

3.2.2 加大创新人才的引进、培养力度

着力吸引、培养和留住创新人才。创新驱动实质上是人才驱动，企业竞争归根到底是人才竞争。企业要进一步完善创新型人才评价标准与评价方式；重视培育高水平战略科学家和具有创新精神的企业家，拓宽专业技术人才成长通道，完善薪酬分配制度和人才培养机制，制定有效激励政策，特别是中青年科技创新领军人才、高技能人才晋升渠道，完善对创新失败的容错机制，激发企业员工的创新意愿，同时，加快引进和培养出有利于企业创新发展的高端人才。改进人才招聘制度，优化人才内部流动机制；加强创新组织管理，特别是科技创新管理组织和能力建设，将创新精神作为市场化选聘和企业中层干部的重要考核内容，着力激发人才创新创造动力，着力吸引、培养和留住创新人才，带动企业创新发展。

3.2.3 建立健全管理制度

完善的企业管理制度，是有效促进企业管理创新的保障。企业根据自身业务及组织结构特点，在学习其他优秀企业管理经验的同时，做出合适的调整，保证企业内部管理制度的完善和适应。设立专门的培训管理的机构，并固化相关的人员不断加强学习，提高对企业的管理创新成果的全方位认识。按照企业规定严格执行每一项创新管理制度，监督管理者制定的经营决策，充分发挥企业管理制度的约束力和规范作用，避免企业管理与社会发展不相符。

3.2.4 准确定位管理目标

企业管理目标是企业在管理活动中不断发展创新的动力，所以在企业管理中，管理层必须明确发展战略目标，这样才可以让企业的发展方向明确，前进的道路更加平坦，促进企业更好的发展。企业的发展不是一蹴而就和盲目进行的，在制定企业未来的发展规划的时候，

企业应该根据自身的实际情况，制定合理并有一定挑战性的长远发展目标，这样才能充分激发企业的发展潜力和员工的奋斗精神。同时，通过制定短期的发展目标，分阶段实现长期的发展战略规划。

3.3 加强商业模式创新

企业商业模式涉及战略、运营、人力资源、创新、财务等，是一个系统工程，其难度比单一功能的创新难得多。在设计或者创新商业模式时，应该以“客户价值主张”的创新为核心，以关键资源和关键流程为依托，以营利模式为财务安全的基准线，寻求各个方面的协调发展，这样才能获得长期的成功。通过分解客户价值主张的各个环节，兼顾“成本领先”和“差异化”这两个原本在竞争战略理论中并不相容的竞争优势，只要企业所获得的补偿超过了为实现差异化而花费的成本，以低成本实现差异化，企业就能够提高盈利能力。管理体系分为制造体系和研发销售体系，在制造体系采取成本领先战略严格控制成本，在研发销售体系中采用差异化战略以满足消费者的个性化需求，促使两者达到平衡的状态，使企业的利润最大化。

对于一个装备制造型企业，由于相关的资源有限，所以在选择自己的目标客户时一定要有所聚焦，争取用有限的资源创造出更多的利润。同时，还要有好企业的赢利模式，做精某一个细分市场是企业最大的竞争策略，只有当企业产品在某一个细分领域获得绝对的领先优势之后，做到“人无我有，人有我精”的水平，确定了自己的独特定位，才能进一步拓展相关领域的竞争力。

4 结语

以创新驱动制造业高质量发展是实体经济改革发展的关键，也是我国工业经济提质增效的关键。改革开放四十年来，我国制造业整体实力迅速壮大并跃升为世界第一制造大国，但是，从高质量发展的角度来看，我国与制造强国相比还有一定的差距。当前，新一轮科技革命来临，中美贸易摩擦倒逼制造业转型升级，必须实施制造强国战略和创新驱动战略。因此，作为装备制造企业只有生产出领先同行业的产品，才能站在科技创新制高点，提高企业管理能力创新，完善企业营销通道，使企业的利润最大化，赢得在行业领域的主动权和话语权，实现企业的高质量发展，为装备制造业创新打开新格局。

参考文献

[1] 宋志平. 谈企业的高质量发展 [J]. 中国建材，2018 (2)：47-49.

[2] 李锦斌. 发挥优势下好创新先手棋全力推动实现高质量发展 [J]. 求是，2018 (5)：33-35.

[3] 黄守宏. 深入推进改革开放创新，奋力开创高质量发展新局面 [J]. 行政管理改革，2018 (4)：15-23.

[4] 黄速建，肖红军，王欣. 论国有企业高质量发展 [J]. 中国工业经济，2018，367 (10)：21-43.

[5] 曲金芳. 以管理创新引领企业高质量发展 [J]. 现代企业文化 2018 (26)：213-214.

[6] 李伟泉. 高质量发展时期国有企业经营管理和发展战略 [J]. 现代经济信息，2019 (5)：125.

浅议水利水电工程地质变更索赔的数字化管理

黄　佳　周　菲　黄献新/中国水利水电第十二工程局有限公司

【摘　要】水利水电工程不可预见的不利地质条件是客观存在的，把握好索赔时机，实现事半功倍效果。不利地质变化的晴雨表，是变更索赔的风向标；不利地质是创效的龙头，施工方案是增效的手段；BIM数字建模是索赔的发展方向，AI数字地质是索赔成功的关键。为此，本文通过数字化管理系统的构建，希望为水利水电工程地质变更索赔方面提供更加科学的指导和参考依据。

【关键词】水电工程　不利地质　数字建模　变更索赔

1　引言

水电工程施工，建设规模大、施工工期长、施工技术难，以及地质条件复杂、地下勘测情况不确定性等因素，都可能导致承包人的实际成本超支，增加额外费用。因不利地质条件引起的变更索赔，涉及工程地质的围岩边坡稳定、岩体岩石分类、岩体结构面的性质、岩体地应力的影响等各个方面，必然引起工程管理者的思考和探索。为此，在水利水电工程建设中，将BIM数字建模地质技术、PRP智能管理系统、AI数字地质融合管理等数字技术广泛应用，为地质变更索赔提供了科学依据。

2　不利地质变更索赔的客观必然性

索赔机会是客观存在的，但在严谨的合同条款中，很难寻找变更索赔突破口。这种情况下，从复杂的工程地质中发现和把握索赔机会，就成了项目管理提质增效的关键。

不利地质条件变更索赔是客观存在的，可以从岩石的物理特性中的岩石质量指标、岩石强度，岩石的结构面特性，包括断层、断层带、断层影响带、层理、节理、裂隙、软弱夹层的规模、数量、性质，充填物的长短，岩石级别分类，岩体的地应力，洞室围岩稳定等方面进行深度剖析解读，确定不利地质变更索赔内容。

2.1　工程地质术语的涵盖内容

由于断层、断层带、断层影响带之间的定义是难理清的，承包人可以把三者放在一起统称为“断层带”，从而扩大了断层带的范围。如业主在招标时给出的地质资料中的地质图例、地质图精度不全，承包人可按业主提供的图例不能合理预见施工的地质条件提出索赔。

2.2　基岩面及围岩分类的改变

受工程地质勘探密度的限制，业主不可能在工程的任何施工部位都布置有勘探孔。但如果在某个项目的地表以下出现了覆盖层和岩石风化层与招标时或招标图上显示的高程或位置有很大的差别时，承包人就可以认为这是不能合理预见的不利地质条件而提出相应的索赔。对于岩石级别或围岩分类，如没有明确的概念和严谨的判据区分岩石的级别，承包人可从工程地质的岩石工程分类及其适用条件的不同提出索赔。

2.3　围岩松动圈扩大与锚杆支护改变

地下洞室围岩松动圈范围会随时间和空间的变化而变化，对施工的洞室、勘探洞或导洞，发生一些不可避免的顶拱变形、围岩松动圈范围的扩大，这些未被测定及无法预见的蠕变变形和洞室扩挖后围岩松动圈范围的增加，导致原洞室顶部和需扩挖的洞室的支护设计不能满足扩挖后的洞室围岩稳，尤其在地质条件不良或可能造成塌方或岩石掉块的地带，为承包人可提出变更索赔找到了契机。

2.4 岩石结构面的改变

对连续的软弱剪切泥化夹层数量和长短，以及这些泥化夹层中的膨胀性矿物，高角度节理性质及其充填物性质，以及节理的贯穿性、数量，断层、断层带及断层影响带规模和性质层理及岩层厚度和岩性等工程地质因素是形成洞室边位移、甚至缩径、工程塌方或滑坡、形成超欠挖的原因，从而对施工进度和施工难度带来巨大影响，是承包人提出不利地质变更索赔最普遍的理由。

3 数字化变更索赔的路径与技巧

工程地质本身不属于合同管理的范畴，是一门自然科学，有自己的理论基础和研究对象。但对投标前后地质信息的解释和分析、地质模型的设置、岩体结构面的性质、岩体的各种分类、岩体地应力的影响等都可以为索赔服务。工程地质因素可导致合同问题变更，承包人在索赔资料中提出的有关工程地质的观点，是建立在工程地质理论的基础上。就承包人而言，施工中的索赔是决定承包施工经济效益的关键环节，有经验的承包人都会利用一切客观条件、经验总结和自身业务能力等进行施工索赔，这是合同赋予承包人的索赔权利，是合同管理的正常行为。

3.1 BIM 数字建模的路径与步骤

不可预见的不利地质条件进行索赔的一般步骤为：①根据投标时的资料和条件提出可合理预见的工程地质条件；②列举施工中遇到的工程地质条件；③施工中遇到的工程地质条件与投标时可合理预见的工程地质条件相比，得出不可预见的不利工程地质条件；④根据不可预见的不利工程地质条件，列出导致工期延误和引起的额外费用；⑤作出工期延长和费用增加索赔结论。

一个有经验的承包人还可以用 BIM 数字建模，精准证明实际遇到的比投标时预见的工程地质条件出现不同或更加恶劣的情况：①从数量上说明断层、断层带、断层影响带、层理、节理、裂隙、软弱夹层等大量增加；②以工程施工中出现一些经常见到的工程现象，如超欠挖、岩石掉块、边坡岩石滑落等，证明地质条件的恶化；③以工程师按合同指令修改开挖支护线或支护形式，以及设计变更说明工程地质条件变差；④以钻孔效率降低，资源增加证明工程地质条件变坏；⑤以业主、工程师及设计的往来文中的一些观点或结论佐证工程地质条件的不能合理预见。

3.2 不利地质证据收集

在提出索赔前，必须要有足够的证据资料证明自己的索赔要求。一般工程师收到索赔报告后都会对承包人的报告提出一些质疑，要求承包人作出解释或出具进一步的证明材料。能否作出令人满意的解释和提供有说服力的支撑材料，在很大程度上取决于承包人索赔前的资料准备及索赔人的经验水平。在提出索赔前，应该准备好与索赔相关的一切细节资料，补齐完善证据链短板，以便在索赔报告中灵活运用，或在工程师要求时出示。虽然并非每一个细节资料都能用上，但资料准备越充分，索赔的成功率就越高。合同实施中需要保持的记录和文件是多种多样的，任何一项工作人员都不应放过与自己有关事项不加以记录，这些原始资料对索赔来说都是真实的依据。

承包人提供不利地质条件证据：一是招标期地质参数；二是实施期地质参数。例如，①不可预见的不利地质条件的范围；②以工程地质理论进行不利地质条件的解释；③承包人的工程地质模型；④断层、断层带、断层影响带，泥化夹层的范围的确定；⑤断层、断层带、断层影响带、泥化夹层的数量统计；⑥工程超挖超填等问题于断层、断层带、泥化夹层、节理的区分和分析；⑦采用不同岩体分类标准以降低实际的围岩级别。

以隧洞开挖工程为例，检查项目：①地下洞室围岩特性改变（围岩类别、岩石级别）；②地下洞室不良地质开挖（塌方、断层、破碎带、涌水、遇水软化、变形）；③地下洞室开挖方法、时间、工艺、顺序改变（全断面改分层、正坡改反坡、平行施工）；④地下洞室开挖位置、标高、尺寸改变。

3.3 利用好索赔时机

索赔时机选择是否恰当，在很大程度上影响索赔的效益。随着工程的进展、时间的推移、现场条件与社会条件的变化、工程质量与设计的变更、双方履行其合同义务程度的不同等均以暴露出来。因此，必须根据工程的性质、发包人的心态有的放矢地提出索赔。就水电工程而言，如大江截流之前、下闸蓄水之前、度汛目标达到之前、土建移交安装之前、机组投产发电之前、完工验收前等均是对不利地质条件提出索赔的最佳时机，可起到事半功倍的效果。当意识到存在潜在有索赔机会时，承包人要做的第一件事就是将有关情况及自己的索赔意向书面通知工程师，并及时收集各项资料、讨论编写索赔报告，28 天内发出索赔通知，然后根据工程师的需要及时补充理由和证据。

索赔报告的水平和质量直接关系索赔的成败，抓住事件的本质和关键，突出重点，证据充分，合理引用法规及合同条文，并且做到提供资料数据准确，使发包人和监理人认为变更索赔是合情合理的。

3.4 集中索赔的共性问题

如项目上有多个标段，共性问题会搭车，个性问题有突破。①坚持地质是创效的龙头。地质既是技术又是艺术，发挥艺术的想象力，把工程地质管理变为行为艺术管理，让行为艺术与岩石技术发生碰撞，产生火花来点燃变更索赔工作引擎。②坚持重视方案是增效的手段。因施工环境的改变引起施工方案的改变，做好有利于计量计价的施工方案。③坚持做好材料核销是地质变更的晴雨表，通过对材料进行成本动态分析。如有“本项目不因地质条件变化调整价格”等不利合同条款，要破解并提升理解合同条款的能力，因在地质勘探资料是有约定的“发包人应将其持有的现场地质勘探资料、水文气象资料提供给承包人，并对其准确性负责”。请记住，不利地质条件变化永远是发包人的责任。

3.5 地质变更实例分析

［例 1］某水电项目上水库工程开挖遇硬岩变化引起的岩石级别调价。

因前期政策处理问题，工期滞后，实际施工成本增加，造成严重亏损。承包人在水库蓄水前 6 个月提出因岩石级别提高要求增加费用的变更，得到了业主较好的补偿，产生极好的岩石级别调价裂变效果。事件经过：招标文件地质资料明确岩石饱和抗压强度为 92～120MPa，为Ⅸ～Ⅹ级岩石，投标按Ⅹ级编制预算价。实际施工过程中，工程地质有较大变化，在参建各方的见证下，对主要的部位进行了 36 个岩石取芯，并委托第三方检测机构进行岩石单轴抗压强度检测，实测岩石饱和抗压强度达到 154～189MPa（Ⅻ～ⅩⅣ级）。较招标文件提高了 2～4 级，是一个有经验的承包人在投标时不可预见的不利地质条件。评述：地质变更路径清晰，蓄水前提出时机适宜，各标段间搭车索赔效果显著，参建各方确证稳妥，回归计价合规合理，业主发电目标实现，调价裂变成效显著。

［例 2］某水电站骨料系毛料岩性变更引起的骨料单价调价。

招标文件毛料地质描述为粉砂质板岩，抗压强度 80MPa，二氧化硅含量在 58%～70%。但骨料加工系统投运后，系统未能达到设计产能，经多次专家论证并对系统进行技改。但系统板锤耗损大、设备超强磨损、小石裹粉超标，运维成本极高。承包人因疫情等适时提出变更，业主同意并调增骨料加工工序单价，因毛料岩性的变化使骨料加工单价产生裂变效果。事件经过：经对毛料进行原岩物理力学检验，实测岩石平均抗压强度为 121MPa（Ⅺ级岩石），毛料可碎性由中等可碎性石料变为难碎性石料；实测石料化学分析发现石料含有铁、锰、硅、钙等成分，二氧化硅含量平均为 77%；毛料中出现罕见油性矿物质等变更。立项依据：不利地质条件是一个有经验的承包人在投标时不可预见的。费用为：岩石强度毛料开采费用提高，增加二段圆锥破碎工序，粗碎、中碎、细碎的定额级差费用，棒磨机钢棒耗量增加，增加二次水洗、脱水筛分工序产能降低系数调整费，污水环境处理费用增加等。评述：借助专家智慧，解析地质奥秘，优化工艺参数，满足工程需求，破解低产出高成本裂变，实现甲乙双方互利共赢。

4 结语

随着 BIM 地质建模和 AI 数字技术的发展，工程地质问题的广泛性和不确定性引起的变更索赔，值得注意的几个问题：①业主前期的地质勘察应达到什么样的范围和深度，向投标者提供的标前资料应包括哪些方面，如何从招标文件资料中勾画出一个业主预见的“地质模型”；②承包人要做好标前预计的“地质模型”；③以什么样的地质标准数字确定实际施工中遇到的断层、断层带、泥化夹层、层理节理等的范围、数量、性质和类型；④以什么样的地质方法确定数字围岩类别及数字岩石级别的变化；⑤如何用大数据确定地质因素对施工超挖超填等工程计量的影响；⑥如何用人工智能区分地质变化对施工方法、设备、人员和管理等施工降效的影响。因此，只有用大数据科学、有序的管理工程变更，才能有效地控制成本，避免不必要纠纷的发生，才能将水电施工企业的管理水平推向更高的层次。

浅谈水电工程项目施工成本管理

边永明/中国水利水电第四工程局有限公司

【摘　要】 项目成本管理对水电施工企业来说是一个永恒的主题，是水电施工企业利润管理最重要的环节，成本管理、控制的成功与否直接决定着水电施工企业的经济效益，直接关系着水电施工企业的生存与发展，所以实施成本管理，全面降低工程成本是每一个水电施工企业必须解决的课题。当下，在市场经济条件下，水电施工企业之间的竞争日趋激烈，低价中标在很大程度上挤压了水电施工企业的赢利空间，因此，许多业内人士对水电施工的成本管理进行了深入研究，提出许多科学管理方法。本文通过认真学习分析，并结合自身工作实践，对一些水电施工项目在成本管理中存在的问题进行分析，并就此探讨水电施工项目成本控制的措施。

【关键词】 水电工程建设　项目施工　成本控制

1　引言

随着市场经济体制的逐步完善和国业改革的深入，强化企业管理，提高科学管理水平是水电施工企业转换经营机制、实现扭亏为赢的重要途径之一。中国水电四局，注重发展方式和经济结构的系统性、整体性、协同性，着力构建科学的管理体系、标准的市场体系，找准短板弱项，解决实际问题。该局各二级单位强化全员参与成本管理的意识，加强项目经理经营责任制考核，不断提升项目经营管理工作上台阶。2019年，全公司坚定“履约为先、品牌为重、效益为本”的经营管理理念，在国内外风险挑战上升、经济下行压力加大的形势下，各业务板块齐头并进，使产值和经营规模再创历史新高。

然而，也有一些施工项目的生产经营却不尽人意，赢利空间狭小甚至亏损，究其原因，在于对项目对施工成本管理还不成熟、不完善，以致出现诸多问题。

2　水电项目施工成本管理存在的问题

2.1　施工行业不完全竞争现象制约着施工成本的管控

随着建筑市场竞争日益激烈，当前的施工建筑市场具有明显的不完全竞争现象，如不合理评标、关系议标、弹性成本等现象广泛存在，企业难以通过自身的成本优势来获得竞争力，严重影响到工程的成本，再加上建筑材料价格的波动性较大，给水电施工成本管理带来一定的不确定性和控制难度。

2.2　项目施工成本管理认识上存在误区

水电项目施工成本管理应该是全员参与、全过程受控的管理，与生产经营的每一个环节都有密切关系，要想实现成本控制，全体人员就必须遵守施工生产全过程的各项相关规定。可长期以来，有些人存在一种认识误区，一提到成本管理，就将成本管理的责任归于经营管理部门。其结果是技术人员只负责技术和工程质量，施工人员只负责生产和工程进度，材料人员只负责材料的采购和点验、发放工作。表面上看似分工明确、责任清晰，唯独没有了成本管理责任。生产组织人员为了赶工期而盲目增加施工人员和设备，必然会使人工费、机械费的增加；技术人员为了保证工程质量，采取可行但不经济的方案，必然会使成本增大。由此可见，经营管理人员是生产管理的组织者，而不是成本管理的主体，不走出这个误区，就不可能搞好项目成本管理。

2.3　项目施工成本管理体系简单化

水电工程施工项目成本控制目标的实现基于成本管理体系的完善。成本管理体系的基本职能是指挥和控制，通常由组织机构、施工程序、施工过程、资源管理四个基本要素组成，缺一不可。然而，一些水电施工企业对于工程成本的制定过于简单化和表面化，只是简单地按照经验确定一个目标成本，而忽略了该项目的现场环境、施工条件以及工期要求，项目经理部又将这一目标成本的构成即人工费、材料费、机械费、间接费用等按同比例套算下来，而不管这些成本项目到底有多大的利润空间。在项目成本管理施工方面，只有简单的规章制度，具体由谁来做、怎么做、做到什么程度都没有具体措施，都是一些空洞的理论性规定，根本无法执行。这样的目标成本由于没有与实际项目施工程序相结合，可操作性差，起不到控制作用，更无法分析成本差异产生的原因。如此，周而复始的套用“经验工程”，致使施工项目的赢利空间始终得不到拓展。

2.4 缺乏科学的成本绩效考核

水电工程项目施工成本管理是在保证满足合同工程质量、合同工期的前提下，对项目实施过程中所发生的费用，通过计划、组织、控制和协调等活动实现预定的成本目标，并尽可能地降低成本费用的一种科学管理活动。因此，在水电工程项目施工中，成本绩效考核必不可少，尤其是科学的成本绩效考核，可以有效调动职工的积极性。但是，一些施工企业在施工前并未细化成本管理目标，当然也就没有科学的成本绩效考核和奖罚制度，致使在整个施工过程中，部门管理人员和施工人员只注重工程进度和质量，对成本控制并不十分重视，从而造成项目施工材料、机械管控和人工费用过高的现象。由于项目缺乏科学的成本绩效考核，从而导致其项目成本管控效果不佳。

2.5 材料成本超出定额

在水电工程施工项目中，材料成本超出定额。对水电工程项目来说，材料成本在工程造价中占有很大的比重，一般材料费用占整个工程造价的60%，材料费用的盈亏直接影响到整个工程项目的盈亏，控制材料的消耗成为材料成本管理的重点和难点，也是水电工程施工成本管理中的一个重要方面，如何有效地降低钢材、水泥、木材等的消耗，是水电工程施工项目成本管理的重要内容。

从现场调查情况来看，有些项目未严格执行领料用料制度，从仓库领料有数，但余料无回收，失窃、浪费现象严重，尤其是只包工不包料，作业队只顾出产值，材料、物资过量消耗，机械设备过度磨损；小型手动工具更无人爱护，有时借出有手续，返还无验收；或下料计算不准确，损耗率超标。钢材看管不严，遗失时有发生；材料型号不对，造成闲置浪费，材料供应量与实际不符；监督机制不健全，出了问题往往追不到责任人，这些均是造成材料成本失控的主要原因。

2.6 能耗过大

水电工程施工项目成本管理中的另一个重要方面是节约用电、用水、用油，如何有效地降低水、电、油的消耗，是水电施工成本管理的最基础性工作，也是水电工程施工项目成本管理的基础内容。

施工生产中水、电、油消耗超出定额的现象比较普遍，项目办公区、生活区的用水、用电的无节制，“长明灯”“长流水”现象屡见不鲜；施工现场水管“跑、冒、滴、露”现象随处可见；油料管理不到位，单机油料定额不实、油料加注控制不严、机械设备运行状态不佳等，造成油耗过大、费用过高。

总之，水电工程施工项目存在的上述成本管理问题，都会不同程度地降低和影响企业的经济效益，不可等闲视之，因此，必须采取积极有效的措施加以控制，切实提高水电工程施工项目的经济效益。

3 加强项目施工成本管理的有效措施

3.1 编制科学合理的程序文件

水电工程施工项目成本管理的高低直接关系到企业的赢利水平，而盈利水平往往取决于对工程施工全过程成本控制的力度，因此，工程中标后企业应立即组织力量，在充分考虑当地自然环境、水文地质、气象气候和交通运输等条件的基础上，抓紧进行科学合理的施工组织设计，构建完善的成本控制体系，形成操作性较强的程序文件。要对施工成本目标进行分解，并量化、细化到每个部门甚至每一个责任人，从制度上明确每个责任部门、每个责任人的职责，明确其成本控制对象和范围。程序文件要强化施工成本管理理念，要求人人都要树立成本意识、效益意识，其内容通常包括目的、范围、职责、权限和工作程序等，规定出做什么、谁来做、何时何地做、如何做、使用什么材料及设备做、做到什么程度、如何对成本进行控制、结果如何。总之，成本控制活动的有效途径及所有管控办法都要体现在程序文件中，使成本管理工作有章可循，有据可查。

3.2 推广项目成本核算

在水电工程项目施工中，要从人、财、物的配置入手。根据工程施工实际条件，结合行业统一定额，制定出合理的、可操作性强的内部成本核算定额，逐级进行部分成本核算和全部成本核算管理；同时，实行多种分配方案，对主要工程的材料费、人工费、机械费和管理费进行核算与分析，人工费管理实行基本工资、产值工资和效益工资相结合；材料费管理实行以内部核算定额消耗为基准，严格控制采购库存量；机械费管理实行以设备运行费为基准，充分发挥设备效率；同时，在各作业队建立利益激励机制，设立目标激励奖和安全质量专项奖；把主辅材料消耗和费用支出与完成工程量挂钩，严格考核奖罚，从而增强作业队的成本核算意识，做到减少超挖、节省材料、提高工效和设备利用，尽可能多地完成工作量。在实施成本核算过程中，应根据施工实际安排，如施工工期、进度安排等，适当调整定额，实施成本核算、定额分配。

3.3 加强项目施工现场管理

加强水电工程项目现场管理，不但为施工企业节省资金，而且提高了施工效率。强化工程质量做出了保证。因此，加强项目现场管理是施工企业管理中的一个重要环节。首先，要加强施工队伍的合同管理，严格按合同约定办事，控制人员规模，优化人员结构，合理安排岗位，提高作业效率，掌握好人员退场时间，以减少人工费用。其次，坚持“质量第一，以质取胜”的原则，控制施工质量；严格按合同、图纸要求组织施工，完善工序，避免返工；依据施工现场实际，不断完善项目经理全面负责的质量保证体系，实行质量管理责任制。第三，始终贯彻“安全第一，预防为主”的方针，加强安全宣传，强化安全意识，做好施工现场防护，杜绝因安全出现问题而造成损失。第四，项目施工设计变更时，施工项目部要及时与监理、设计和业主等单位进行协调，认真研究合同和图纸，严格施工变更索赔手续。变更设计应坚持“先批准后变更，先变更后施工”的原则，紧盯现场，做好记录，收集证据，建立完整的施工档案，及时出具工程变更联系单，并请监理、业主单位签认工程量及价款。

3.4 加强项目施工材料管控

控制好施工材料，确定科学合理的材料价格，材料费通常占据总预算的大部分比例，所以材料费的价格和用量等对于施工阶段的工程造价所造成的影响比较大，因此必须严格地按照合同来对材料的用量进行控制，其材料确定一个合理科学的价格，这样才能有效地控制好工程的造价。

首先，要严把材料采购关，降低采购成本：对主要材料要进行统一管理，实行统一采购，严禁自行购置；建立材料诚信的供应商名册，坚持“货比三家”，“择优选用”的原则，采购工作要透明，防止暗箱操作；大宗材料要与供应商签订合同，锁定价格，明确材料品质标准、供货时间、送货方式和交货地点；零星用料要坚持用多少、购多少的原则，合理确定进货批量与批次，尽量减少材料库存量；其次，材料进场时要认真验收，合理堆放，尽量减少二次搬运；发料时要分部分项，按用量发放，特别是钢材、水泥等重要材料要实行限额发料；选用最经济的运输方式，以降低运输成本；在施工过程中对具备条件的项目要按月进行材料节、超分析，对出现材料消耗偏差的要进行分析，找出原因，纠正偏差；对大型复杂项目，施工前要认真计算出主要材料的消耗量，当发生变更、增减工程量时要及时进行调整，确保限额发料机制有效运行；最后，加强大型周转性材料的管理与控制，特别要加强对钢模板等大型周转性材料的管理，这类材料购置价格较高，施工中不可缺少，如管理不善，将造成较大的经济损失。

3.5 重视竣工结算工作

竣工结算是水电工程施工项目考核工程成本进行经济核算的依据，是总结和衡量企业管理水平的依据，通过竣工结算，可总结工作经验教训，找出施工浪费的原因，为提高施工管理水平服务。

水电工程施工项目竣工验收阶段也是施工管理与成本控制的最终环节，竣工结算书在一定程度上是工程造价的重要依据，然而在实际过程中，竣工结算书数据和实际工程量结算数据之间往往会存在着10%～20%的价款差距，故在进行工程结算时，相关人员应严格审查、核对，查漏补缺，如工程合同、竣工结算书、预算、费用定额以及法律法规等。为确保竣工结算的完整性和准确性，可请实力强、拥有良好信誉的中介机构来审核竣工决算书，将工程量及各项费用核准核实，以保证结算工作顺利进行，使结算结果能够将工程造价与成本费用真实客观地体现出来。

4 结语

加强水电工程施工项目的成本管理，对提高企业的经济效益，实现健康、有序发展具有重要意义。在工程项目施工建设过程中，项目施工人员要齐心协力，加强成本管理方面的意识，不断完善成本管理制度，并着重加强建筑材料、设备、人工费用等方面的管理，从而使成本管理工作真正得到落实，不断拓展项目赢利空间，切实提高企业的经济效益，进而推动企业快速发展。

“沙漏型”EPC项目管理模式的探索与实践

闫宗锋/中国电建集团国际工程有限公司

【摘　要】项目管理之所以成为一种现代社会解决“一次性问题”的有效工具以至于一种职业资格，在社会事务、经济过程中广泛应用并且迅速发展，就在于它提供了一种新的方法。本文分析了传统项目管理模式，提出了新的“沙漏型”复合子项目群EPC总承包项目管理模式，并介绍了这种新的项目管理模式在国际项目中的应用与实践。

【关键词】管理模式比较　“沙漏型”管理模式　新模式应用效果

1　项目管理综述

项目管理的概念最初是从Primavera Project Planner（P3）项目进度计划编制软件的附件开始普及。在P3软件中将项目管理的思路放在其中，P3软件的精髓不在软件而是他的管理思路；项目管理从20世纪90年代到现在已发展成从单一的项目管理到项目集群管理、从项目型组织到矩阵式组织，实现了项目管理质的飞跃。美国项目管理机构（Project Management Institute，PMI）的PMBOK也每年更新，不断提升项目管理的理论水平。

项目管理的理论发展呈现多样性，但单个项目管理的模式没有太大的变化。传统项目管理模式：管理层由项目经理和几个项目副经理、总工程师及安全总监组成，下设职能或生产部门，包括设计部、合同部、工程部、财务部和综合部等，由各项目管理层人员分管；项目型管理模式：部门的人员来自不同的总部部门或其他单位，全部听从项目部的指挥也不承担其他部门的工作，待项目结束后解散。矩阵式管理模式：项目部人员来自不同的总部部门，在完成项目部分配的任务的同时也接受总部部门的指挥，完成本项目的工作的同时也要参与其他项目的工作。

项目管理的这两种传统模式在不同的项目中都发挥了很好的作用，但也有较多管理争论和决策的难点。除了各自的优缺点外，这两种管理模式都有一个共同的特点就是在整个项目的执行过程中只能锻炼专业人员而不能培养项目管理人员，同时对多个专业的集成的项目管理无法满足要求，有其结构性不足。

2　工程概况

作为我国当时最大的海外EPC总承包风电项目，阿达玛二期总装机153MW，项目内容包括230kV线路工程、230kV双主变双母线升压站工程、78km 33kV集电线路工程、102台风机工程、56km道路等工程。阿达玛二期风电项目是电建集团首个全部应运中国的风电设计施工规范、全套中国设备出口的项目。项目于2013年7月开工，于2014年10月第一台机组发电，2015年6月全部吊装完；2016年5月全部移交，项目获得了业主及当地政府的一致好评，也获得了中国融资机构的赞誉。

3　项目管理中的问题

阿达玛二期总承包项目在建设初期的管理模式也采用了传统的模式，项目部设置了总工，负责设计技术；设置了生产副经理，全面负责生产任务；设置了合同副经理，负责全面合同；设置了征地副经理，负责征地及当地协调；还有财务副总等职务；同时，也设置了设计部、工程部、财务部、综合部等部门，生产副经理、工程部对分包商进行管理，负责进度、成本、质量控制；各岗位的职责清晰，分工明确，从项目管理的理论上，设置了比较完善的项目管理模式。

项目部运行一个月后，管理模式凸显一定的缺陷。因该生产副经理对项目的生产控制专业领域较多、工作面范围较大，协调难度大；与埃塞俄比亚电力公司业主、监理交流及应对出现问题，而其他项目副经理因为分工及所属职责也无法太多介入生产工作，严重影响了项目的生产进度及业主对项目部的信任。

4 “沙漏型”管理模式

面对项目管理存在的诸多问题，为了适应国际工程建设，及时调整项目管理模式。该项目部将从传统的项目管理模式向一种创新型的管理模式迈进——“沙漏型”项目管理模式。

(1) 保留项目部现有的职能管理分工。

(2) 将生产任务按照单位工程分解到每个项目副经理的岗位：

1) 总工程师原先负责的设计、技术工作，仍然由其负责，但根据个人的经验，安排其负责230kV线路工程、33kV线路工程的生产任务，负责协调业主、监理，管理分包商，有权指挥工程部。由工程部负责人向其提供人员支持，形成虚线管理。

2) 分管合同的项目副经理，仍然承担原有的合同管理职能，但根据其个人经验和能力，安排其负责230kV升压站单位工程的生产管理，代表项目部协调业主、监理并管理升压站分包商；有权指挥工程部。由工程部负责人向其提供技术和人员支持。

3) 分管征地移民及当地协调的副经理在承担原有职能工作的同时，根据其个人经验和能力，安排其负责道路单位工程的生产管理。

4) 原分管生产的项目副经理在担任安全总监的同时主要负责风机单位工程、协助其他单位工程，形成如下“沙漏型”项目管理架构（图1）。

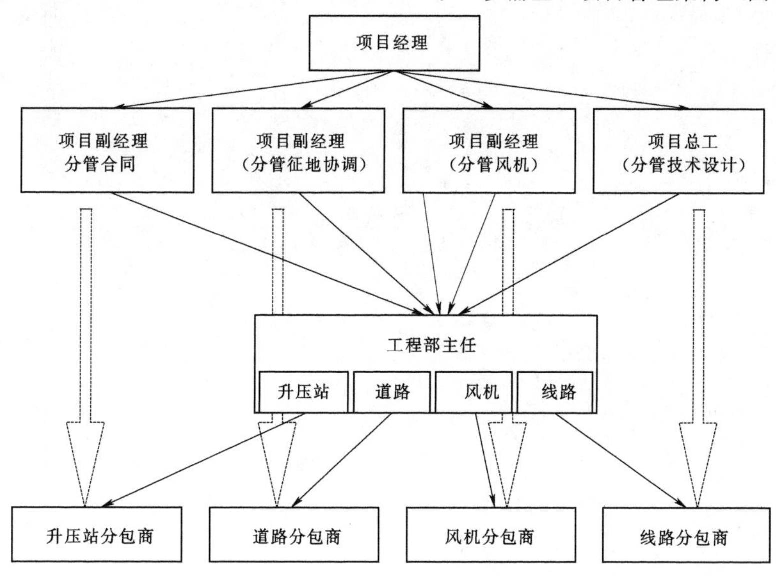

图1 “沙漏型”项目管理架构

项目部经过调整，按照新的“沙漏型”项目管理模式运行后，对每个专业单位工程项目都有项目部副经理级别的直接对业主交流，业主比较信任，而且对分包商的管理力度加大。同时工程部派出相关专业人员协助项目副经理对其负责的分部工程的进度质量安全等全面负责。

在现场生产管理执行工程中，并行职能管理。在某单位工程出现征地问题时，负责该生产管理的项目副经理与负责征地职能管理的项目副经理协调，请其出面进行征地或与当地协调；出现技术问题时由负责技术职能管理的总工负责解释和协调设计，并得到了业主、监理的认可；具体操作性的工作由工程部作为枢纽进行配合，完成各分管副经理的生产任务。

5 项目管理新模式的应用效果

在实行了“沙漏型”管理模式后，每个单位工程工作面就是一个项目管理的舞台，每个人有一个自己表现的地方，为项目管理人员的培养提供了舞台，而且项目副经理自己的工作从幕后搬到了前台，得到了业主、监理和同事的认可，同时也为本身的成长提供了锻炼的机会。

“沙漏型”项目管理模式，使项目副经理的能力得到很好的锻炼，对其负责的单位工程专业项目管理积累了较多的现场施工经验，增强了个人的管理能力及现场技术协调能力。同时要求工程部相应的协调能力也必须提升，工程部所属专业人员，必须配合好各负责生产的项目副经理工作。工程部将发挥项目部管理的中枢作用。该模式适合多种专业组合的项目，在专业少的项目中也可以灵活采用。

“沙漏型”创新管理模式，在埃塞俄比亚阿达玛二期风电场EPC总承包项目管理实践中获得成功，为项目执行过程中优化资源的使用、满足各利益相关方的期望、及时处理现场出现的突发事件及问题和按时保质完成项目的移交发挥了关键的作用，起到应有的效果。该项目最终获得优质工程奖，并且得到了该国国家主席在非洲会议上的推介。

6 结语

EPC总承包给企业带来了机遇又面临新的管理模式的挑战，同时对管理人员提出了更高的要求，需要管理人员不仅具备一定的专业知识、实践经验，还需要具备较强的协调管理能力。

在阿达玛二期风电EPC总承包项目中，“沙漏型”项目创新管理模式，使项目工程建设获得了较好的实践与应用效果，取得了显著的成效。该项目管理模式，可提高项目成功执行的概率，为项目管理的有效和高效运行，提供方法与保障，并对类似的项目管理具有借鉴、推广应用的可行性和可复制性。

征 稿 启 事

各网员单位、联络员：

广大热心作者、读者：

《水利水电施工》是全国水利水电施工技术信息网的网刊，是全国水利水电施工行业内刊载水利水电工程施工前沿技术、创新科技成果、科技情报资讯和工程建设管理经验的综合性技术刊物。本刊宗旨是：总结水利水电工程前沿施工技术，推广应用创新科技成果，促进科技情报交流，推动中国水电施工技术和品牌走向世界。《水利水电施工》编辑部于2008年1月从宜昌迁入北京后，由全国水利水电施工技术信息网和中国电力建设集团有限公司联合主办，并在北京以双月刊出版、发行。截至2019年年底，已累计发行72期（其中正刊48期，增刊和专辑24期）。

自2009年以来，本刊发行数量已增至2000册，发行和交流范围现已扩大到120多个单位，深受行业内广大工程技术人员特别是青年工程技术人员的欢迎和有关部门的认可。为进一步增强刊物的学术性、可读性、价值性，自2017年起，对刊物进行了版式调整，由杂志型调整为丛书型。调整后的刊物继承和保留了原刊物国际流行大16开本，每辑刊载精美彩页6～12页，内文黑白印刷的原貌。本刊真诚欢迎广大读者、作者踊跃投稿；真诚欢迎企业管理人员、行业内知名专家和高级工程技术人员撰写文章，深度解析企业经营与项目管理方略、介绍水利水电前沿施工技术和创新科技成果，同时也热烈欢迎各网员单位、联络员积极为本刊组织和选送优质稿件。

投稿要求和注意事项如下：

（1）文章标题力求简洁、题意确切，言简意赅，字数不超过20字。标题下列作者姓名与所在单位名称。

（2）文章篇幅一般以3000～5000字为宜（特殊情况除外）。论文需论点明确，逻辑严密，文字精练，数据准确；论文内容不得涉及国家秘密或泄露企业商业秘密，文责自负。

（3）文章应附150字以内的摘要，3～5个关键词。

（4）文章体例要求如下：

1）技术类文章，正文采用西式体例，即例“1”“1.1”“1.1.1”，并一律左顶格。如文章层次较多，在“1.1.1”下，条目内容可依次用“(1)”　“①”连续编号。

2）管理类文章，正文采用中式体例，文章层级一般不超过4级；即：例“一”“(一)”“1”“(1)”，其他要求不变。

（5）正文采用宋体、五号字、Word文档录入，1.5倍行距，单栏排版。

（6）文章须采用法定计量单位，并符合国家标准《量和单位》的相关规定。

（7）图、表设置应简明、清晰，每篇文章以不超过8幅插图为宜。插图用CAD绘制时，要求线条、文字清楚，图中单位、数字标注规范。

（8）来稿请注明作者姓名、职称、工作单位、邮政编码、联系电话、电子邮箱等信息。

（9）本刊发表的文章均被录入《中国知识资源总库》和《中文科技期刊数据库》。文章一经采用严禁他投或重复投稿。为此，《水利水电施工》编委会办公室慎重敬告作者：为强化对学术不端行为的抑制，中国学术期刊（光盘版）电子杂志社设立了“学术不端文献检测中心”。该中心将采用“学术不端文献检测系统”（简称AMLC）对本刊发表的科技论文和有关文献资料进行全文比对检测。凡未能通过该系统检测的文章，录入《中国知识资源总库》的资格将被自动取消；作者除文责自负、承担与之相关联的民事责任外，还应在本刊载文向社会公众致歉。

（10）发表在企业内部刊物上的优秀文章，欢迎推荐本刊选用。

（11）来稿一经录用，即按2008年国家制定的标准支付稿酬（稿酬只发放到各单位联系人，原则上不直接面对作者，非网员单位作者不支付稿酬）。

来稿请按以下地址和方式联系。

联系地址：北京市海淀区车公庄西路22号A座

投稿单位：《水利水电施工》编委会办公室

邮编：100048

编委会办公室：杜永昌

联系电话：010－58368849

E－mail：kanwu201506@powerchina.cn

全国水利水电施工技术信息网秘书处

《水利水电施工》编委会办公室

2020年10月30日

责任编辑　冯红春　范冬阳

SHUILI SHUIDIAN SHIGONG

湖北省武汉市黄家湖治理工程，由水电八局承建

微信号：Waterpub-Pro

唯一官方微信服务平台

销售分类：水利水电

ISBN 978-7-5170-9585-9

定价：36.00元